SQL Server数据库应用教程

主　编　杨俊红

副主编　马国峰　王艳萍　侯丽敏

中国水利水电出版社
www.waterpub.com.cn

内 容 提 要

本书共分 11 章，主要讲述 SQL Server 2000 基础知识，数据库的创建与管理，表的创建与表数据操作，数据查询，数据完整性约束，视图和索引，T-SQL 语言编程基础，游标、事务与锁，存储过程与触发器，数据的安全与管理，数据库的日常维护与管理等内容。

本书在内容安排上由浅入深、循序渐进，内容力求准确、简炼，强调知识的层次性和技能培养的渐进性。每章均附有多种类型的习题，便于读者轻松学习和掌握 SQL Server 2000 数据库的基本知识与开发技能。

本书既可作为应用型本科、高职高专院校、成人教育计算机及相关专业数据库课程的教材，也可作为数据库开发人员的参考书。

图书在版编目（CIP）数据

SQL Server 数据库应用教程 / 杨俊红主编. —北京：中国水利水电出版社，2008

21 世纪高职高专教育统编教材

ISBN 978-7-5084-5629-4

Ⅰ. S… Ⅱ. 杨… Ⅲ. 关系数据库—数据库管理系统，SQL Server—高等学校：技术学校—教材 Ⅳ. TP311.138

中国版本图书馆 CIP 数据核字（2008）第 117523 号

书　　名	21 世纪高职高专教育统编教材 SQL Server 数据库应用教程
作　　者	主　编　杨俊红　副主编　马国峰　王艳萍　侯丽敏
出版发行	中国水利水电出版社（北京市三里河路 6 号 100044） 网址：www.waterpub.com.cn E-mail：sales@waterpub.com.cn 电话：（010）63202266（总机）、68367658（营销中心）
经　　售	北京科水图书销售中心（零售） 电话：（010）88383994、63202643 全国各地新华书店和相关出版物销售网点
排　　版	北京零视点图文设计有限公司
印　　刷	北京市兴怀印刷厂
规　　格	184mm×260mm　16 开本　17 印张　424 千字
版　　次	2008 年 8 月第 1 版　2008 年 8 月第 1 次印刷
印　　数	0001—4100 册
定　　价	28.00 元

前　言

随着信息技术的飞速发展和网络信息资源的日益庞大，网络数据库的开发与应用成为企业发展和网站建设的重要课题。SQL Server 是新一代大型关系数据库管理系统，在信息系统、电子商务和数据仓库等应用中起着重要的核心作用，尤其是与 Microsoft Windows 操作系统的无缝连接，使其成为许多企业和网站数据库开发的首选平台，为企业和网站的数据管理提供了强大的支持。

本书针对高职高专特点，淡化深奥的数据库理论知识，注重数据库应用能力和管理技能的培养。其中语法讲解以实用为目的，功能举一反三，便于读者由浅入深、循序渐进地学习。书中贯穿学生信息管理数据库实例，通过大量例题讲解 SQL Server 的基本功能，很好地解决了学与用相结合的问题。大部分例题均有图片说明，直观、清晰，便于理解。本书还配有各种类型的习题，便于读者进一步掌握 SQL Server 基础知识，理解 SQL Server 基本功能。本书中的代码均已在 SQL Server 2000 环境中测试通过。

本书共分 11 章，其中第 1 章介绍数据库的基础知识、SQL Server 2000 数据库管理系统的特点、安装方法及其主要管理工具的使用；第 2、3 章介绍数据库及表的创建与修改、表数据的操作；第 4 章介绍数据库的查询操作，包括多表联接、统计汇总及子查询；第 5 章介绍数据完整性，包括各种约束对象的创建和操作；第 6～8 章介绍视图与索引、T-SQL 程序设计、游标、事务和锁；第 9 章介绍存储过程与触发器的设计和实施；第 10、11 章介绍 SQL Server 的安全管理、数据库的日常维护。

本书由郑州铁路职业技术学院杨俊红任主编，郑州铁路职业技术学院马国峰、王艳萍、侯丽敏任副主编，另外参加编写工作的还有郑州铁路职业技术学院杨志猷、魏威、祁新安、白艳玲、王文莉、刘传领、孟乾等。其中第 1 章由杨志猷编写，第 2、3 章由王艳萍编写，第 4 章由魏威编写，第 5、11 章由杨俊红编写，第 6 章和附录由马国峰编写，第 7、9 章由侯丽敏编写，第 8、10 章由祁新安编写。

本书在编写过程中，参考了大量的相关技术资料，吸取了许多同仁的宝贵经验，在此深表谢意。尽管书稿几经修改，但由于时间仓促及作者水平有限，书中难免存在疏漏和错误之处，恳请广大读者批评指正。

作　者

2008 年 5 月

目　录

第 1 章　SQL Server 2000 概述

Microsoft SQL Server 2000 是一个大型的网络数据库管理系统和重要的数据库服务器产品，可以将它应用在 Client/Server（客户端/服务器，简写为 C/S）、Browser/Server（浏览器/服务器，简写为 B/S）的体系结构中，作为后台数据库服务器使用。

本章首先介绍数据库基础知识及 SQL Server 2000 的特点和体系结构，然后介绍 SQL Server 2000 的安装和 SQL Server 2000 服务器端的操作，最后介绍 SQL Server 2000 的主要管理工具和 SQL Server 2000 数据库管理系统的开发过程。

1.1　数据库基础

数据、数据库、数据库系统和数据库管理系统是 4 个密切相关的基本概念。

1.1.1　数据库的基本概念

（1）数据（Data）。数据是数据库中存储的基本对象，是描述事物的符号。它与传统意义上理解的数据不同，在这里数据可以是数字、文字、图形、图像和声音等，即数据有多种形式，但它们都可以经过数字化后存入计算机。

（2）数据库（Database，DB）。数据库可以直观地理解为存放数据的仓库。只不过这个仓库是建立在计算机上的，在计算机上需要有存储空间和一定的存储格式。严格的定义是：数据库是被长期存储在计算机内的、有组织的、统一管理的相关数据的集合，能为用户共享，具有最小冗余度，数据间联系密切，有较高的独立性。

（3）数据库管理系统（DataBase Management System，DBMS）。DBMS 是位于用户和操作系统之间的一种操纵和管理数据库的大型软件，用于建立、使用和维护数据库。它对数据库进行统一的管理和控制，以保证数据库的安全性和完整性。用户通过 DBMS 访问数据库中的数据，数据库管理员（DataBase Administrator，DBA）也通过 DBMS 进行数据库的维护工作。

常用的数据库管理系统有 Oracle、Sybase、Informix、Microsoft SQL Server、Microsoft Access、Visual FoxPro 等。

（4）数据库系统（DataBase System，DBS）。数据库系统指在计算机系统中引入数据库后构成的系统，是一个实际可以运行的、按照数据库方法存储、维护并向应用系统提供数据支持的系统，它是由计算机硬件、操作系统、数据库管理系统以及在它支持下建立起来的数据库、应用程序、用户和数据库管理员组成的一个整体。图 1-1 给出了数据库系统简图。

1.1.2　关系数据库

1．数据库的数据模型

数据模型是指数据库中数据的组织形式和联系方式。数据库中的数据是按照一定的结构存放的，以反映数据之间的联系。按照数据库中数据采取的不同联系方式，数据模型可分为 3

种：层次模型、网状模型和关系模型，相应的数据库分别称为层次数据库、网状数据库和关系数据库。其中层次数据库和网状数据库统称为非关系型数据库。

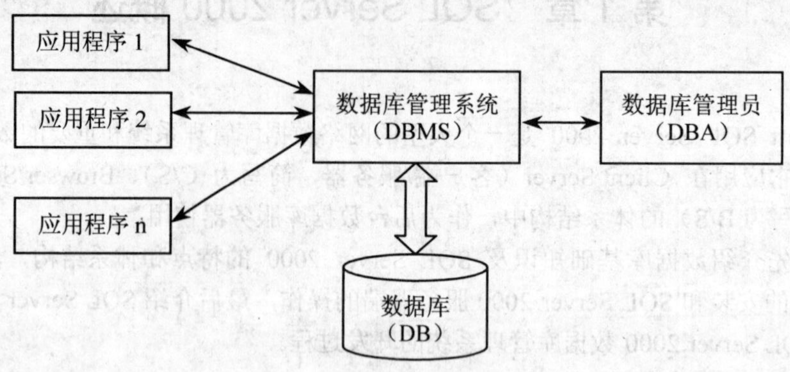

图 1-1　数据库系统简图

（1）层次模型。

层次模型是数据库系统中最早出现的数据模型，它用树形结构表示各类实体以及实体间的联系。若用图来表示，层次模型是一棵倒立的树。节点层次从根开始定义，根为第一层，根的孩子称为第二层，根称为其孩子的双亲，同一双亲的孩子称为兄弟。图 1-2 给出了一个简单的层次模型。

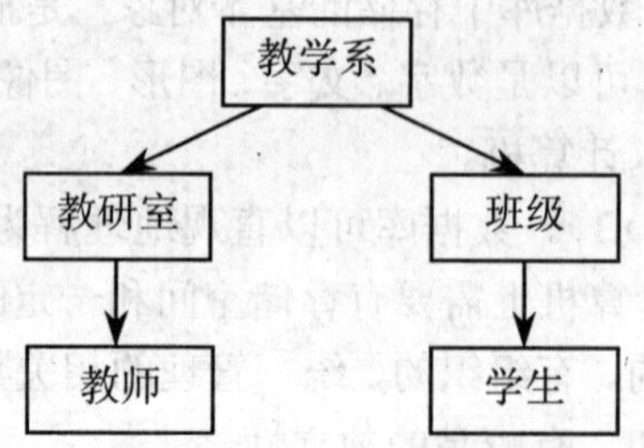

图 1-2　层次模型示例

在数据库中，满足以下两个条件的数据模型称为层次模型。

- 有且仅有一个节点无双亲，这个节点称为“根节点”。
- 其他节点有且仅有一个双亲。

层次模型具有层次清晰、构造简单、易于实现等优点。但由于受到上述两个条件的限制，它可以比较方便地表示出一对一和一对多的实体联系，而不能直接表示出多对多的实体联系。对于多对多的联系，必须先将其分解为几个一对多的联系才能表示出来。因而对于复杂的数据关系，实现起来比较困难，这是层次模型的局限性。

采用层次模型设计的数据库称为层次数据库。层次数据库系统的典型代表是 IBM 公司的 IMS（Information Management Systems）数据库管理系统，这是一个最早出现的大型数据库管理系统。

（2）网状模型。

网状模型用以实体为节点的有向图来表示各实体及其之间的联系。自然界中实体型间的联系更多的是非层次关系，用层次模型难以描述非树形结构关系，网状模型则可以解决这一问题。如果用图表示，网状模型是一个网络，如图 1-3 所示。

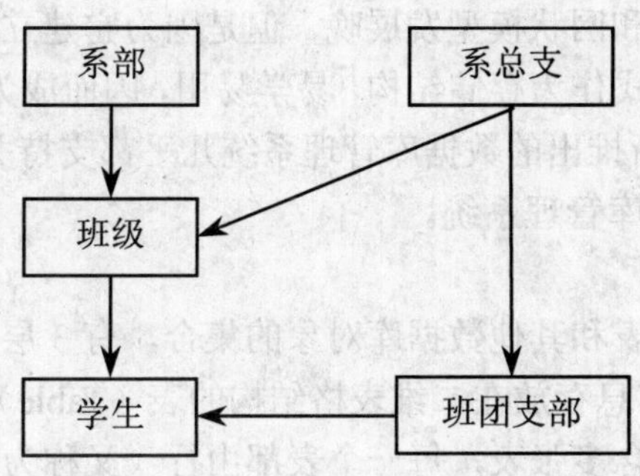

图 1-3　网状模型示例

在数据库中，网状模型必须满足以下两个条件：

- 允许一个以上的节点无双亲。
- 一个节点可以有多于一个的双亲。

网状数据模型的典型代表是 DBTG 系统，也称 CODASYL 系统，它是 20 世纪 70 年代数据系统语言研究会下属的数据库任务组（DataBase Task Group，DBTG）提出的一个数据模型方案。

在以上两种数据模型中，各实体之间的联系是用指针实现的，优点是查询速度快。但是当实体集和实体集中实体的数目都较多时，众多的指针使得管理工作相当复杂，对用户来说使用也比较麻烦。

（3）关系模型。

关系模型与层次模型和网状模型相比有着本质的差别，它是用二维表格来表示实体及其相互之间的联系。在关系模型中，把实体集看成一个二维表，每一个二维表称为一个关系。每个关系均有一个名字，称为关系名。表 1-1 所示是一个学生信息表，该表记录了学生的学号、班级编号、专业编号和姓名等信息。

表 1-1　stu_info 表

学号	班级编号	专业编号	姓名	性别	民族	出生日期	政治面貌	籍贯
011101	11	01	王一民	男	汉族	1990-3-12	团员	黑龙江省齐齐哈尔市
011102	11	01	林晓旭	女	汉族	1991-1-9	团员	安徽省巢湖市
011103	11	01	杨昆峰	男	汉族	1989-12-25	团员	河南省洛阳市
011104	11	01	冯媛媛	女	瑶族	1990-5-18	团员	湖南省怀化市

一个关系就是没有重复行和重复列的二维表，二维表的每一行在关系中称为元组，每一列在关系中称为属性。学生关系的每一行代表一个学生的记录，每一列代表学生记录的一个字段。

关系模型的特点：

- 每一列必须是基本数据项（不可再分解）。
- 表中每一列必须具有相同的数据类型。
- 表中每一列的名字必须是唯一的。
- 表中不应有内容完全相同的行。
- 行的次序与列的次序不影响表格中所表示的信息的含义。

虽然关系模型比层次模型和网状模型发展晚，但是因为它建立在严格的数学理论基础上，采用了人们习惯使用的表格形式作为存储结构，易学易用，因而成为了使用最广泛的数据库模型。自 20 世纪 80 年代以来，新推出的数据库管理系统几乎都支持关系模型。本书讨论的 SQL Server 2000 就是一种关系数据库管理系统。

2. 关系数据库的特点

关系数据库是一些相关的表和其他数据库对象的集合，有 3 层含义：

（1）在关系数据库中，信息存放在二维表格结构的表（Table）中，一个关系对应一张二维表。一个关系数据库可以包含多张表，每一个表都由行（又称为记录）和列（又称为字段）组成。

（2）实体的属性中，能唯一标识实体集中每个实体的某个或某几个属性，称为实体的关键字。在关系数据库中，关键字被称为主键。关系数据库的表之间是相互关联的，表之间的这种关联性是由主键和外键所体现的参照关系实现的。

主键可以是一列或多列组合，其值能够唯一标识表中的一条记录。每个表必须指定且只能指定一个主键。例如 stu_info 表中的学号字段，对每一条记录，它的值都是唯一确定的。给定一个学号，就能唯一确定表中的一条记录。而学生姓名字段则不能作为主键，因为有可能存在重名。主键的值必须是唯一的，而且不允许为空值。

外键用于建立表与表之间的关联。当表的某一列或多列组合的取值必须与另一表的主键取值相对应时，该列或多列组合就是表的外键。外键的取值不一定唯一，但不允许为空。

（3）关系数据库中不仅包括表，还包括其他数据库对象，如视图、存储过程、索引等，这些内容在后面的章节中有详细讲解。

1.2 SQL Server 2000 简介

SQL Server 2000 是 Microsoft 公司推出的高性能关系数据库管理系统，它界面友好、易学易用，与 Windows 2000 及其他 Microsoft 产品无缝结合，可以构建网络环境数据库甚至分布式数据库，可以满足企业及 Internet 等大型数据库的应用。

1.2.1 SQL Server 2000 的特点

SQL Server 2000 在早期版本的基础上，扩展了功能，可靠性更高，易用性更好。它具有如下特点：

（1）简单、友好的操作方式。SQL Server 2000 包含一整套的管理和开发工具。这些工具都具有友好的用户界面，不仅能够提供强大的功能，而且易于使用。用户可以把更多的精力放在业务问题上，可以迅速建立并发布强大而复杂的数据库应用系统。

（2）良好的可扩展性和可用性。SQL Server 2000 的数据库引擎可以运行在安装有 Windows 操作系统的台式机、笔记本电脑和安装有 Windows 2000 数据中心的多处理器计算机上。SQL Server 2000 所支持的联盟数据库服务器（Federated Database Server）特性允许用户在多个数据库服务器上水平划分数据表，把原来由一台服务器负责的功能扩展到多台数据库服务器上，多台数据库服务器相互配合提供类似于群集服务器所能提供的强大功能。

（3）支持 XML。SQL Server 2000 提供对 XML 的全面支持。在 SQL Server 2000 下，XML

的建立和对 XML 的访问都很容易实现。一旦 XML 开始运行，就可以把该 XML 存储在一个表中并可以通过 SQL 事务处理语句来查询该 XML 数据，甚至可以通过一个 SQL 语句来把 XML 数据与关系数据库相连。

（4）支持多实例。对多实例的支持可以使 SQL Server 2000 引擎的副本运行在同一台机器上，使得数据库系统管理者可以把多种需要（如开发、测试和应用系统）集合在一个平台上运行，也可以实现在一台主机上配置多种不同应用（如 ASP 和 ISP 等）。

（5）支持企业级数据库。SQL Server 2000 关系数据库引擎具备完善而强大的数据处理功能。在有效保证数据库一致性的基础上，尽量降低众多数据库用户进行并发访问时的管理和延迟成本。SQL Server 2000 的分布式查询允许用户同时引用多处数据源，支持分布式的分区视图，充分保证分布式数据更新的完整性。

（6）支持数据仓库。SQL Server 2000 为了满足企业对大规模数据进行有效分析和利用的要求，包括了一系列提取、分析、汇总数据以进行联机分析处理的工具，并具有数据挖掘和分析服务的应用功能。

1.2.2　SQL Server 2000 的体系结构

SQL Server 2000 是基于客户端/服务器（Client/Server，C/S）体系结构的关系型数据库管理系统，具有可伸缩性、可用性和可管理性。SQL Server 2000 使用 T-SQL 语句在服务器端和客户端之间传送请求，这种结构如图 1-4 所示。

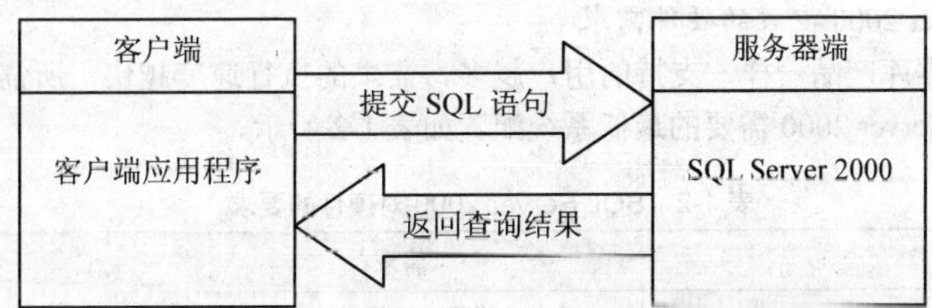

图 1-4　SQL Server 2000 客户端/服务器结构示意图

C/S 结构的软件一般采用两层结构。前端是客户机，客户端应用软件接受用户请求、向数据库服务器提出请求；后台是服务器，即处理数据并将处理结果提交给客户端，提供数据访问的安全控制、并发访问协调和数据完整性处理等操作。

典型客户端/服务器体系结构的特点：

（1）服务器负责数据管理及程序处理。

（2）客户机负责界面描述和界面显示。

（3）客户机向服务器提出处理要求。

（4）服务器响应后将处理结果返回给客户机。

（5）网络数据传输量小。

随着 Internet 技术的广泛应用，出现了浏览器/服务器（Browser/Server，B/S）体系结构。在这种体系结构中，业务的表达通过简单的浏览器来实现，用户通过浏览器提交表单，把信息传递给 Internet 服务器，Internet 服务器根据用户的请求，分析出要求数据库服务器进行的操作，递交数据库服务器执行，数据库服务器把操作的结果反馈给 Internet 服务器，再由 Internet 服务器用标准的 HTML 语言反馈给浏览器。

使用浏览器/服务器模式的最大好处是对客户端的要求降到了最低，减少了客户端的拥有和使用成本，具有更大的灵活性。但是它也增加了潜在的复杂性。

1.3 SQL Server 2000 的安装

1.3.1 SQL Server 2000 的环境需求

1. SQL Server 2000 的安装版本

SQL Server 2000 的版本包括企业版、标准版、个人版和开发版 4 个版本。

- 企业版：作为生产数据库服务器使用，支持 SQL Server 2000 的所有可用功能。
- 标准版：作为小型工作组或部门的数据库服务器使用。
- 个人版：供移动用户使用，这些用户有时从网络断开，但所运行的应用程序需要 SQL Server 数据存储，在客户端计算机上运行需要本地 SQL Server 数据存储的独立应用程序时也使用个人版。
- 开发版：供程序员用来开发以 SQL Server 2000 作为数据存储的应用程序，虽然开发版支持企业版的所有功能，使开发人员能够编写和测试可使用这些功能的应用程序，但是只能将开发版作为开发和测试系统使用，不能作为生产服务使用。

2. SQL Server 2000 安装的硬件需求

同所有的数据库产品一样，支持的用户越多，需求的执行速度越快，所需要的机器配置也就越高。SQL Server 2000 需要的最低系统配置如表 1-2 所示。

表 1-2 SQL Server 2000 对硬件的要求

硬件	需求
CPU	Intel 及其兼容系统、Pentium 166MHz 或更高
内存	企业版：至少 64MB，建议 128MB 或更多 标准版：至少 64MB 个人版：在 Windows 2000/XP 下至少 64MB，其他操作系统至少 32MB 开发版：在 Windows 2000/XP 下至少 64MB，其他操作系统至少 32MB
硬盘空间	需要约 500MB 的程序空间，以及预留 500MB 的数据空间
显示器	需要设置成 800×600 模式，才能使用其图形分析工具

3. SQL Server 2000 安装对操作系统的需求

表 1-3 描述了 SQL Server 2000 对操作系统的要求。

表 1-3 SQL Server 2000 对操作系统的要求

版本	操作系统要求
企业版	Mocrosoft Windows NT Server 4.0、Microsoft Windows NT Server 4.0 企业版、Windows 2000 Server、Windows 2000 Advanced Server 和 Windows 2000 Data Center Server（所有版本均需要 IE 5.0 以上版本浏览器）
标准版	Mocrosoft Windows NT Server 4.0、Windows 2000 Server、Microsoft Windows NT Server

续表

版本	操作系统要求
开发版	Microsoft Windows 2000 Advanced Server 和 Windows 2000 Data Center Server
个人版	Microsoft Windows 98、Windows Me、Windows NT Workstation 4.0、Windows 2000 Professional、Microsoft Windows NT 4.0、Windows 2000 Server 和所有更高级的 Windows 操作系统

1.3.2　SQL Server 2000 的安装方法

如前所述，SQL Server 2000 有多种版本，可安装在多种操作系统上，下面以 SQL Server 2000 个人版在 Windows 2000 Professional 上的典型安装为例介绍整个安装过程。

（1）将 SQL Server 2000 的安装光盘放入光驱，即能自动进入 SQL Server 的安装界面，如图 1-5 所示。用户也可以通过运行安装光盘根目录下的 AUTORUN.EXE 程序进入 SQL Server 的安装界面。

图 1-5　安装初始界面

（2）选择“安装 SQL Server 2000 组件”选项，进入如图 1-6 所示的界面。

图 1-6　安装组件界面

（3）选择“安装数据库服务器”选项，进入安装向导的“欢迎”对话框，如图 1-7 所示。

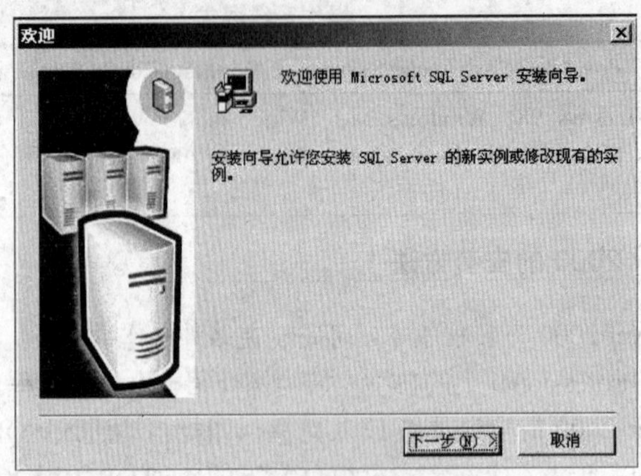

图 1-7 “欢迎”对话框

（4）单击“下一步”按钮，进入如图 1-8 所示的选择计算机对话框。一般情况下都在本地计算机（即当前计算机）上进行安装。若选择远程计算机安装需要具备以下几个条件：

- 本地和远程计算机都必须运行在 Windows NT/2000 操作系统下。
- 用户必须有远程计算机的管理员账户。
- 本地和远程计算机都必须具备与 Intel 兼容的 CPU。

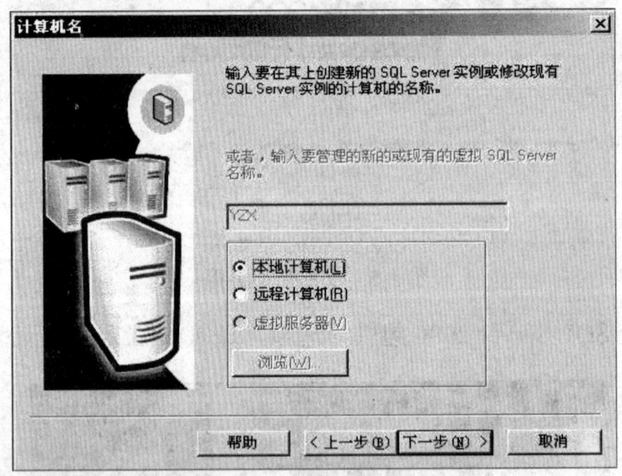

图 1-8 选择要安装的计算机

（5）选择“本地计算机”单选项，单击“下一步”按钮，进入 SQL Server 2000 的“安装选择”对话框，如图 1-9 所示。

如果是第一次安装，请选择“创建新的 SQL Server 实例，或安装‘客户端工具’”单选项，单击“下一步”按钮，进入如图 1-10 所示的“用户信息”对话框。在该对话框中输入用户姓名和公司名称，单击“下一步”按钮，进入如图 1-11 所示的“软件许可证协议”对话框。单击“是”按钮接受协议，进入如图 1-12 所示的“安装定义”对话框。

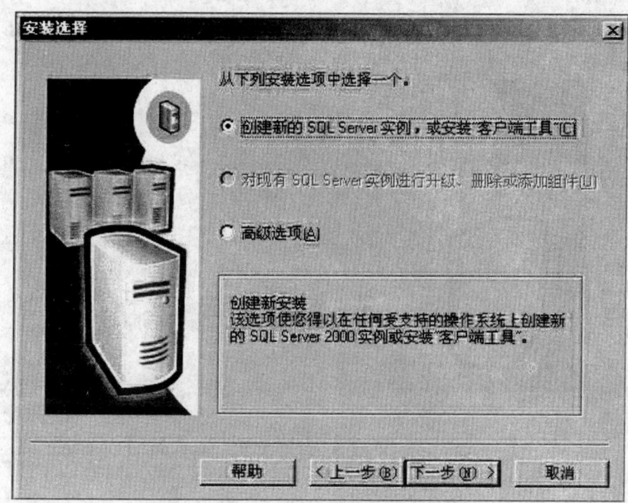

安装选择
从下列安装选项中选择一个。
创建新的 SQL Server 实例，或安装"客户端工具"[C]
对现有 SQL Server 实例进行升级、删除或添加组件[U]
高级选项[A]
创建新安装
该选项使您得以在任何受支持的操作系统上创建新的 SQL Server 2000 实例或安装"客户端工具"。
帮助
< 上一步(B)
下一步(N) >
取消

图 1-9　“安装选择”对话框

用户信息
在下面输入您的名字。没有必要输入公司名称。
姓名(A):
YZX
公司(C):
RJJS
< 上一步(B)
下一步(N) >
取消

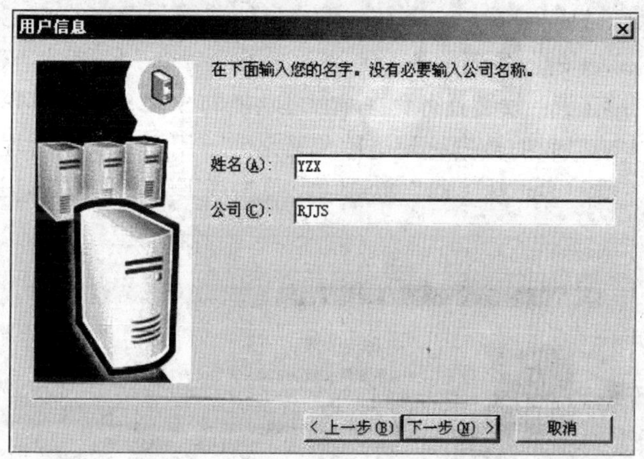

图 1-10　“用户信息”对话框

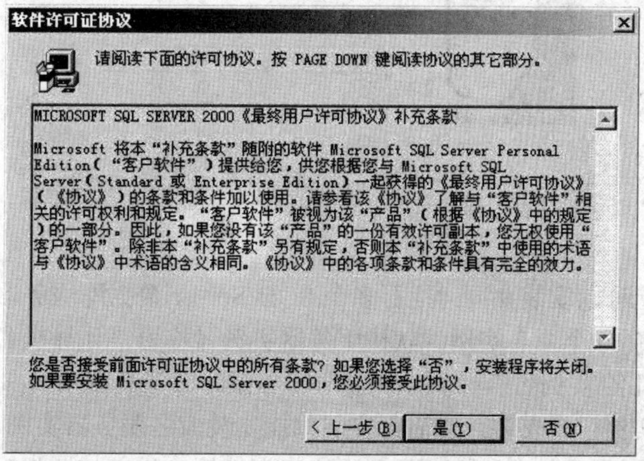

软件许可证协议
请阅读下面的许可协议。按 PAGE DOWN 键阅读协议的其它部分。
MICROSOFT SQL SERVER 2000《最终用户许可协议》补充条款
Microsoft 将本“补充条款”随附的软件 Microsoft SQL Server Personal Edition（“客户软件”）提供给您，供您根据您与 Microsoft SQL Server（Standard 或 Enterprise Edition）一起获得的《最终用户许可协议》（《协议》）的条款和条件加以使用。请参看该《协议》了解与“客户软件”相关的许可权利和规定。“客户软件”被视为该“产品”（根据《协议》中的规定）的一部分。因此，如果您没有该“产品”的一份有效许可副本，您无权使用“客户软件”。除非本“补充条款”另有规定，否则本“补充条款”中使用的术语与《协议》中术语的含义相同。《协议》中的各项条款和条件具有完全的效力。
您是否接受前面许可证协议中的所有条款？如果您选择“否”，安装程序将关闭。如果要安装 Microsoft SQL Server 2000，您必须接受此协议。
< 上一步(B)
是(Y)
否(N)

图 1-11　“软件许可证协议”对话框

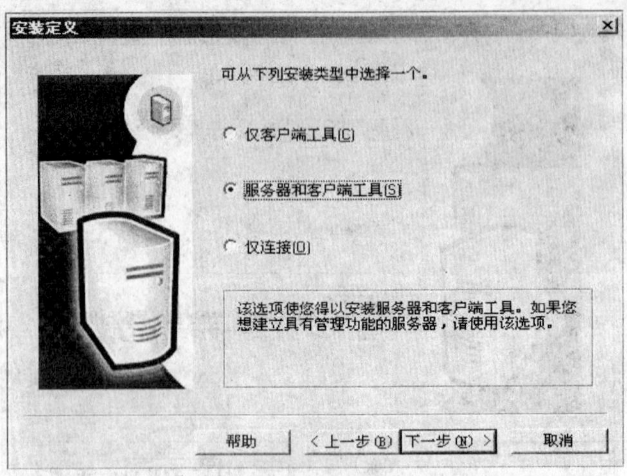

图 1-12 “安装定义”对话框

（6）在该对话框中有 3 种选择，用户可以根据自己的需要选择，其含义分别如下：

1）仅客户端工具：只安装客户端工具，用户只能连接到现有的 SQL Server 服务器上，而无法自己提供 SQL Server 的服务器服务。

2）服务器和客户端工具：安装具有数据库管理功能的 SQL Server 服务器端和客户端的工具。

3）仅连接：只安装微软的数据访问组件和网络库，用于开发应用程序。

（7）选择“服务器和客户端工具”单选项，单击“下一步”按钮，进入如图 1-13 所示的“实例名”对话框。

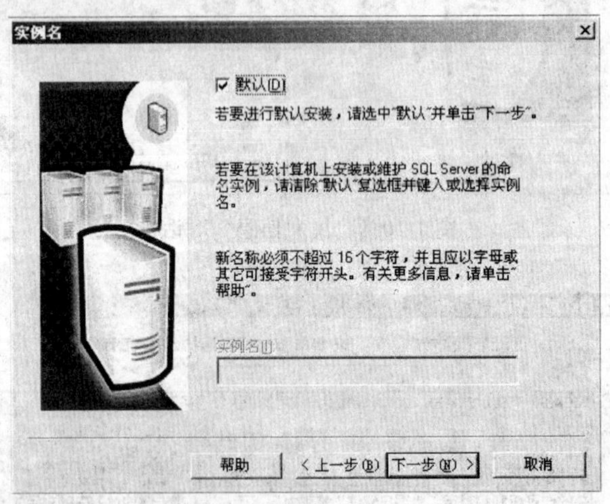

图 1-13 “实例名”对话框

操作系统平台上可以安装并同时运行多个 SQL Server 数据库服务器实例，其中包括一个“默认”实例和最多 16 个命名实例。默认服务器实例名称用“计算机名”标识，命名服务器实例名称用“计算机名\实例名”标识，在注册服务器时应认真观察。

若默认服务器实例已经安装，以后再安装只能安装命名服务器实例。

（8）选择“默认”实例名称，单击“下一步”按钮，进入如图 1-14 所示的“安装类型”对话框。

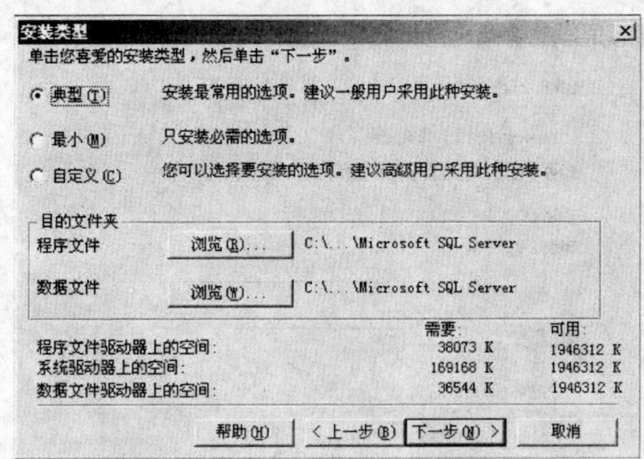

图 1-14　“安装类型”对话框

SQL Server 2000 有 3 种安装类型，用户可根据自己的需要选择，其含义分别如下：

1）典型：安装大多数常用组件，这是大多数用户使用的选项，也是默认选项。

2）最小：只安装保证系统运行的最基本的组件。

3）自定义：允许用户任意选择要安装的组件，对 SQL Server 比较熟悉的用户可以使用这一选项。

此外，在该对话框中还有两个“浏览”按钮，单击这两个按钮可分别改变程序文件和数据文件的安装路径，一般用默认设置即可。

（9）将安装类型和安装路径全部设置为默认选项，单击“下一步”按钮，进入如图 1-15 所示的“服务账户”对话框。

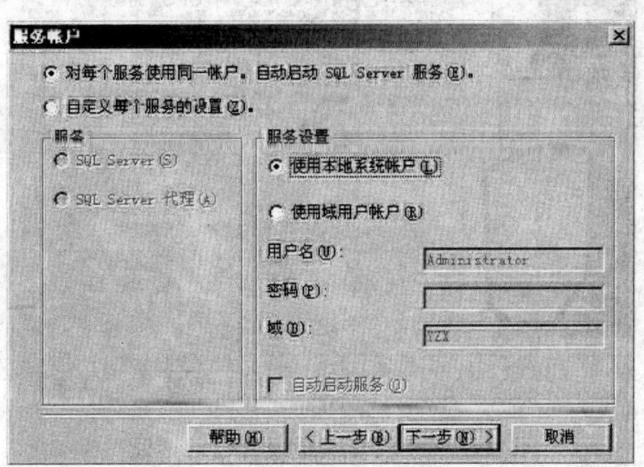

图 1-15　“服务账户”对话框

该对话框主要用来设置服务账户。先选择“对每个服务使用统一账户。自动启动 SQL Server 服务”单选项，再在“服务设置”区域中选择“使用本地系统账户”单选项。在完成 SQL Server 安装后，根据需要，用户可以在 SQL Server 服务器中重新设置服务账户。

（10）单击“下一步”按钮，进入如图 1-16 所示的“身份验证模式”对话框。

该对话框中几个选项的说明如下：

1）Windows 身份验证模式：选择该项，用户登录 SQL Server 系统时，使用登录 Windows 时的用户名和密码。

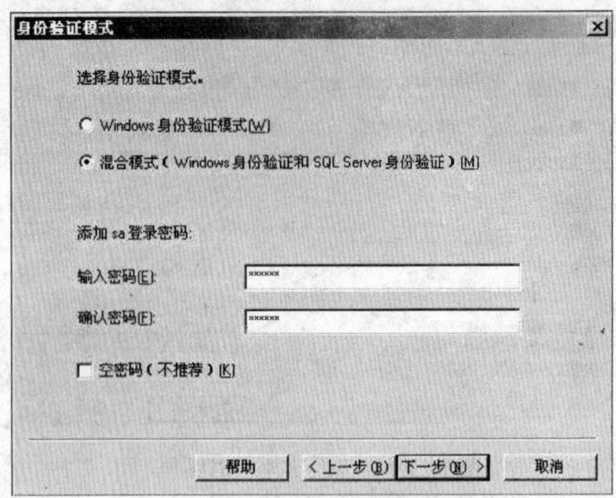

图 1-16 “身份验证模式”对话框

2）混合模式（Windows 身份验证和 SQL Server 身份验证）：选择该项，用户可以自定义一个登录 SQL Server 的用户名和密码，在登录系统时可以使用登录 Windows 时的用户名和密码或自定义的登录 SQL Server 的用户名和密码。这里有一个特殊用户 sa，它是拥有 SQL Server 数据库操作最高权限的用户。

（11）选择“混合模式”单选项，设定密码，单击“下一步”按钮，进入如图 1-17 所示的“开始复制文件”对话框。

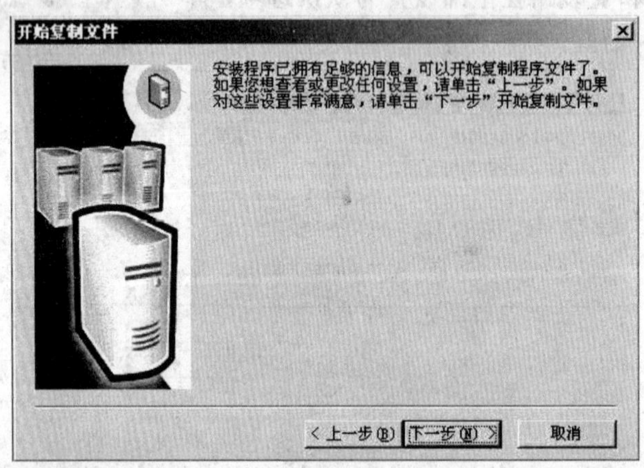

图 1-17 “开始复制文件”对话框

（12）单击“下一步”按钮，安装程序开始复制文件。当文件复制完毕后，会弹出一个对话框，单击“确定”按钮完成安装。

1.4 SQL Server 2000 服务器端的操作

SQL Server 2000 安装完毕后，若要正确地使用它，用户首先要启动 SQL Server 服务，并做一些必要的配置。下面介绍 SQL Server 2000 的服务种类、服务的启动和停止，以及如何注册 SQL Server 2000 服务器。

1.4.1　SQL Server 2000 的服务种类

SQL Server 2000 的每个实例都有 4 种服务程序，这些服务的解释如下：

（1）SQL Server 服务：接受所有来自客户端的 T-SQL 语句或图形化管理工具发出的对数据库的访问请求，提供对实例数据库的访问操作，由 SQL Server 数据库引擎组件完成。该服务是完成基本操作所使用的主要服务。

（2）SQL Server Agent 服务：SQL Server 代理程序服务。这项服务允许在 SQL Server 2000 上调度定期执行的活动，并通知系统管理员，报告服务器所发生的问题。通过配置和使用 SQL Server Agent，可以实现数据库系统的定时和自动管理。

（3）Distributed Transaction Coordinator（DTC）服务：分布式事务处理协调器服务。该服务是一个事务管理器，它允许客户端应用程序在一个事务中对分布在多个服务器上的数据源进行操作。DTC 协调分布式事务的正常执行。

（4）Microsoft Search 服务：Microsoft 搜索服务。这是一个全文索引和搜索引擎，具有索引和查询两项功能。索引支持提供了 SQL Server 2000 建立全文目录的能力，而查询支持使得 SQL Server 2000 可以有效地响应全文搜索的查询。

1.4.2　SQL Server 2000 服务的启动和停止

在对 SQL Server 数据库进行任何操作之前，必须启动本地或远程 SQL Server 服务。只有合法的用户才可以启动数据库服务器。常用启动服务器的方法有 3 种。

1. 使用服务管理器启动数据库服务器

要启动 SQL Server 服务管理器，可以选择“开始”→“程序”→Microsoft SQL Server→“服务管理器”命令，打开“SQL Server 服务管理器”窗口，如图 1-18 所示。选择要启动的服务器和准备启动的服务，单击“开始/继续”按钮，SQL Server 则开始启动服务。稍后，如果“绿灯”亮，则说明启动成功；若“绿灯”不亮，请先单击“刷新服务”按钮，如果此时“绿灯”还不亮，则说明启动未成功。

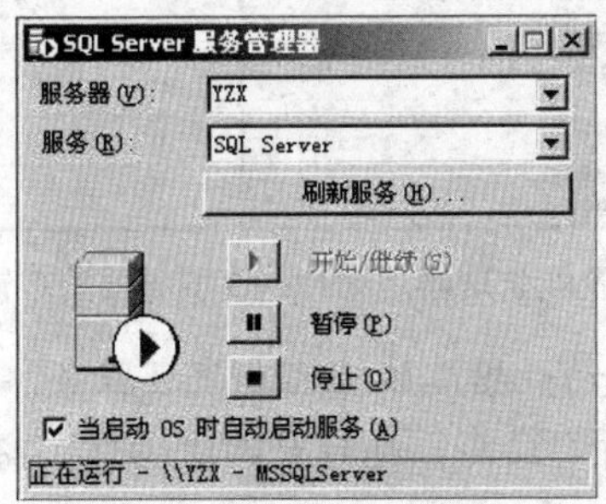

图 1-18　“SQL Server 服务管理器”窗口

如果想在启动 Windows 操作系统时自动启动 SQL Server 服务，则选中“当启动 OS 时自动启动服务”复选框。

2. 使用企业管理器启动数据库服务器

（1）单击“开始”→“程序”→Microsoft SQL Server→“企业管理器”命令，打开企业管理器，展开左侧窗格中 SQL Server 组的树，找到要启动的数据库服务器（local）（Windows

NT），如图 1-19 所示。

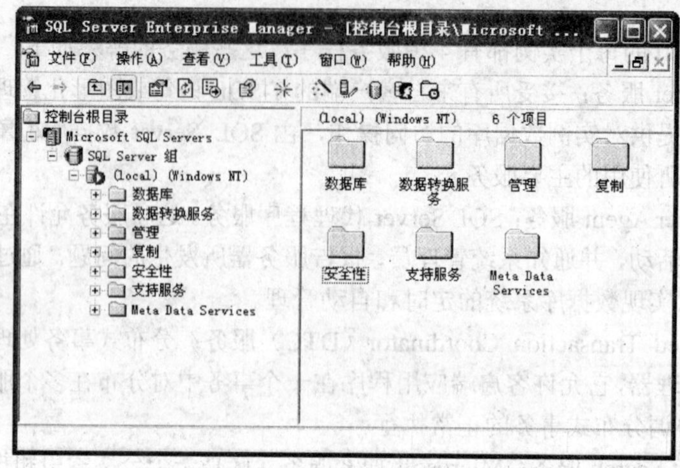

图 1-19　“企业管理器”窗口

（2）在服务器（local）（Windows NT）上右击，从弹出的快捷菜单中选择“启动”选项启动数据库服务器，也可以选择“停止”或“暂停”选项来停止或暂停数据库服务器，如图 1-20 所示。

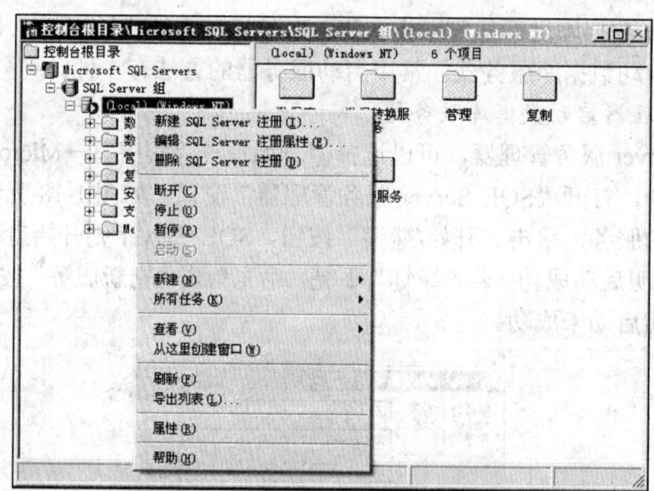

图 1-20　用企业管理器启动数据库服务器的右键快捷菜单

3. 在 DOS 命令行状态下启动数据库服务器和代理服务

（1）单击“开始”→“运行”命令，在打开的“运行”窗口中输入命令 cmd 并回车，进入 DOS 环境。

（2）在 DOS 下依次输入以下两条命令：

```
C:\>net start mssqlserver
C:\>net start SQLServerAgent
```

系统显示如图 1-21 所示的服务已经启动成功的信息。

总之，不管用什么方式启动了数据库服务器，如果 SQL Server 正在运行，则该服务管理器的托盘图标中显示绿色箭头；如果 SQL Server 没有运行，则该托盘图标中显示红色方块；

如果 SQL Server 处于暂停状态，那么当前已经登录到 SQL Server 的所有用户都可以继续工作，该功能只是禁止新用户登录到 SQL Server 服务器中。

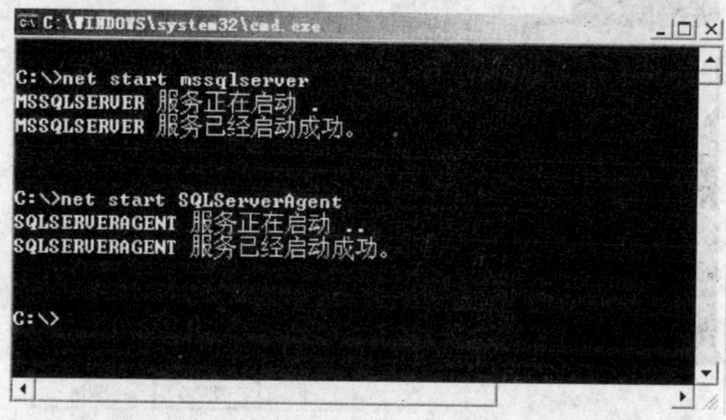

图 1-21　命令行方式启动 SQL 服务界面

1.4.3　注册 SQL Server 2000 服务器

SQL Server 2000 的日常管理是在企业管理器中进行的，在使用企业管理器管理本地或远程 SQL Server 服务器时，必须先在企业管理器中对该服务器进行注册。

在 SQL Server 2000 企业管理器中注册服务器的步骤如下：

（1）选择“开始”→“程序”→Microsoft SQL Server→“企业管理器”命令，打开企业管理器。

（2）在“SQL Server 组”上右击，从弹出的快捷菜单中选择“新建 SQL Server 注册”选项，如图 1-22 所示，弹出如图 1-23 所示的“注册 SQL Server 向导”对话框。

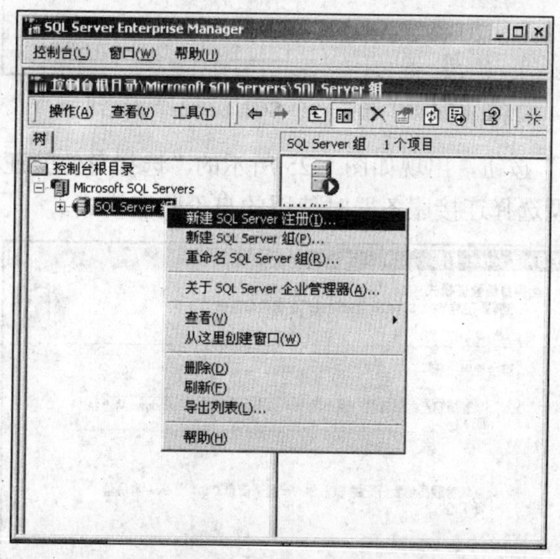

图 1-22　SQL Server 组的右键快捷菜单

（3）单击“下一步”按钮，弹出如图 1-24 所示的“选择一个 SQL Server”对话框，在“可用的服务器”列表框中选择一个服务器名称，也可以在“可用的服务器”文本框中直接输入服务器的名字，然后单击“添加”按钮，将该服务器加入到“添加的服务器”列表框中。

图 1-23 “注册 SQL Server 向导”对话框

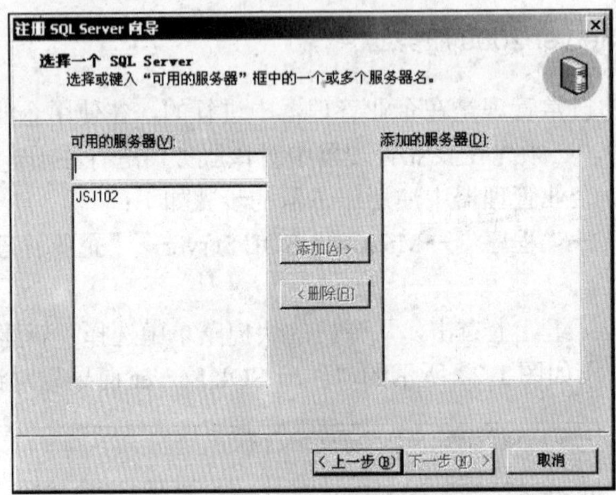

图 1-24 “选择一个 SQL Server”对话框

（4）单击“下一步”按钮，出现如图 1-25 所示的“选择身份验证模式”对话框，用户可以根据要注册的账户类型选择连接服务器时使用的身份验证模式。

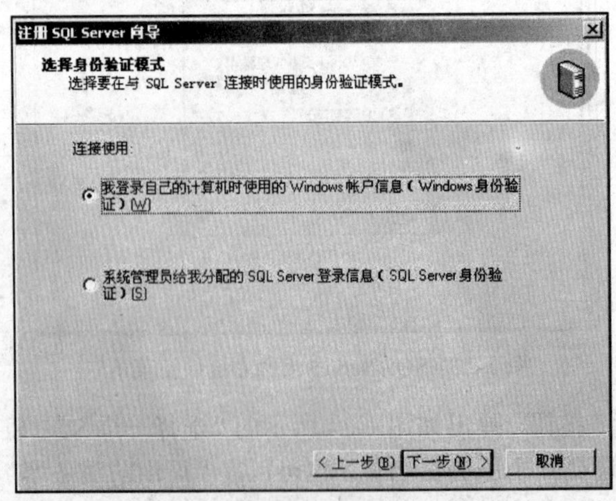

图 1-25 “选择身份验证模式”对话框

（5）选择身份验证模式后单击“下一步”按钮。如果选择“SQL Server 身份验证”，则有两种连接选项，如图 1-26 所示。若选择在“连接时提示输入 SQL Server 账户信息”单选项，则在每次连接、访问服务器时都会要求用户输入验证信息；若选择“用我的 SQL Server 账户信息自动登录”单选项，则注册服务器后，连接、访问服务器时不用输入验证信息。

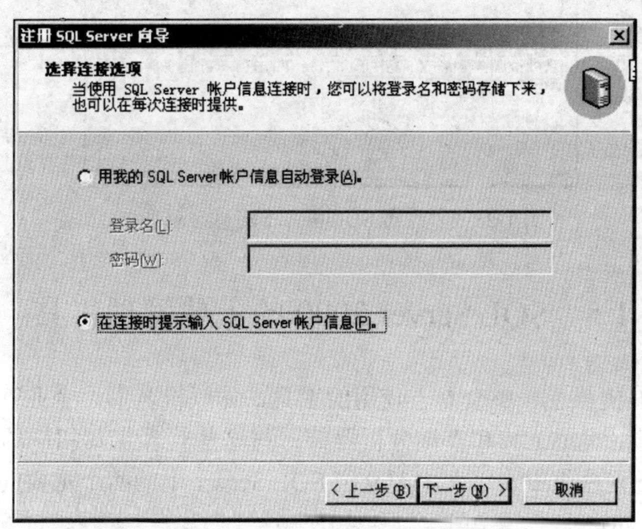

图 1-26　“选择连接选项”对话框

（6）单击“下一步”按钮，系统提示用户选择将容纳服务器的服务器组，如图 1-27 所示。

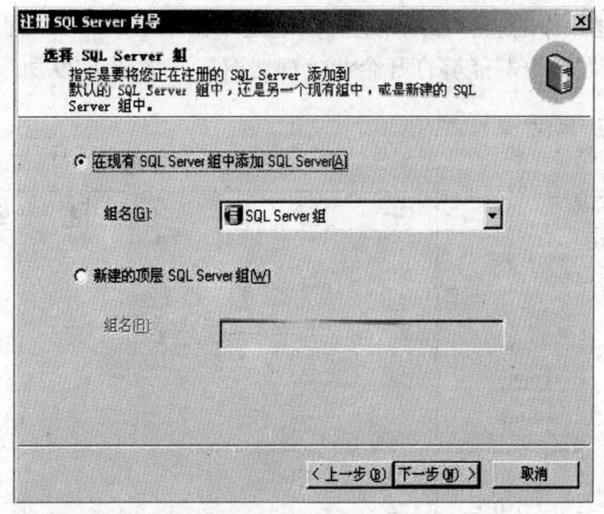

图 1-27　“选择 SQL Server 组”对话框

（7）单击“下一步”按钮并确认输入的信息，单击“完成”按钮，弹出如图 1-28 所示的对话框，单击“关闭”按钮完成注册。

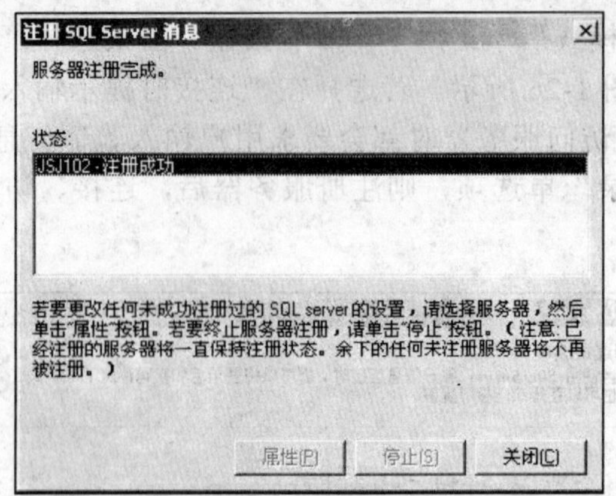

图 1-28 "注册 SQL Server 消息"对话框

1.5 SQL Server 2000 的主要管理工具

SQL Server 2000 提供了一整套易于使用的工具，如联机丛书、企业管理器、服务器网络实用工具、客户端网络实用工具和查询分析器等，与这些管理工具相应的快捷方式都包含在 Microsoft SQL Server 程序组中。下面主要介绍 SQL Server 中的两个重要的管理工具：企业管理器和查询分析器。

1.5.1 SQL Server 2000 企业管理器

SQL Server 企业管理器是 SQL Server 2000 中最重要的一个管理工具，它是用来对本地或者远程服务器进行管理操作的服务器应用程序，通过单击"开始"→"程序"→Microsoft SQL Server→"企业管理器"命令，能够打开企业管理器窗口，如图 1-29 所示。

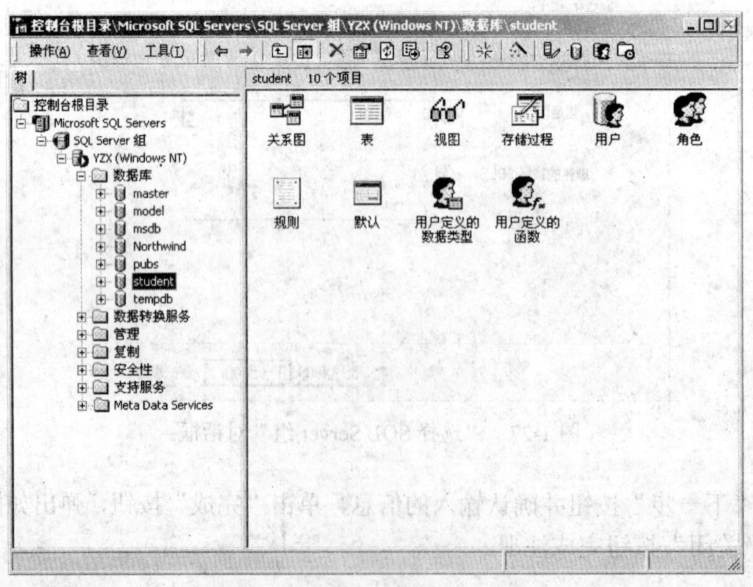

图 1-29 SQL Server 企业管理器窗口

企业管理器采用了类似于资源管理器的树型结构，在左边的树型结构图上，根节点是“控制台根目录”，表示它是所有服务器控制台的根。在第一层节点上有一个默认的节点 Microsoft SQL Servers，所有的 SQL Server 组都是该节点的子节点。

当安装完 SQL Server 2000 后，系统默认提供了一个名称为“SQL Server 组”的服务器组，安装成功的服务器就注册在该服务器组下面。当然，可以将名称为“SQL Server 组”的服务器组删除，对服务器重新进行注册。

使用企业管理器，可以完成以下工作：

- 注册和管理 SQL Server 服务器。
- 连接、启动、暂停或停止 SQL Server 服务。
- 创建和删除数据库和表。
- 创建和控制用户账户和用户组。
- 备份和恢复数据库以及事务处理日志。
- 检查数据的一致性。

1.5.2　SQL Server 2000 查询分析器

SQL Server 2000 查询分析器是一种图形工具，它允许用户输入和执行 SQL 语句，并返回语句的执行结果。如果要启动查询分析器，可以选择“开始”→“程序”→Microsoft SQL Server→“查询分析器”命令，经过身份验证登录连接到 SQL Server 服务器以后将打开如图 1-30 所示的窗口。此外，也可以在 SQL Server 企业管理器中选择“工具”→“SQL 查询分析器”命令打开该窗口。

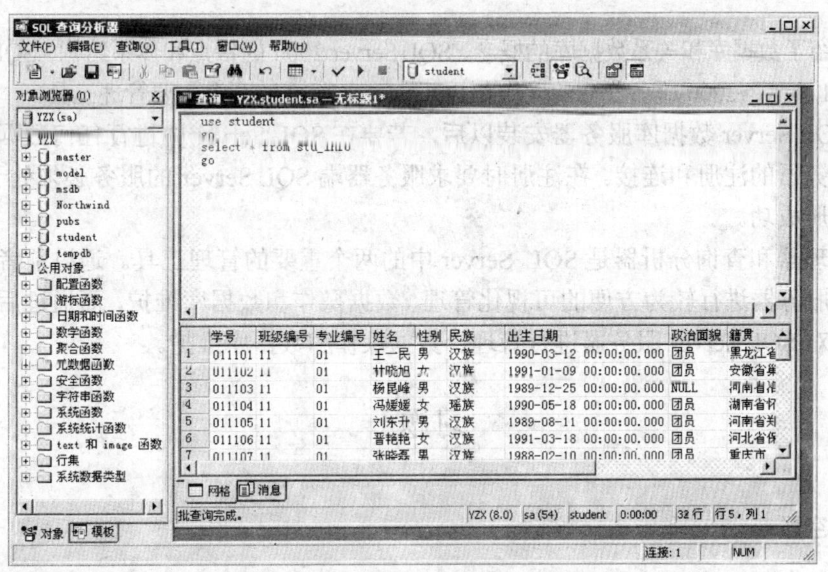

图 1-30　SQL Server 查询分析器窗口

使用查询分析器可以执行输入的 SQL 语句，它可以在一个窗口中执行多个 T-SQL 语句，也可以执行脚本文件中的 SQL 语句，执行结果会显示在屏幕上。SQL 查询分析器不仅仅是一个 SQL 查询系统，微软公司在 SQL Server 2000 中对 SQL 查询分析器作了很大的改进，功能也越来越强，它支持 OLE DB 的分布式和异构环境的查询，支持新的查询规划算法，可以加快查询的速度。

1.6 SQL Server 2000 数据库管理系统的开发过程

在学生成绩管理系统中，要对学生信息、专业、成绩、课程和班级等进行管理，利用 SQL Server 2000 作为后台数据库，在前台应用程序开发环境下设计应用程序，可参考以下步骤：

（1）根据学生成绩管理的特点，确定数据库包含的表及每个表的结构。

（2）启动企业管理器，完成以下工作：

1）建立学生数据库 student。

2）建立 student 数据库中的数据表：学生信息表、专业表、成绩表、课程表和班级表。

（3）用前台应用程序开发环境设计界面和相应程序：

1）设计界面，根据需要加入有关控件并设置相应的属性参数。

2）在界面中加入数据控件并设置参数，建立应用程序与数据库间的连接。

3）根据应用要求设计应用程序。

（4）在开发环境下调试运行程序，使运行结果满足成绩管理的应用要求。

（5）对调试通过的程序进行编译连接，形成 EXE 文件，并在 Windows 环境下运行程序，检查是否符合要求。

本章小结

本章介绍了数据库和关系数据库的概念、SQL Server 2000 的特点和体系结构、SQL Server 2000 的安装、SQL Server 2000 服务器端的操作和 SQL Server 2000 的两个主要管理工具。

完成 SQL Server 数据库服务器安装以后，若要在 SQL Server 中进行任何数据库操作，首先应完成服务器的注册和连接。在注册时要求服务器端 SQL Server 的服务必须处于启动状态，否则不能注册成功。

企业管理器和查询分析器是 SQL Server 中的两个重要的管理工具。通过前者可以实现对 SQL Server 服务器进行较为方便的可视化管理、数据操作和数据库维护，而通过后者可以使用 T-SQL 语句对 SQL Server 服务器进行管理、数据操作和数据库维护。

习题一

一、填空题

1．Microsoft SQL Server 2000 可以应用在________、________的体系结构中，作为后台数据库服务器使用。

2．当前数据库常用的数据模型分为________、________、________。

3．SQL Server 服务管理器用于________、________和暂停服务器上的 SQL Server 2000 组件。

二、选择题

1．（　　）是指长期存储在计算机内的、有组织的、可共享的、统一管理的相关数据集合。

A．DATA　　B．DB　　C．DBS　　D．Information

2．（　　）是一种操纵和管理数据库的大型软件，用于建立、使用和维护数据库。

A．DATA　　B．DB　　C．DBS　　D．DBMS

3．数据库系统是由计算机硬件、操作系统、数据库管理系统以及在它支持下建立起来的数据库、应用程序、用户和（　　）组成的一个整体。

A．DBMS　　B．DB　　C．DBS　　D．DBA

三、简答题

1．简述启动 SQL Server 服务的几种方式。

2．简述 SQL Server 企业管理器和查询分析器的作用。

第 2 章　数据库的基本操作

数据库是存储数据和数据库对象（如视图、索引、存储过程、触发器等）的地方，是 Microsoft SQL Server 系统中最基本、最重要的对象之一。创建和管理数据库是进行数据库应用的基础，本章重点介绍通过企业管理器和 T-SQL 语句创建和管理数据库的方法。通过本章的学习，读者应掌握数据库的一些基本操作。

2.1　SQL Server 数据库的基本概念

2.1.1　数据库文件及文件组

1. 文件

数据库的物理表现是操作系统文件，SQL Server 2000 使用一组操作系统文件来创建一个数据库。数据库的所有数据和对象都存放在操作系统文件中，这些文件分为主数据文件、辅助数据文件和事务日志文件三大类，它们的含义和作用是：

（1）主数据文件：用来存储数据库的启动信息和部分或全部的数据。每个数据库必须有且只有一个主数据文件，其扩展名为 mdf。

（2）辅助数据文件：也称为次数据文件，用来存放主数据文件中容纳不下的数据。辅助数据文件可以没有，也可以有多个，其扩展名为 ndf。

一般当数据库很大时，可能需要创建多个辅助数据文件，而数据库较小时，只需要创建主数据文件而不需要辅助数据文件。

（3）事务日志文件：用来存放数据库的更新情况等事务日志信息，所有使用 INSERT、DELETE、UPDATE 等 SQL 命令对数据库进行修改的操作都要存放在事务日志文件中。一个数据库至少有一个日志文件，其扩展名为 ldf。

因此，一个数据库至少包含两个文件：主数据文件和事务日志文件。默认状态下，数据库文件存放在 SQL Server 安装目录的 data 子目录下。

SQL Server 2000 的文件都有逻辑文件名和物理文件名。在 T-SQL 语句中使用逻辑文件名，物理文件名供 Windows 操作系统使用。逻辑文件名对于特定的数据库都是唯一的，并且必须遵守 SQL Server 标识符的命名规则。例如，系统中的 master 数据库，其逻辑文件名是 master，物理文件名是 master.mdf。

2. 文件组

出于分配和管理上的目的，SQL Server 允许将多个文件归纳为一组，并赋予此组一个名称，这个组就是文件组。比如，可以将 3 个数据库文件分别创建在 3 个盘上，这 3 个文件组成文件组 fgroup1。在创建表的时候，就可以指定一个表创建在文件组 fgroup 上。这样该表的数据就可以分布在 3 个盘上，系统在对该表执行查询时就可以并行操作，提高了查询效率。

SQL Server 2000 有两种类型的文件组：

（1）主文件组。主文件组包含主数据文件和未放入其他文件组的所有其他文件。系统表的所有页均分配在主文件组中。

（2）用户定义文件组。这些文件组是在 CREATE DATABASE 或 ALTER DATABASE 语句中，或企业管理器中的属性页中使用 FILEGROUP 关键字另外指定的文件组。

注意：每个数据库最多只能创建 256 个文件组，而且文件组不能独立于数据库文件创建。

SQL Server 2000 在没有用户定义文件组时也能有效地工作，因此许多系统不需要指定用户定义文件组。在这种情况下，所有文件都包含在主文件组中，而且 SQL Server 2000 可以在数据库内的任何位置分配数据。

每个数据库都有一个文件组作为默认文件组运行。如果数据库有多个文件组，可以指定其中一个作为默认文件组，但一次只能有一个文件组作为默认文件组。如果没有指定默认文件组，则主文件组就是默认文件组。

SQL Server 的文件和文件组必须遵循以下规则：

（1）一个文件只能属于一个文件组。

（2）事务日志文件不能属于任何文件组。

（3）一个文件或文件组只能被一个数据库使用。

2.1.2 SQL Server 系统数据库

SQL Server 包含 3 种类型的数据库：系统数据库、示例数据库和用户数据库。在安装了 SQL Server 后可以看到系统自带了 6 个数据库，其中 master、model、msdb、tempdb 为系统数据库，northwind 和 pubs 为示例数据库。系统数据库存放有关 SQL Server 的系统信息，SQL Server 使用系统数据库来操作和管理系统，而用户数据库由用户创建，例如本书中的学生信息管理数据库 student。

1. 系统数据库

（1）master 数据库。master 数据库是 SQL Server 2000 中最重要的系统数据库，记录系统中所有系统级的信息。安装一个 SQL Server 系统，那么系统首先会建立一个 master 数据库来记录系统的有关登录账户、系统配置、数据库文件等初始化信息。如果用户在该 SQL Server 系统里面建立一个用户数据库，系统马上将用户数据库的有关用户管理、文件配置、数据库属性等信息写入到 master 数据库。系统正是根据 master 数据库的信息来管理系统和其他数据库的。因此，如果 master 数据库信息被破坏，整个 SQL Server 系统将受到影响，用户数据库将不能被使用。

（2）model 数据库。model 数据库是模板数据库。当用户新建一个数据库时，SQL Server 复制 model 数据库中的内容到新建的数据库中。因此，新创建的数据库和 model 数据库完全一样。

（3）msdb 数据库。msdb 数据库供 SQL Server 代理程序调度警报作业以及记录操作员时使用。当代理程序调度警报和作业、记录操作员时用到或实时产生的相关信息一般存储在 msdb 数据库里面。

（4）tempdb 数据库。tempdb 数据库是临时数据库，保存连接到 SQL Server 系统的用户产生的临时表和临时存储过程。在 SQL Server 关闭时，tempdb 数据库中的所有对象被删除；每次启动 SQL Server 时，tempdb 数据库里面总是空的。

2. 示例数据库

SQL Server 2000 在安装时创建了两个示例数据库：northwind 和 pubs。示例数据库是让读者作为学习工具使用的。northwind 是一个贸易公司的数据库，pubs 是一个图书出版公司的数据库。

2.2 创建数据库

创建数据库是使用 SQL Server 的第一步，因为数据库是其他对象的基础。要创建数据库，必须先确定数据库的名称、所有者（创建数据库的用户）、大小以及用于存储该数据库的文件和文件组。数据库名称必须遵循标识符的命名规则。在同一台 SQL Server 服务器上，数据库的名称唯一。在创建数据库时，系统将 model 数据库的内容复制到新创建的数据库中，并将创建数据库的信息存储在 master 数据库的 sysdatabases 系统表中。

创建数据库有 3 种方式：使用企业管理器、使用 T-SQL 语句和使用向导。在此主要介绍前两种方法。

2.2.1 使用企业管理器创建数据库

下面用一个例子来说明如何创建数据库 student，该数据库包含一个主数据文件 student_Data.mdf 和一个事务日志文件 student_Log.ldf。操作步骤如下：

（1）进入企业管理器的主界面，展开控制台根目录，在“数据库”文件夹上右击，从弹出的快捷菜单中选择“新建数据库”选项，如图 2-1 所示。

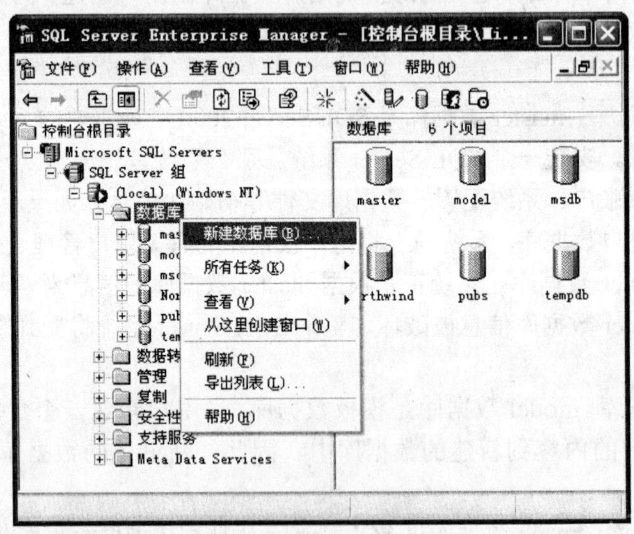

图 2-1 新建数据库

（2）系统弹出“数据库属性”对话框，如图 2-2 所示，在其中输入要创建数据库的属性。该对话框共有 3 个选项卡：常规、数据文件和事务日志。在“常规”选项卡中用户可以输入新建数据库的名称 student，选择排序规则。一般使用服务器默认的排序规则即可。

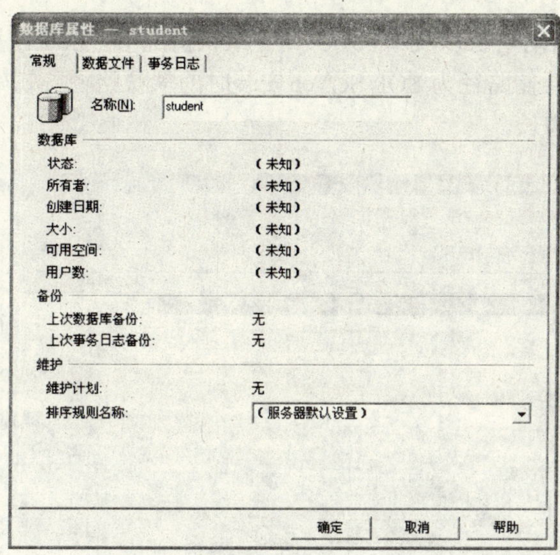

图 2-2　“数据库属性”对话框

（3）选择“数据文件”选项卡，如图 2-3 所示。在这里可以设置数据文件的各种属性：数据库文件的文件名、存放位置、初始大小、所属文件组、是否自动增长以及增长方式等。默认情况下，系统只生成主数据文件，使用数据库名称加上_Data 作为其文件名，存放到 SQL Server 安装时默认的路径下。主数据文件从属于 Primary 文件组，初始大小定为 5MB，最大为 10MB，允许数据文件按 10%的比例自动增长。上述属性除了主数据文件所属的文件组外都可以更改（主数据文件必须在主文件组中），但是建议不要修改主数据文件名，因为这样易于管理员对数据库文件进行管理。

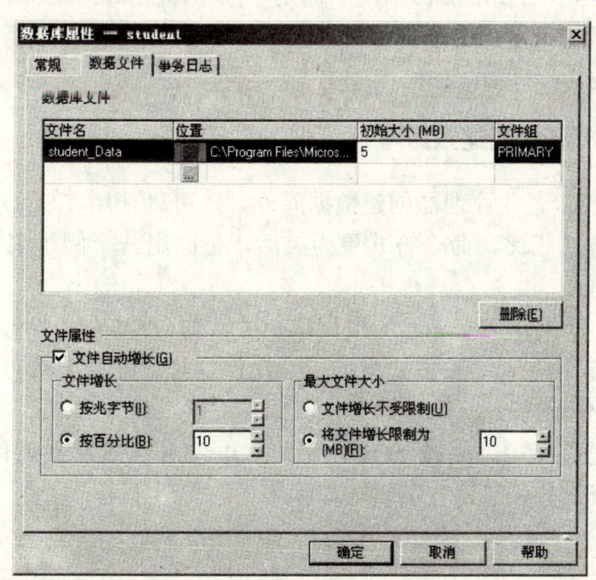

图 2-3　“数据文件”选项卡

（4）选择“事务日志”选项卡，如图 2-4 所示。“事务日志”选项卡类似于图 2-3 所示的“数据文件”选项卡，可以在这里设置事务日志文件的各种属性，包括事务日志文件名、存放位置、初始大小、是否自动增长以及增长方式等。默认情况下，系统使用数据库名称加上_Log作为事务日志文件名，存储路径为 SQL Server 安装时的默认路径，初始大小定为 2MB，最大为 5MB，按 1MB 自动增长。

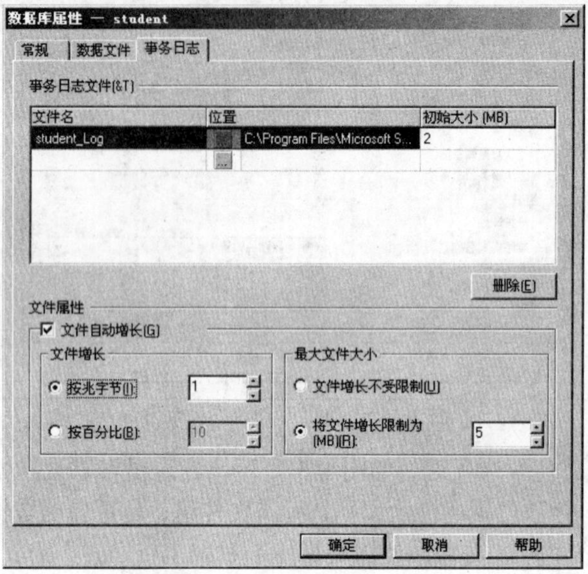

图 2-4 “事务日志”选项卡

如果数据库需要多个事务日志文件，只需在表格的下一行输入文件名称和存储路径并设置日志文件的属性。

完成上述 3 个选项卡的设定后，单击“确定”按钮即完成了新数据库的创建。创建完成后，可以在企业管理器的“控制台根目录”窗格中展开 SQL Server 服务器下的“数据库”文件夹，即可看到新建的数据库 student。

2.2.2 使用 T-SQL 语句创建数据库

除了通过 SQL Server 企业管理器创建数据库外，还可以使用 T-SQL 语句在查询分析器中创建数据库。与界面方式相比，命令方式更为灵活。下面用一个例子来说明如何使用 T-SQL 语句创建数据库 student。

【例 2-1】 创建一个名为 student 的数据库，主数据文件初始大小为 5MB，最大大小为 10MB，允许数据库自动增长，增长方式为按 15%比例增长；日志文件初始大小为 2MB，最大可增长到 5MB，按 1MB 增长。

注意：要先在 D 盘下建立文件夹 SQL，再在 SQL 文件夹下建立文件夹 Data。

（1）启动 SQL 查询分析器，在编辑窗口输入如下 T-SQL 语句：

```
CREATE DATABASE student
  ON
  (NAME=student_data,
     FILENAME='D:\SQL\Data\student_Data.mdf',
     SIZE=5MB,
     MAXSIZE=10MB,
```

```
      FILEGROWTH=10%)
   LOG ON
    (NAME=student_log,
      FILENAME='D:\SQL\Data\student_Log.ldf',
      SIZE=2MB,
      MAXSIZE=5MB,
      FILEGROWTH=1MB)
GO
```

（2）单击工具栏中的“执行查询”按钮 ▶ 或者按 F5 键执行，即可创建指定的数据库，如图 2-5 所示。在企业管理器的“控制台根目录”窗格中展开 SQL Server 服务器下的“数据库”文件夹，右击，从弹出的快捷菜单中选择“刷新”选项，即可看到新建的数据库 student。

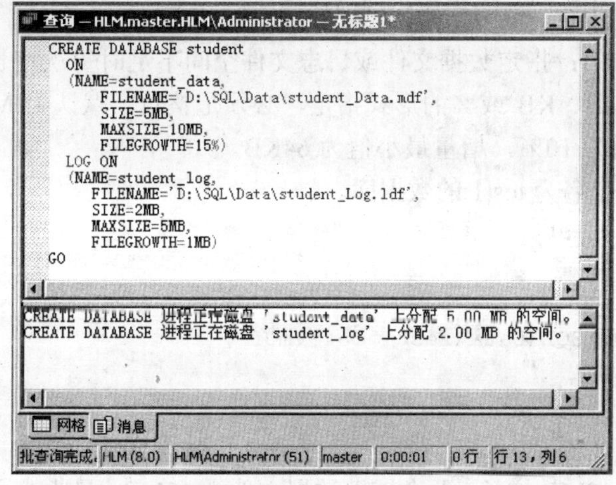

图 2-5　在查询分析器中执行创建数据库命令

从上面的例子可以了解到使用 T-SQL 语句创建数据库的过程，其核心是 CREATE DATABASE 语句。该语句的基本语法格式为：

```
CREATE  DATABASE  数据库名
   [ON  [PRIMARY]
   [< filespec >  [,…,n ] ]  ]
   [ LOG ON  { < filespec > [,…,n ] } ]
```

其中，<filespec>语法格式如下：

```
(  NAME='逻辑文件名'
  [,FILENAME='操作系统文件名']
  [,SIZE=初始大小]
  [,MAXSIZE={ 最大容量|UNLIMITED }]
  [,FILEGROWTH=增长量] )
```

注意：本书语法说明中的“[ ]”中的内容为可选项；大括号“{ }”或用分隔符“|”分隔的内容为必选项，即必选其中之一；记号[,…,n]，表示可以有 n 个与前面相同的描述。

参数含义：

（1）数据库名：创建的数据库的名称。

（2）PRIMARY：用来指定主数据文件。如果不指定主数据文件，那么列出的第一个文件将成为主数据文件。

（3）NAME：指定数据文件或日志文件的逻辑文件名。逻辑文件名是指在 T-SQL 语句中引用文件时所使用的名字。逻辑文件名在数据库中必须唯一，并且符合标识符的命名规则。

（4）FILENAME：指定数据文件或日志文件的操作系统文件名，即操作系统在创建数据文件或日志文件的物理文件时使用的路径和文件名。

（5）SIZE：指定数据文件或日志文件的初始大小。主数据文件在定义时若没有提供 SIZE 选项，那么 SQL Server 将使用 model 数据库中的主文件大小；对辅助数据文件和日志文件若没有提供 SIZE 选项，则默认为 1MB。SIZE 值应为整数，最小值为 512KB。

（6）MAXSIZE：指定数据文件或日志文件可以增长到的最大值。若没有指定 MAXSIZE，那么文件将不断增长直到占满磁盘空间为止。UNLIMITED 关键字指出文件大小不受限制，直到增长到磁盘空间用完为止。

（7）FILEGROWTH：指定数据文件或日志文件空间不足时每次增长的大小。值为 0 表示不增长。该值可按 MB、KB 或%的形式指定，必须是整数，默认为 MB。如果没有该项定义，则系统指定默认值为 10%，增量最小值为 64KB。

【例 2-2】创建一个名为 test1 的数据库。

```
CREATE DATABASE test1
  ON
  ( NAME='test1_data',
    FILENAME='D:\SQL\Data\test1_Data.mdf',
  )
GO
```

【例 2-3】创建一个名为 test2 的数据库，它有 3 个数据文件。其中主数据文件为 20MB，最大大小为 50MB，按 10MB 增长；两个辅助数据文件为 10MB，最大大小不限，按 10%增长；两个日志文件，大小均为 15MB，最大大小为 30MB，按 5MB 增长。

```
CREATE DATABASE test2
  ON
  PRIMARY
  (NAME =test2_data1,
     FILENAME='D:\SQL\Data\test2_data1.mdf',
     SIZE=20MB,
     MAXSIZE=50MB,
     FILEGROWTH=10MB),
  (NAME =test2_data2,
     FILENAME='D:\SQL\Data\test2_data2.ndf',
     SIZE=10MB,
     MAXSIZE=unlimited,
     FILEGROWTH=10%),
  (NAME =test2_data3,
     FILENAME='D:\SQL\Data\test2_data3.ndf',
     SIZE=10MB,
     MAXSIZE=unlimited,
     FILEGROWTH=10%)
 LOG ON
```

```
  (NAME =test2_log1,
     FILENAME='D:\SQL\Data\test2_log1.ldf',
     SIZE=15MB,
     MAXSIZE=30MB,
     FILEGROWTH=5MB),
  (NAME =test2_log2,
     FILENAME='D:\SQL\Data\test2_log2.ldf',
     SIZE=15MB,
     MAXSIZE=30MB,
     FILEGROWTH=5MB)
GO
```

本例中用 PRIMARY 关键字显式地指出了主数据文件。注意在 FILENAME 中使用的文件扩展名：mdf 用于主数据文件，ndf 用于辅助数据文件，ldf 用于日志文件。

【例 2-4】创建一个具有 3 个文件组的数据库 test3。主文件组包括文件 test3_dat1 和 test3_dat2，文件初始大小均为 20MB，最大为 60MB，按 5%比例增长；第 2 个文件组名为 test3Group1，包括文件 test3_dat3 和 test3_dat4，文件初始大小均为 10MB，最大大小为 30MB，按 10%比例增长；该数据库只有一个日志文件，初始大小为 20MB，最大大小为 50MB，按 5MB 增长。

```
CREATE DATABASE test3
  ON
  PRIMARY
  (NAME =test3_dat1,
     FILENAME='D:\SQL\Data\test3_dat1.mdf',
     SIZE=20MB,
     MAXSIZE=60MB,
     FILEGROWTH=5MB),
  (NAME =test3_dat2,
     FILENAME='D:\SQL\Data\test3_dat2.ndf',
     SIZE=20MB,
     MAXSIZE=60MB,
     FILEGROWTH=5MB),
  FILEGROUP test3Group1
  (NAME =test3_dat3,
     FILENAME='D:\SQL\Data\test3_dat3.ndf',
     SIZE=10MB,
     MAXSIZE=30MB,
     FILEGROWTH=10%),
  (NAME =test3_dat4,
     FILENAME='D:\SQL\Data\test3_dat4.ndf',
     SIZE=10MB,
     MAXSIZE=30MB,
     FILEGROWTH=10%)
LOG ON
  (NAME =test3_log1,
     FILENAME='D:\SQL\Data\test3_log1.ldf',
```

```
        SIZE=20MB,
        MAXSIZE=50MB,
        FILEGROWTH=5MB)
GO
```

2.3 管理数据库

2.3.1 查看数据库信息

数据库的信息主要有基本信息、维护信息和空间使用信息等，可以使用企业管理器、系统存储过程和系统函数来查看数据库和数据库参数的信息。本节介绍使用企业管理器和系统存储过程查看数据库信息的方法。

1. 使用企业管理器查看数据库信息

（1）启动企业管理器，展开服务器组和服务器，打开“数据库”文件夹，选择要查看信息的数据库 student，右击，弹出快捷菜单，如图 2-6 所示，从中选择“属性”选项，弹出如图 2-7 所示的“student 属性”对话框。

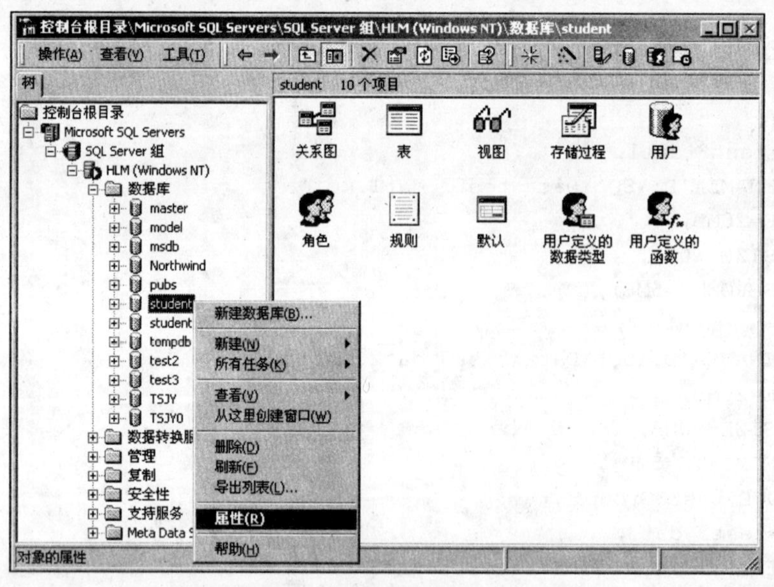

图 2-6 查看数据库的信息

（2）在其中，可以查看到数据库的基本信息。单击“常规”、“数据文件”、“事务日志”、“文件组”、“选项”、“权限”选项卡，可以查看到与之相关的数据库信息。

2. 使用系统存储过程查看数据库信息

在查询分析器中可以使用系统存储过程来查看数据库信息。最常用的是使用系统存储过程 sp_helpdb 来查看有关数据库的参数信息。其语法格式为：

```
[EXECUTE] sp_helpdb  [数据库名]
```

其中，若省略数据库名，则表示查看所有数据库的信息。

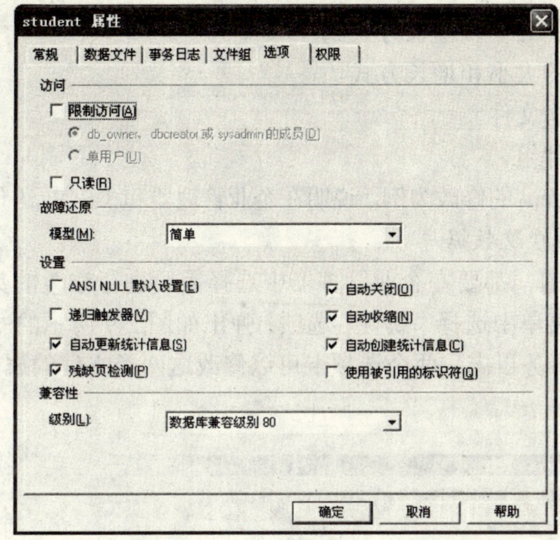

图 2-7　“student 属性”对话框

【例 2-5】查看数据库 student 的有关参数信息。

```
EXEC sp_helpdb  'student'
```

执行结果如图 2-8 所示。

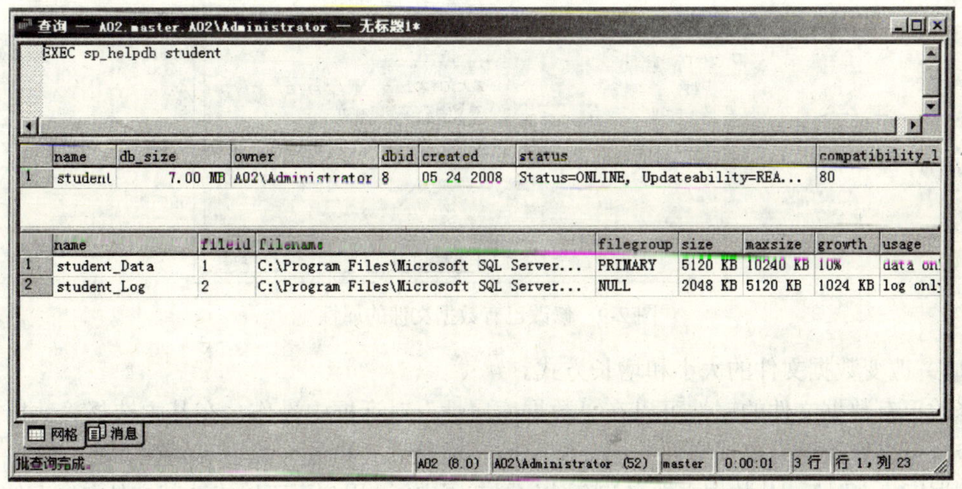

	name	db_size	owner	dbid	created	status	compatibility_l
1	student	7.00 MB	A02\Administrator	8	05 24 2008	Status=ONLINE, Updateability=REA...	80

	name	fileid	filename	filegroup	size	maxsize	growth	usage
1	student_Data	1	C:\Program Files\Microsoft SQL Server...	PRIMARY	5120 KB	10240 KB	10%	data onl
2	student_Log	2	C:\Program Files\Microsoft SQL Server...	NULL	2048 KB	5120 KB	1024 KB	log only

图 2-8　使用 sp_helpdb 查看数据库信息

2.3.2　修改数据库

用户创建的数据库常常由于某些原因需要进行修改，例如在创建数据库时确定了其最大大小，随着数据的增加，数据库原来的大小就可能不再满足要求，从而会出现数据库物理存储容量不够的问题，此时就必须改变数据库的最大大小，以适应需求的变化。

在数据库创建后，数据文件和日志文件名就不能更改了。对已存在的数据库可以进行如下修改：

- 增加或删除数据文件。

- 改变数据文件的大小和增长方式。
- 改变日志文件的大小和增长方式。
- 增加或删除日志文件。
- 增加或删除文件组。

下面以对数据库 student 的修改为例，说明在企业管理器和 T-SQL 语句中修改数据库的方法。

1. 使用企业管理器修改数据库

在进行任何修改之前，都要在企业管理器中选择需要进行修改的数据库。在该数据库名上右击，从弹出的快捷菜单中选择“属性”选项，弹出如图 2-9 所示的“数据库属性”对话框，通过“数据文件”和“事务日志”两个选项卡可以修改这两类文件的属性，通过“文件组”选项卡可以增删文件组。

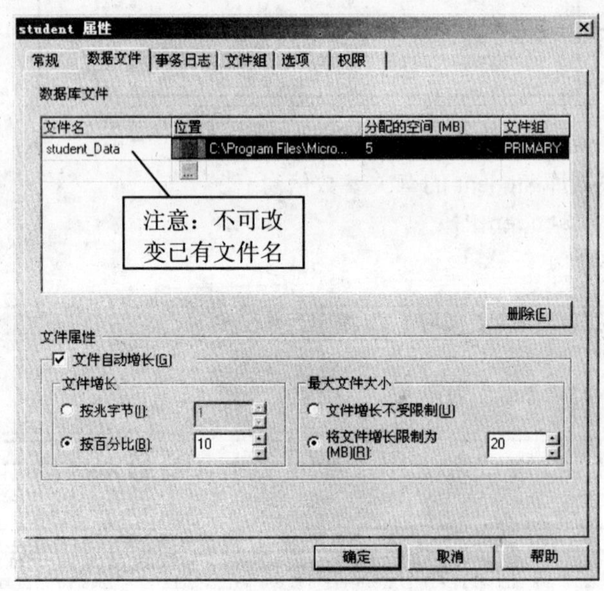

图 2-9 修改已有数据文件的属性

（1）改变数据文件的大小和增长方式。

修改已有数据文件的属性可以在“数据库属性”对话框中操作，在其中选择“数据文件”选项卡，可以修改已有数据文件的已分配空间、增长方式和最大大小等属性。

数据库建立以后，其数据文件名和存放位置就固定了，用户不可以修改其文件名或存储位置。

（2）增加数据文件。

当原有数据库的存储空间不够时，除了可以采用扩大原有数据文件存储容量的大小的方法外，还可以增加新的数据文件，或者从系统管理的需求出发，采用多个数据文件来存储数据，以避免数据文件过大，此时也会用到向数据库中增加数据文件的操作。

增加数据文件的方法是：在如图 2-10 所示的“数据文件”选项卡中单击紧随已有文件名后的空白行，在“文件名”栏中输入数据文件名，并且可以设置文件的初始大小和增长属性，最后单击“确定”按钮即可。

【例 2-6】向 student 数据库中增加数据文件 student_Data1，该文件的大小是 10MB，最大值是 20MB，以 20%的速度增长，如图 2-10 所示。注意，增加的辅助数据文件的扩展名为 ndf。

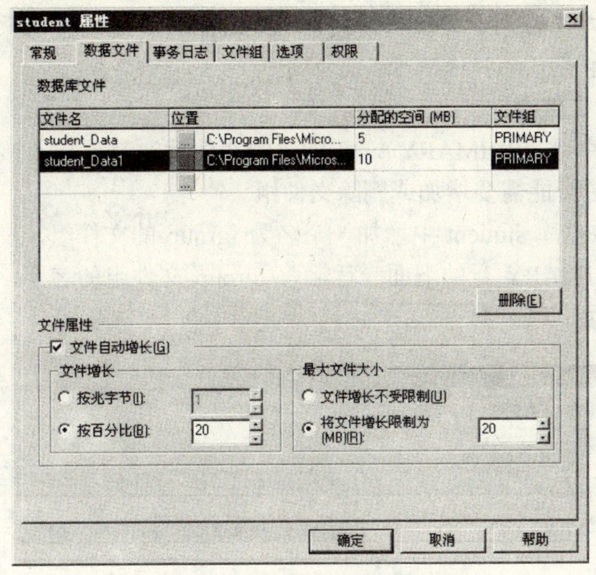

图 2-10　增加辅助数据文件

（3）删除辅助数据文件。

当数据库中的某些数据文件不再需要时，应及时将其删除。只能删除辅助数据文件，而不能删除主数据文件，因为主数据文件中存放着数据库的启动信息，若将其删除，数据库将无法启动。

删除辅助数据文件的方法是：在“数据文件”选项卡中选中要删除的文件，单击“删除”按钮，在弹出的对话框中单击“确定”按钮。

【例 2-7】将 student 数据库中新增加的辅助数据文件 student_data1 删除，其操作如图 2-11 所示。

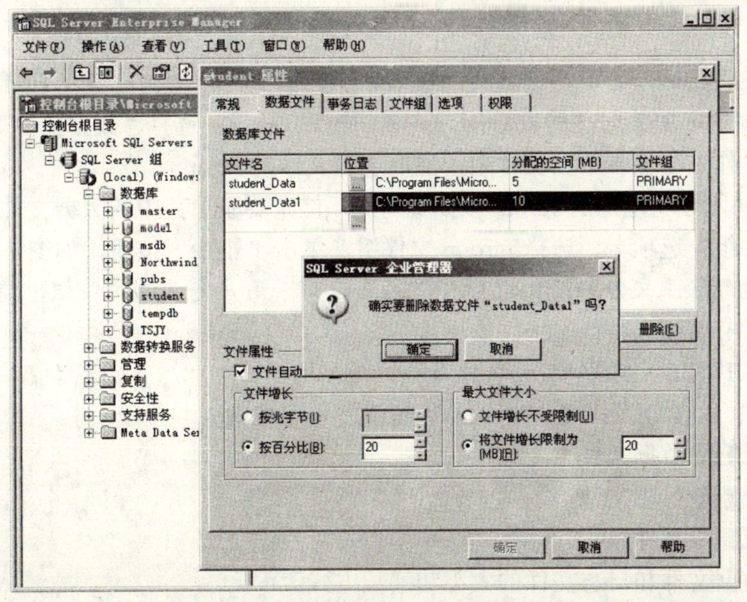

图 2-11　删除辅助数据文件

说明：改变日志文件的大小和增长方式、增加或删除日志文件的操作与数据文件完全相同，只是需要选择“事务日志”选项卡。

（4）增加或删除文件组。

系统定义了主文件组（PRIMARY），新创建的文件默认都被加入该文件组。管理员从系统管理角度出发，有时可能需要增加或删除文件组。

【例 2-8】要在数据库 student 中增加一个名为 fgroup 的文件组，操作方法为：选择“文件组”选项卡，在 PRIMARY 行的下面一行输入 fgroup 文件组的名字，单击“确定”按钮。操作界面如图 2-12 所示。

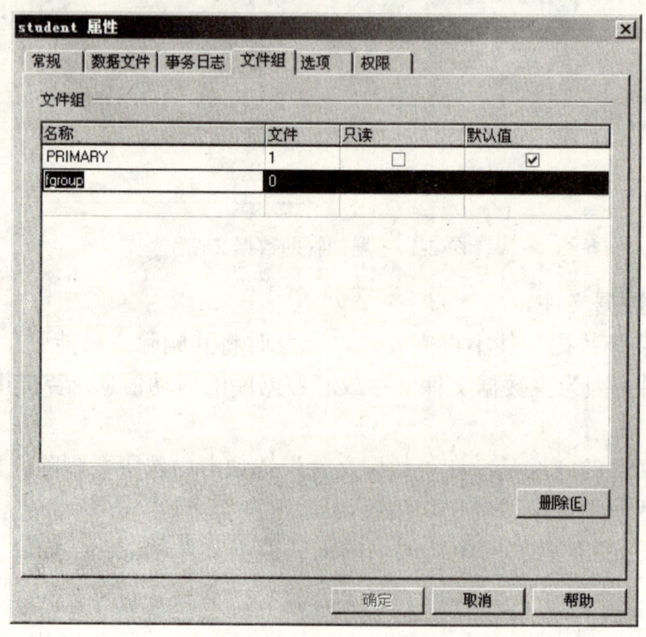

图 2-12 新增文件组

当增加了文件组后，即可在新增文件组中添加数据文件。例如，要在 student 数据库新增的文件组 fgroup 中增加数据文件 student_data2，操作方法是：选择“数据文件”选项卡，按增加数据文件的操作方法输入数据文件名，然后选择文件组 fgroup。

【例 2-9】将刚才新增加的 fgroup 文件组删除。首先要删除其中的数据文件 student_data2，然后选择“文件组”选项卡，选择 fgroup 文件组，单击“删除”按钮，如图 2-13 所示。

注意：不能删除主文件组（PRIMARY），可以删除用户定义的文件组，前提是要先删除该文件组中的所有数据文件。

2. 使用 ALTER DATABASE 语句修改数据库

使用 ALTER DATABASE 语句对数据库可进行以下修改：

- 增加或删除数据文件。
- 增加或删除日志文件。
- 增加或删除文件组。
- 改变数据文件和日志文件的大小和增长方式。

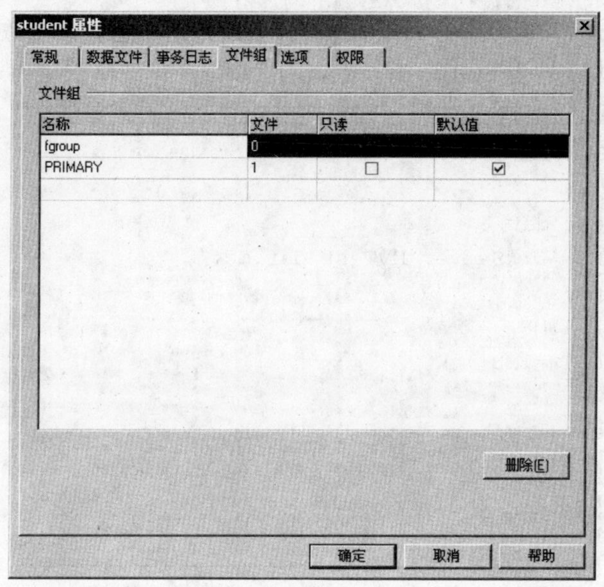

图 2-13　删除文件组

ALTER DATABASE 语句的基本语法格式为：

```
ALTER  DATABASE  数据库名
  {ADD FILE < filespec > [,…,n] [ TO  FILEGROUP  文件组名]
   | ADD LOG FILE < filespec > [,…,n]
   | REMOVE FILE 逻辑文件名 [ WITH DELETE]
   | ADD FILEGROUP 文件组名
   | REMOVE FILEGROUP 文件组名
   | MODIFY FILE < filespec >
   | MODIFY  NAME  =新的数据库名
}
```

参数含义：

（1）数据库名：要更改的数据库的名称。

（2）ADD FILE 子句：向数据库添加数据文件。关键字 TO FILEGROUP 指出添加的数据文件所在的文件组，若省略，默认为主文件组。

（3）ADD LOG FILE 子句：向指定的数据库中添加日志文件。

（4）REMOVE FILE 子句：从数据库中删除数据文件或日志文件。当删除一个数据文件时，逻辑文件和物理文件全部被删除。只有在文件为空时才能删除。

（5）ADD FILEGROUP 子句：向数据库中添加文件组。

（6）REMOVE FILEGROUP 子句：从数据库中删除文件组并删除该文件组中的所有文件。只有在文件组为空时才能删除。

（7）MODIFY FILE 子句：修改数据文件的属性，被修改文件的逻辑名由<filespec>中的 NAME 参数给出，以标识要更改的文件。可以修改的文件属性包括 FILENAME、SIZE、FILEGROWTH 和 MAXSIZE。一次只能更改这些属性中的一种。如果指定了 SIZE，那么新大小必须比文件当前大小要大。

（8）MODIFY NAME 子句：更改数据库名。

【例 2-10】创建一个名字为 MyTest 的数据库，此数据库包含一个数据文件和一个日志文件，两个文件的初始大小均为 5MB，增长上限为 15MB，每次增长量为 1MB。所有文件均放在 D:\Server 文件夹下。

```
CREATE DATABASE MyTest
    ON
     ( NAME=MyTest_dat,
          FILENAME='D:\Server\MyTest_dat.mdf',
          SIZE=5MB,
          MAXSIZE=15MB,
          FILEGROWTH=1MB )
    LOG ON
     ( NAME=MyTest_log,
          FILENAME='D:\Server\MyTest_log.ldf',
          SIZE=5MB,
          MAXSIZE=15MB,
          FILEGROWTH=1MB )
GO
```

对数据库 MyTest 进行如下要求的修改：

1）增加一个数据文件，逻辑文件名为 MyTest_dat1，物理文件名为 MyTest_dat.ndf，初始大小为 2MB，最大增长上限为 12MB，每次增长量为 2MB。

```
ALTER DATABASE MyTest
   ADD FILE
    ( NAME=MyTest_dat1,
        FILENAME='D:\Server\MyTest_dat1.ndf',
        SIZE=2MB,
        MAXSIZE=12MB,
        FILEGROWTH=2MB)
GO
```

2）增加一个日志文件，逻辑文件名为 MyTest_log1，物理文件名为 MyTest_log1.ldf，初始大小为 2MB，最大增长上限为 5MB，每次增长量为 10%。

```
ALTER DATABASE MyTest
   ADD LOG FILE
   ( NAME=MyTest_log1,
        FILENAME='D:\Server\MyTest_log1.ldf',
        SIZE=2MB,
        MAXSIZE=5MB,
        FILEGROWTH=10%)
GO
```

3）将 MyTest 数据库中的数据文件 MyTest_dat1 的最大大小改为 30MB，递增量增加到 2MB。

```
ALTER DATABASE MyTest
   MODIFY FILE
   ( NAME=MyTest_dat1,
        MAXSIZE=30MB,
```

```
      FILEGROWTH=2MB)
GO
```

4）删除 MyTest 数据库中名为 MyTest_dat1 的数据文件和名为 MyTest_log1 的事务日志文件。

```
ALTER DATABASE  MyTest
  REMOVE  FILE MyTest_dat1
GO
ALTER DATABASE  MyTest
  REMOVE  FILE MyTest_log1
GO
```

5）为数据库 MyTest 添加文件组 Fgroup，并为此文件组添加一个数据文件，其初始大小为 10MB，最大大小为 30MB，按 2MB 自动增长。

```
ALTER DATABASE MyTest
  ADD FILEgroup Fgroup
ALTER DATABASE MyTest
  ADD FILE
     (NAME=MyTest_dat2,
       FILENAME='D:\Server\MyTest_dat2.ndf',
       SIZE=10MB,
       MAXSIZE=30MB,
       FILEGROWTH=2MB)
     )
```

6）从数据库 MyTest 中删除文件组 Fgroup。注意，被删除的文件组中的数据文件必须先删除，且不能删除主文件组。

```
ALTER DATABASE  MyTest
  REMOVE  FILE MyTest_dat2
ALTER DATABASE  MyTest
REMOVE  FILEGROUP Fgroup
GO
```

2.3.3 更改数据库名称

在一个应用程序的开发过程中，往往需要改变数据库的名称，但是要改变名称的数据库很可能正被其他用户使用，所以变更数据库名称的操作必须在单用户模式下方可进行。可以使用系统存储过程 sp_renamedb 来更改数据库的名称。

语法格式为：

```
EXEC sp_renamedb  原数据库名,更名后的数据库名
```

【例 2-11】将数据库 student 更名为 newstudent。

打开“SQL 查询分析器”窗口，输入如下语句：

```
USE master
EXEC sp_dboption 'student','single user',true        /* 设置为单用户模式 */
EXEC sp_renamedb 'student','newstudent'              /* 数据库更名 */
EXEC sp_dboption 'newstudent','single user',false    /* 取消单用户模式 */
```

单击“执行查询”按钮或按 F5 键，执行该 SQL 语句，数据库的更名操作就完成了。

2.3.4 删除数据库

删除数据库比较简单，可以使用 DROP DATABASE 语句来删除某个数据库。但是应该注意的是，如果被删除的数据库正在使用，则无法对该数据库进行删除。

DROP DATABASE 语法格式为：

```
DROP DATABASE 数据库名 [,…,n]
```

【例 2-12】 删除名为 student 的数据库。

```
DROP DATABASE  student
```

采用 DROP DATABASE 语句可以一次删除多个数据库。

另外，也可以在企业管理器中选中要删除的数据库名称并右击，从弹出的快捷菜单中选择“删除”选项，即可完成数据库的删除操作。

本章小结

本章首先介绍了数据库的基本概念，然后重点介绍了使用企业管理器和 T-SQL 语句创建数据库的方法，最后详细介绍了对数据库的管理，包括查看数据库、修改数据库、更名数据库和删除数据库的操作。

习题二

一、填空题

1．在 SQL Server 2000 中创建的数据库，最大为 1TB，最小为________。

2．对于________数据库，它控制着用户数据库和 SQL Server 的操作。

3．在 SQL Server 中，主数据文件的默认扩展名为________，次数据文件的默认扩展名为________。

4．在 SQL Server 2000 中，数据库必须至少包含一个数据文件和一个________文件。

5．通过 T-SQL 命令更改数据库名称的系统存储过程名为________。

二、选择题

1．为用户提供模板和原型的数据库是（　）。

A．master　　B．model　　C．msdb　　D．tempdb

2．包含数据库的启动信息的文件是（　）。

A．主数据文件　　B．非主要数据文件

C．辅助数据文件　　D．事务日志文件

3．删除数据库的命令是（　）。

A．DROP DATABASE　　B．USE DATABASE

C．CLOSE DATABASE　　D．OPEN DATABASE

4．下列关于数据库、文件和文件组的描述中，错误的是（　）。

A．一个文件或文件组只能用于一个数据库

B．一个文件可以属于多个文件组

C．一个文件组可以包含多个文件

D．数据文件和日志文件放在同一个组中

5．下列关于数据文件与日志文件的描述中，正确的是（　　）。

A．一个数据库必须由 3 个文件组成：主数据文件、辅助数据文件和日志文件

B．一个数据库可以有多个主数据库文件

C．一个数据库可以有多个辅助数据库文件

D．一个数据库只能有一个日志文件

三、操作题

1．在 d:\sql 文件夹下创建一个图书读者数据库 ReadBook，数据文件的初始大小为 2MB，文件增长量为 1MB，文件的增长上限为 5MB；日志文件的初始大小为 1MB，文件增长量为 1MB，文件的增长上限为 5MB。

2．在题 1 的数据库中增加两个辅助数据文件，逻辑文件名分别为 ReadBook_data1 和 ReadBook_data2，物理文件名分别为 ReadBook_data1.ndf 和 ReadBook_data2.ndf，初始容量均为 1MB，均按 10%增长，且最大容量都限定在 5MB，所有文件均放在 d:\sql 文件夹下。

第 3 章　表和表数据的基本操作

表是 SQL Server 2000 中最基本的数据库对象，它包含了数据库中的所有数据。其他数据库对象的操作都依赖于某个或某些特定的表进行。对表的各项操作，特别是数据操作是 SQL Server 2000 中使用频率最高的，它直接影响数据库的效率。所以说，表设计得好坏直接决定着一个数据库的好坏，从而决定整个数据库应用系统的成败。

与电子表格相似，数据在表中是按行和列的格式组织排列的。每行代表唯一的一条记录，而每列代表记录中的一个域。实现数据存储的前提是向表中添加数据，实现表的良好管理则是经常需要修改、删除表中的数据。本章学习使用企业管理器和 T-SQL 语句进行表的管理和表数据的操作技术。

3.1　SQL Server 2000 的数据类型

在创建表的时候，要对表中的各字段定义数据类型，数据类型规定了此字段数据的取值范围和存储格式。在 SQL Server 2000 系统中有两种数据类型：一种是系统提供的基本数据类型，另一种是用户基于系统数据类型而定义的用户数据类型。

在讨论数据类型之前，先介绍在数据类型中经常使用的 3 个术语：精度、小数位数和长度。

（1）精度：指数值型数据可以存储的十进制数字的总位数，包括小数点左侧的整数部分和小数点右侧的小数部分。

（2）小数位数：指数值型数据小数点右侧的数字位数。比如，123.45 的精度为 5，小数位数是 2。

（3）长度：指存储数据时所占用的字节数。数据类型不同，所占用的字节数也有所不同。有些数据类型拥有固定的长度，而有些数据类型则根据用户的要求来决定长度。比如，real 类型的数据存储时不管数值有多大均占用 4 个字节，而字符型数据则可根据用户的要求来决定存储数据的长度。

并不是所有的数值类型都能设置精度和小数位数，对于某些精度和小数位数固定的数据类型，不能设置精度和小数位数。

3.1.1　系统数据类型

SQL Server 提供了丰富的系统数据类型，常用的数据类型如表 3-1 所示。

表 3-1　SQL Server 系统数据类型

数据类型	符号标识
整数型	tinyint、smallint、int、bigint
精确数值型	decimal、numeric
浮点型	real、float

续表

数据类型	符号标识
货币型	money、smallmoney
日期和时间型	datetime、smalldatetime
字符型	char、varchar、nchar、nvarchar
位类型	bit
二进制类型	binary、varbinary
文本型	text、ntext
图像型	image

1. 整数型

（1）tinyint：存储 0～255 之间的整型数据，长度为 1 个字节。

（2）smallint：存储-2^{15}～2^{15}之间的整型数据，长度为 2 个字节。

（3）int：存储-2^{31}～2^{31}-1 之间的整型数据，长度为 4 个字节。

（4）bigint：存储-2^{63}～2^{63}-1 之间的整型数据，长度为 8 个字节。

2. 精确数值型

精确数值型数据由整数部分和小数部分构成，其所有的数字都是有效位，能够以完整的精度存储十进制数。精确数值型包括 decimal 和 numeric 两类。

声明精确数值型数据的格式是 decimal(p[,s])和 numeric(p[,s])。其中 p 为精度，即数据的总位数（不包括小数点），默认值为 18；s 为小数位数，默认值为 0。例如，decimal(7,3)，表示精度为 7，即共有 7 位数，其中有 3 位小数，4 位整数。numeric 数据类型与 decimal 数据类型完全相同。两者的区别在于，在表格中只有 numeric 类型的数据可以用于带有 identity 关键字的列（标识列）。

精确数值型可以用 5～17 个字节来存储-10^{38}+1～10^{38}-1 之间的数值，其精度和字节的关系如下：

（1）精度为 1～9 时，存储长度为 5 字节。

（2）精度为 10～19 时，存储长度为 9 字节。

（3）精度为 20～28 时，存储长度为 13 字节。

（4）精度为 29～38 时，存储长度为 17 字节。

3. 浮点型

浮点型也称近似数值型。顾名思义，这种类型不能精确地表示数据的精度，使用这种类型来存储某些数值时，有可能会损失一些精度，所以它可用于处理取值范围非常大且对精确度要求不高的数值量，如一些统计量。

浮点数据类型用于存储十进制小数有两种近似数值数据类型：real 和 float。两者通常都使用科学记数法表示数据，其表示形式为：尾数 E 阶数，如-2.365E8、1.2876E-9 等。

（1）real：存储-3.40E +38～3.40E +38，长度为 4 个字节。

（2）float：存储-1.79E +308～1.79E +308，长度为 4 个字节或 8 个字节。

4. 货币型

当字段要存放工资、价格、成本和费用等货币数据时，可以采用下列两种数据类型：

（1）money：数据范围为-2^{63}～2^{63}-1，精度为 19，小数位为 4，长度为 8 个字节。

（2）smallmoney：数据范围为-2^{31}～2^{31}-1，精度为 19，小数位为 4，长度为 4 个字节。

5. 日期和时间型

日期和时间型数据用于存储日期和时间信息，包括 datetime 和 smalldatetime 两类。

（1）datetime：存储 1753 年 1 月 1 日至 9999 年 12 月 31 日的日期和时间数据，其精确度可达 1/300 秒，即 3.33 毫秒，长度为 8 个字节。

（2）smalldatetime：存储 1900 年 1 月 1 日至 2079 年 6 月 6 日的日期和时间数据，精确到分钟，长度为 4 个字节。

用户以字符串形式输入 datetime 类型数据，系统也以字符串形式输出 datetime 类型数据。

6. 字符型

字符型数据用于存储各种汉字、英文字母、数字、标点和各种符号，输入时必须由英文单引号括起来。

（1）char[(n)]：定长字符型，用来存放固定长度的字符数据，n 表示字符串的长度，n 的取值为 1～8000。存储的每个字符和符号占 1 个字节的存储空间。若输入的字符串的长度小于 n 时，则系统自动在串的尾部添加空格，以达到长度 n。若输入的字符串长度大于 n，将会截掉其超出部分。

（2）varchar[(n)]：变长字符型，用来存放可变长度的 n 个字符，n 表示字符串可达到的最大长度。n 的取值为 1～8000。varchar(n)的长度为输入字符串的实际字符个数，而不一定是 n。若输入字符串的长度小于 n，系统不会在其后添加空格来填满设定好的空间。

一般情况下，由于 char 数据类型长度固定，因此它比 varchar 类型的处理速度快。当列中的字符数据值长度接近一致时，可以使用 char；而当列中的数据值长度显著不同时，使用 varchar 较为恰当，可以节省存储空间。

（3）nchar[(n)]：n 的取值为 1～4000。与 char 类型相似，不同的是，char 采用 ASCII 字符集，nchar 采用 Unicode 标准字符。Unicode（统一字符编码标准）用于支持国际上非英语语种的字符数据的存储和处理，Unicode 标准规定每个字符占用两个字节的存储空间。

（4）nvarchar[(n)]：n 的取值为 1～4000。与 varchar 类型相似，不同的是，varchar 数据类型采用 Unicode 标准字符集。

7. 位类型

位类型（bit）相当于其他语言中的逻辑型，长度为 1 个字节，其值为 0 或 1。如果输入 0 或 1 以外的值，将被视为 1。bit 类型不能定义为 NULL 值。

8. 二进制类型

二进制类型数据就是一些用十六进制表示的数据，可以采用下列两种数据类型：

（1）binary[(n)]：存储 n 位固定长度的二进制数据，存储空间的大小为 n+4 个字节，n 的取值范围是 1～8000。

（2）varbinary[(n)]：存储 n 位变长度的二进制数据。其中，n 的取值范围是 1～8000。其存储长度是 n+4 个字节，不是 n 个字节。

9. 文本型

当需要存储大量的字符数据，如较长的备注、简历等时，字符型数据的最长 8000 个字符的限制可能使它们不能满足这种应用需求，此时可以使用文本型数据。文本型包括 text 和 ntext

两类，分别对应 ASCII 字符和 Unicode 字符。text 可以表示最大长度为 2^{31} -1 个字符，其数据的长度为实际字符个数。

10. 图像型

图像型 image 用于存储图片、照片等，实际存储的是可变长度二进制数据。其理论容量为 2^{31}-1 个字节，其存储数据的模式与 text 数据类型相同。通常用来存储图形等对象。

3.1.2　用户自定义数据类型

用户自定义数据类型是基于 SQL Server 提供的系统数据类型而定义的数据类型。当多个表中的列要存储相同类型的数据，且想确保这些列具有完全相同的数据类型、长度和空性（数据类型是否允许空值）时，可以使用用户自定义数据类型。

创建用户自定义数据类型时，必须提供 3 个参数：数据类型的名称、所基于的系统数据类型和数据类型的空性。如果空性未明确定义，系统将依据数据库默认设置进行指派，系统默认值一般为 NULL。

1. 创建用户自定义数据类型

（1）使用企业管理器创建。在数据库 student 中创建一用户自定义数据类型 stu_num，基于系统数据类型 char，长度为 6，不允许为空。具体步骤如下：

1）打开企业管理器，展开数据库 student，在“用户定义的数据类型”上右击，弹出快捷菜单，如图 3-1 所示。

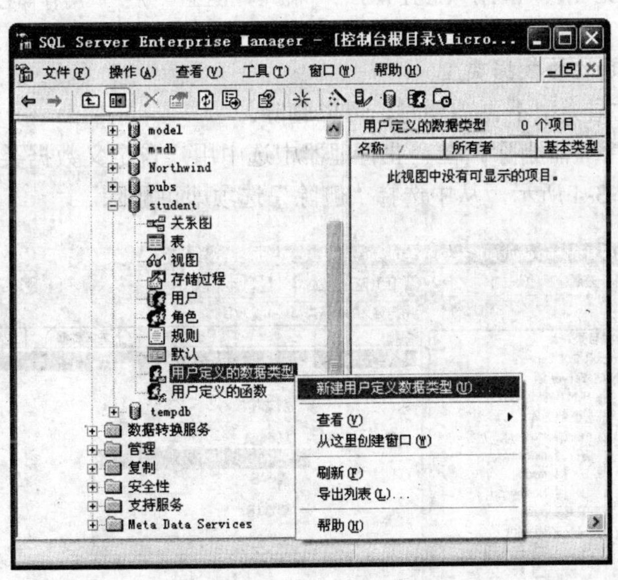

图 3-1　用户定义的数据类型的右键快捷菜单

2）选择“新建用户定义数据类型”选项，弹出“用户定义的数据类型属性”对话框，如图 3-2 所示。在“名称”文本框中输入用户定义数据类型的名称 stu_num，在“数据类型”下拉列表框中选择系统数据类型 char，然后在“长度”文本框中输入 6。

3）单击“确定”按钮，用户自定义的数据类型 stu_num 定义完成。这样就可以像使用系统数据类型一样使用用户自定义的数据类型了，如图 3-3 所示。

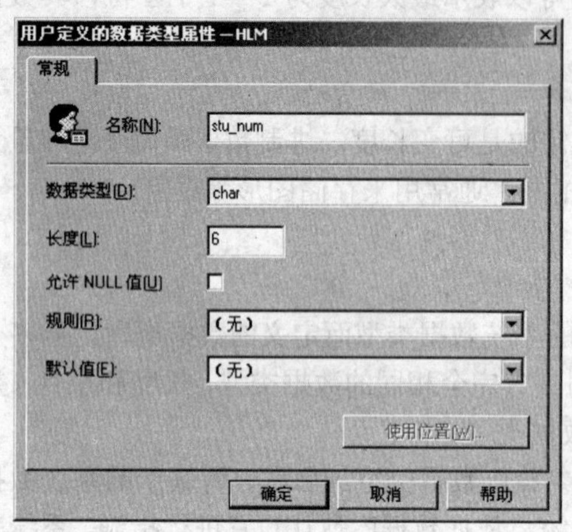

图 3-2　“用户定义的数据类型属性”对话框

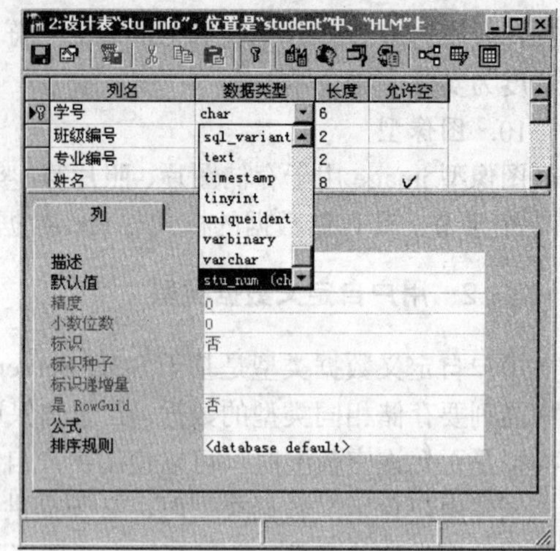

图 3-3　使用用户定义的数据类型 mytype

（2）使用 T-SQL 语句创建。创建用户定义的数据类型也可以使用 T-SQL 语句。系统存储过程 sp_addtype 可以创建用户定义的数据类型，其语法格式为：

```
sp_addtype 自定义数据类型名[ ，系统数据类型(长度)] [ ，'null | not null ']
```

根据上述语法，定义描述“学号”列的数据类型如下：

```
USE  student
EXEC sp_addtype stu_num,'char(6)', 'not null'  /* 调用存储过程 */
GO
```

2．删除用户自定义的数据类型

当用户定义的数据类型不再需要时，可以删除。

（1）使用企业管理器删除。在企业管理器中选中用户自定义数据类型 stu_num，右击，弹出快捷菜单，如图 3-4 所示，从中选择“删除”选项即可删除。

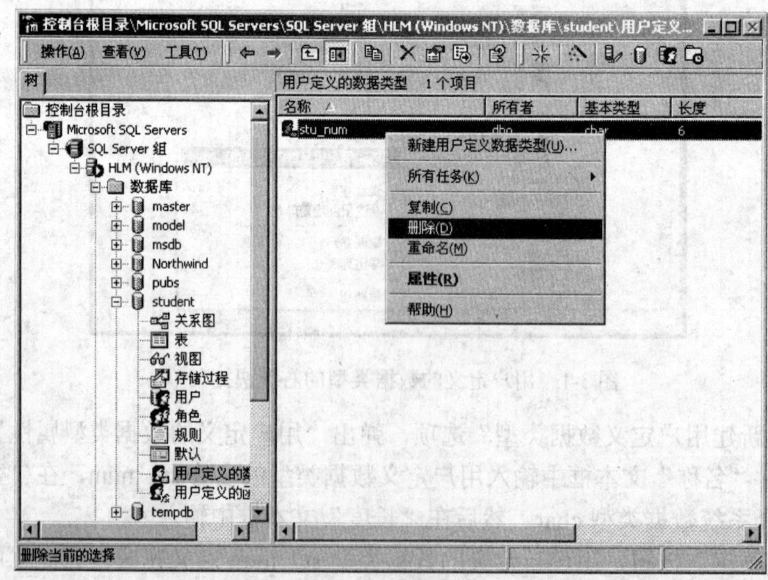

图 3-4　利用企业管理器删除自定义数据类型

（2）使用 T-SQL 语句删除。删除用户自定义数据类型的语法格式为：

```
sp_droptype  '自定义数据类型名'
```

例如，删除前面定义的 stu_num 类型的语句为：

```
USE student
EXEC sp_droptype  'stu_num'
```

注意：当表中的列正在使用用户自定义的数据类型时，或者在其上面还绑定有默认或者规则时，这种用户定义的数据类型不能删除。

3.2　创建表

创建完数据库后，就可以在该数据库中创建表了。表属于数据库对象中的一种，是数据存储的基本单位，它包含了所有的数据内容。在 SQL Server 2000 中，一个数据库中可以创建多达 20 亿个表，每一个表内可以包含多达 1024 列，每一个列最多可以有 8092 字节（不包括 image、text 或 ntext 数据）。

表的创建可以通过企业管理器和 T-SQL 语句这两种方法实现，下面具体介绍这两种方法。

3.2.1　使用企业管理器创建表

在第 2 章中已经创建了 student 数据库，本章将为其创建 stu_info、class、speciality、course、score 五个表，各表的表结构参见附录 A。

创建表之前先来认识一下列的 NULL 或 NOT NULL 属性。

NULL 即空值，通常表示未知、不可用或将在以后添加的数据。如果表的某一列允许为空值，则向表中输入数据时可以不提供该列的值；反之，如果表的某一列不允许为空，那么在输入时必须给出具体值。

以 stu_info 表为例，该表用于存放学生信息。表中的列有学号、班级编号、专业编号、姓名、性别、民族、出生日期、政治面貌、籍贯、备注 10 个，其属性如表 3-2 所示。考虑到姓名有重复的情况，所以将不能重复的学号设置为主键，并且不允许为空。

表 3-2　stu_info（学生信息表）

列名	数据类型	长度	是否主键	是否为空
学号	char	6	是	否
班级编号	char	2	否	否
专业编号	char	2	否	否
姓名	varchar	8	否	是
性别	char	2	否	是
民族	varchar	10	否	是
出生日期	datetime	8	否	是
政治面貌	char	8	否	是
籍贯	char	40	否	是
备注	text	16	否	是

创建表 stu_info 的步骤如下：

（1）在企业管理器中展开已经创建好的 student 数据库，选中“表”并右击，从弹出的快捷菜单中选择“新建表”选项，打开表设计器窗口。表设计器是一种可视化工具，它允许用户对 SQL Server 2000 数据库中的表进行设计和可视化处理。

（2）在表设计器窗口的“列名”栏中输入学号，在“数据类型”下拉列表框中选择数据类型为 char，在“长度”列中输入长度 6，“允许空”列设置不允许为空。其他字段的设置如图 3-5 所示。在“学号”列上右击，在弹出的快捷菜单中选择“设置主键”选项，将学号列设置为主键。

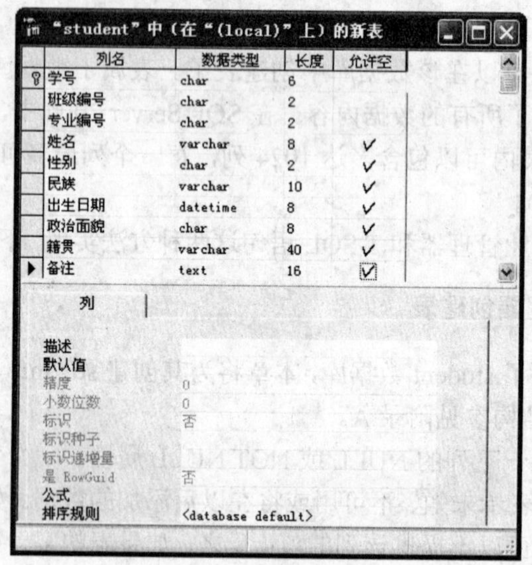

图 3-5 创建 stu_info 表

（3）各列的属性编辑完成后，单击工具栏中的“保存”按钮，弹出如图 3-6 所示的“选择名称”对话框，在其中输入表名 stu_info，单击“确定”按钮，即完成了表 stu_info 的创建。其他表的创建方法与 stu_info 表的方法相同。

图 3-6 “选择名称”对话框

在表设计器窗口列的属性里有一个 IDENTITY（标识）属性，IDENTITY 产生的值是唯一的，所以可以唯一标识一行记录。每个表只允许一个字段设置为 IDENTITY，该列的数据类型只能是 int、smallint、tinyint、numeric（小数部分为 0）、decimal（小数部分为 0），并且 IDENTITY 列不允许出现 NULL 值，其值系统自动更新。

IDENTITY 列的标识种子是指派给表中第一行的值，默认为 1。标识递增量是相邻两个标识值之间的增量，默认为 1。

【例 3-1】 创建数据库 library，在其中创建表 card，表结构如表 3-3 所示。将“卡号”列定义为标识列，种子值为 100000，增量为 1。

表 3-3　card 表结构

列名	数据类型	长度	是否主键	是否允许为空
卡号	decimal	9	是，标识列	否
姓名	varchar	8	否	否
专业名	varchar	10	否	是

操作如下：在如图 3-7 所示的表设计器窗口中，选择列“卡号”的数据类型为 decimal，精度设为 9，小数位数设为 0，标识由“否”选择为“是”，标识种子设为 100000，标识递增量设为 1。

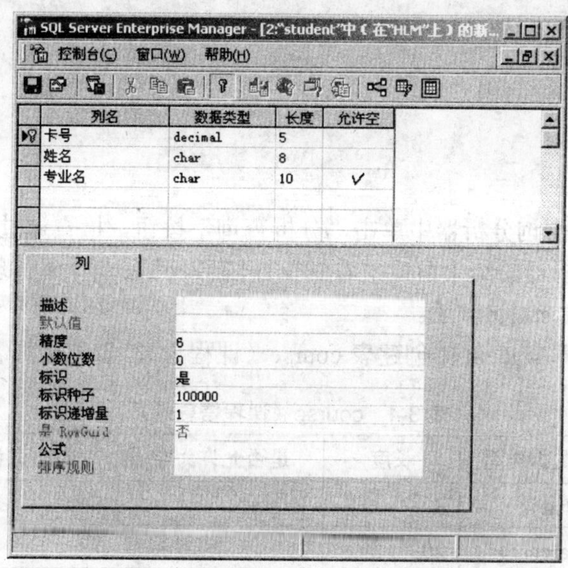

图 3-7　创建具有标识列的表 card

3.2.2　使用 T-SQL 语句创建表

在 SQL Server 中，也可以使用 CREATE TABLE 语句创建表。CREATE TABLE 语句的语法较为复杂，但创建一个简单表只用基本格式即可。

CREATE TABLE 语句的基本语法格式为：

```
CREATE TABLE 表名
( {列名 数据类型  [NOT  NULL | NULL ]
   |[DEFAULT constant_expression]
   |[IDENTITY[(seed , increment)]]}[,…,n]
)
```

参数含义：

（1）NOT NULL | NULL：是否允许为空，默认允许为空值。

（2）DEFAULT constant_expression：指定列的默认值。

（3）IDENTITY[(seed , increment)]：定义列为标识列。其中，seed 为标识种子，increment

为标识递增量，默认为 1。

【例 3-2】用 T-SQL 语句在数据库 student 中创建表 stu_info，表结构如表 3-2 所示。在查询分析器中输入如下代码：

```
USE student
CREATE TABLE stu_info
(
    学号      char(6)    NOT NULL,
    班级编号  char(2)    NOT NULL,
    专业编号  char(2)    NOT NULL,
    姓名      varchar(8),
    性别      char(2),
    民族      varchar(10),
    出生日期  datetime,
    政治面貌  char(8),
    籍贯      varchar(40),
    备注      text
)
GO
```

代码输入完毕，在查询分析器中单击“分析查询”按钮，检查通过后，单击“执行查询”按钮，用户将在查询分析器的结果窗口中看到执行信息。然后在企业管理器中也可以看到数据库 student 中新创建的表 stu_info 了。

【例 3-3】在数据库 student 中创建表 course（课程表），表结构如表 3-4 所示。

表 3-4 course（课程信息表）

列名	数据类型	长度	是否允许为空	说明
课程编号	char	3	×	主键
课程名称	varchar	20	×	
学分	tinyint	1	√	
学时	tinyint	1	√	
考核类型	char	4	√	
开设学期	tinyint	1	√	

```
USE student
CREATE TABLE course
(
    课程编号  char(3)  NOT NULL primary key,
    课程名称  varchar (20)   NOT NULL,
    学分      tinyint,
    学时      tinyint,
    考核类型  char(4) DEFAULT('考试'),        /*默认为考试课*/
    开设学期  tinyint
)
GO
```

3.3 修改表结构

虽然在创建表之前建议做好所有的设计工作，但是在使用过程中可能还需要对表结构进行修改，特别对于初学者来说更是如此。修改表结构与创建表一样，也可以通过企业管理器和 T-SQL 语句两种方法来进行。对表结构的修改包括更改表名、增加列、删除列、修改已有列的属性（列名、数据类型、是否为空）等。

1. *使用企业管理器修改表结构*

（1）更改表名。SQL Server 中允许改变一个表的名字，但当表名改变后，与此相关的某些对象以及通过表名与表相关的存储过程将无效。因此，一般不要更改一个已有的表名，特别是该表已定义了视图或建立了表关系。下面将前面创建的 stu_info 表的表名更改为 xs。

操作步骤如下：

1）启动企业管理器，在控制台树目录中展开数据库 student，在 stu_info 表名上右击，从弹出的快捷菜单中选择“重命名”选项，然后在表名位置上输入新的表名 xs，按回车键后弹出要求用户确认的对话框，提示用户更改表名将导致引用该表的存储过程、视图、触发器无效，要求用户予以确认：单击“是”按钮确认该操作，单击“否”按钮放弃改名操作。

2）操作完成后，系统将弹出“已成功重命名该对象”提示信息框，单击“确定”按钮，完成对表名的修改操作。

注意：*用户在操作完毕后，为方便进行下面的操作，应该将所操作的表的表名改回为* stu_info。

（2）修改表的定义，操作步骤如下：

1）在 SQL Server 企业管理器中展开需要进行操作的数据库 student，在表 stu_info 上右击，从弹出的快捷菜单中选择“设计表”选项，如图 3-8 所示。

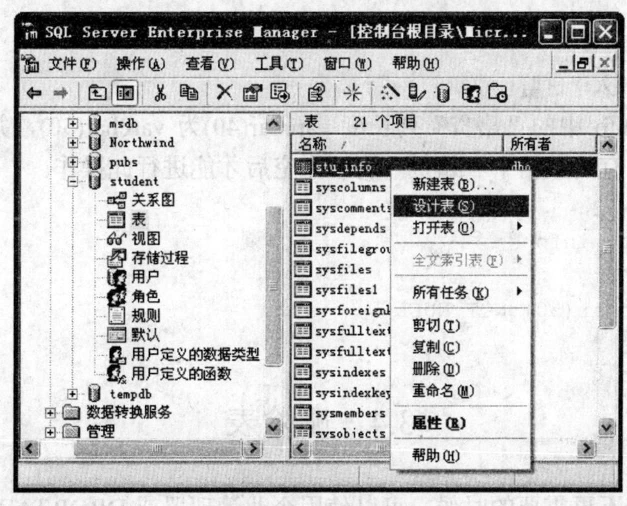

图 3-8　修改表结构

2）在打开的表设计器窗口中，即可进行增加列、删除列、修改已有列的属性（列名、数据类型、是否为空）等操作。

如果要增加一列，则将光标移动到最后一列的下面，输入新列的定义即可。如果要在某一列前插入一个新列，则在该列上右击，从弹出的快捷菜单中选择“插入列”选项；如果要删除某列，则在该列上右击，从弹出的快捷菜单中选择“删除列”选项；如果要修改某列，直接选中该列进行相应属性的修改即可。

2. 使用 T-SQL 语句修改表结构

使用 ALTER TABLE 语句可以对表的结构进行修改。ALTER TABLE 的基本语法格式如下：

```
ALTER TABLE 表名
  {[ALTER COLUMN 列名 新类型  [NULL |NOT NULL] ]      /*修改已有列的属性
  |ADD  新列名  类型   [NULL |NOT NULL ][,…,n]          /*增加新列*/
  |DROP  约束名|COLUMN 列名 [,…,n]                     /*删除列*/
}
```

参数含义：

（1）ALTER COLUMN 子句：用来修改表中列的属性，要修改的列由列名给出。

（2）ADD 子句：用来向表中增加新列。新列的定义方法与 CREATE TABLE 语句中定义列的方法相同。

（3）DROP COLUMN 子句：用来从表中删除字段或约束，COLUMN 参数中指定的是被删除的列名。

【例 3-4】在数据库 student 中对表 stu_info 进行如下要求的修改：

1）向表 stu_info 中增加一个新列“入学日期”，允许为空。

```
USE student
ALTER TABLE stu_info
  ADD
     入学日期  datetime  NULL
GO
```

2）删除在 1）中添加的列“入学日期”。

```
USE student
ALTER TABLE stu_info
  DROP COLUMN 入学日期
```

3）修改表 stu_info 中的“籍贯”列长度 varchar(40)为 varchar(50)，并且不允许为空。注意，一定要在确认已有的数据中“籍贯”均不为空后才能进行此操作。

```
USE student
ALTER TABLE stu info
  ALTER COLUMN
     籍贯  varchar(50) NOT NULL
GO
```

3.4 删除表

当数据库中的表不再需要的时候，可以使用企业管理器或 DROP TABLE 语句删除表。

1. 使用企业管理器删除表

步骤如下：

（1）启动 SQL Server 企业管理器，在控制台目录树中打开要删除的表所在的数据库。

（2）选中要删除的表并右击，从弹出的快捷菜单中选择“删除”选项，弹出“除去对象”对话框，如图 3-9 所示。单击“全部除去”按钮，即可删除选择的表。

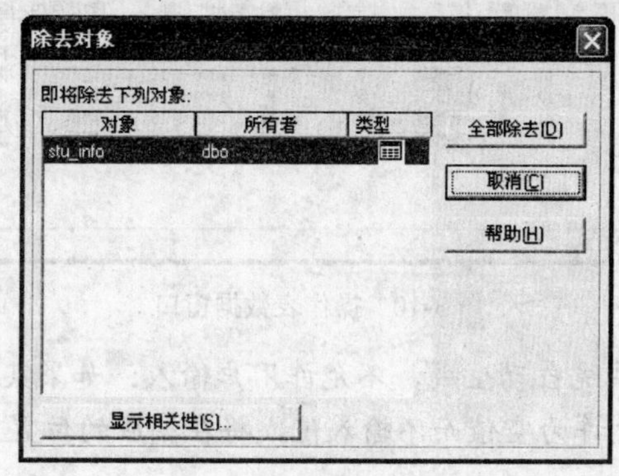

图 3-9　“除去对象”对话框

2. 使用 T-SQL 语句删除表

可以通过 DROP TABLE 语句删除表，DROP TABLE 语句的语法格式为：

```
DROP TABLE  表名
```

例如下面的语句将删除表 course：

```
DROP TABLE course
```

注意：不能在系统表上使用 DROP TABLE 语句。

3.5　表数据的操作

创建数据库和表后，即可对表中的数据进行操作。对表中的数据操作分为查询和更新两大类，其中数据查询是数据库最常用的操作，将在第 4 章讨论。数据更新操作包括数据添加、修改和删除。本节将介绍使用企业管理器和 T-SQL 语句对表数据进行添加、修改、删除操作的方法。

3.5.1　使用企业管理器添加、修改、删除数据

下面以 student 数据库中的 stu_info 表进行数据的添加、修改、删除操作为例，说明使用企业管理器操作表数据的方法。

在企业管理器中展开 student 数据库，单击“表”选项，在右侧的详细信息中选中 stu_info 表并右击，从弹出的快捷菜单中选择“打开表”→“返回所有行”选项，打开表数据窗口，如图 3-10 所示。表中的记录按行显示，每个记录占一行，可在此窗口中向表中添加、修改、删除记录。

1. 插入记录

在表数据窗口中，将鼠标光标定位到当前表尾的下一行，然后逐列输入值。每输完一列的值按回车键，光标会自动跳到下一列。若输完最后一列数据并按回车键，则光标跳至下一行的第一列，此时便可增加新记录。输入完成后单击“关闭”按钮，则记录添加成功。

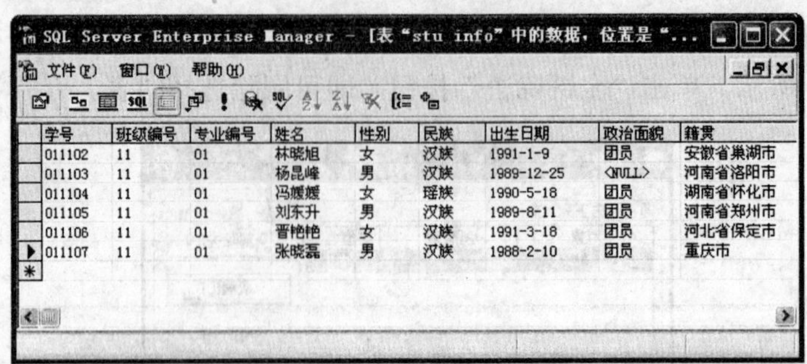

图 3-10 操作表数据窗口

注意：标识列的值由系统自动生成，不允许用户输入；如果某列不允许为空值，则必须为该列输入值；如果某列允许为空值而不输入值，将在相应的位置显示“<NULL>”字样。

2. 修改记录

在操作表数据窗口中，先将光标定位在要修改的记录的列，然后对该列值进行修改。

注意：不允许修改表中标识列的值。

3. 删除记录

当表中的某些记录不再需要时，可以将其删除。删除记录的步骤如下：

（1）在操作表数据窗口中，单击要删除的记录行最左边对应的▶按钮，此时该记录呈反相显示，在该记录上右击，从弹出的快捷菜单中选择“删除”选项。

（2）在弹出的如图 3-11 所示的对话框中，单击“是”按钮将删除所选择的记录。

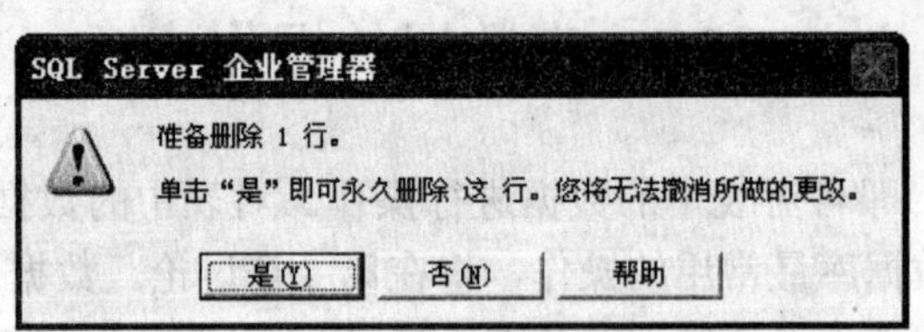

图 3-11 确认删除

3.5.2 使用 T-SQL 语句添加、修改、删除数据

在企业管理器中添加、修改、删除数据信息的方式不能应付大量数据的情况，此时可以通过 T-SQL 语句来实现。与利用企业管理器操作表数据相比，T-SQL 语句操作更灵活，功能更强大。

1. 插入记录

在 SQL Server 2000 数据库中新创建表后，它是一个不包含任何数据的空表，显然这样的空表是没有意义的，需要向其中添加数据。添加数据可以使用 INSERT 语句。

（1）INSERT 语句的基本用法。

INSERT 语句可以给表插入一条或多条记录。该语句包含两个子句：INSERT 子句和 VALUES 子句，INSERT 子句指出要插入数据的表名，VALUES 子句指出插入的数据。

INSERT 语句的基本语法格式如下：

```
INSERT  [INTO]  表名| 视图名 [(列名列表)]
    VALUES ({ DEFAULT | NULL | 表达式}[,…,n])
```

参数含义：

1）列名列表：由逗号分隔的列名列表，用来指出要插入数据的列。如果没有指定列名，那么所有列都将接收数据。

2）VALUES：为列名列表中的各列指定值，值的顺序应该与列名的顺序对应。

例如，向表 stu_info 中插入一条记录：

```
INSERT INTO stu_info
   VALUES ('011101','11','01','王一民','男','汉族','1989-4-12',
          '党员','河南省洛阳市','王一民的简单简历')
```

注意：对字符型和日期时间型的列，当插入数据时，要用引号将其括起来，否则容易出错。

如果表中的某些列没有在“列名列表”中指定，那么这些列将被插入一个 NULL 值（或者在默认情况下为这些列定义的默认值），前提是未指定的这些列都必须允许为 NULL 值或者预定义了默认值。同时，VALUES 子句中值的顺序要与列名的顺序一致。

由于 SQL Server 2000 为以下类型的列生成值，INSERT 语句将忽略这些类型的列：

- 具有 IDENTITY 属性的列，该属性为列生成值。
- 有默认值的列。
- 计算列。

【例 3-5】向 stu_info 表中插入一条记录，部分列使用 NULL 值。

```
USE student
INSERT stu_info (学号,班级编号,专业编号,姓名,性别)
   VALUES ('000001','11','01','张恒',NULL)
GO
```

在企业管理器窗口中，打开 stu_info 表，可以看到在表的最后一行增加了“学号”为 000001 的记录，如图 3-12 所示。

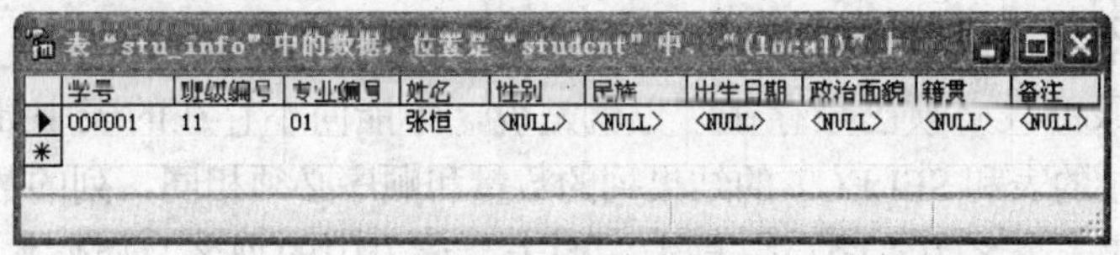

学号	班级编号	专业编号	姓名	性别	民族	出生日期	政治面貌	籍贯	备注
000001	11	01	张恒	<NULL>	<NULL>	<NULL>	<NULL>	<NULL>	<NULL>

图 3-12　添加数据以后的表

【例 3-6】向例 3-1 创建的 card 表中添加一条记录，注意该表的第一列是标识列。

```
USE student
GO
INSERT card
  VALUES ('王昆','计算机')
```

用 SELECT 语句进行查询，可以发现表中已经增加了卡号为 100000 的一行记录，如图 3-13 所示。

（2）使用 INSERT SELECT 语句插入记录。

使用 INSERT 语句一次只能插入一条记录，而在 INSERT 语句中加入 SELECT 子句就可以一次添加多条记录，INSERT SELECT 的语法格式为：

```
INSERT 表名
  SELECT 列名 1 [,列名 2,…,列名 n]
```

```
FROM 表名1 [,表名2,…,表名n]
WHERE 筛选条件
```

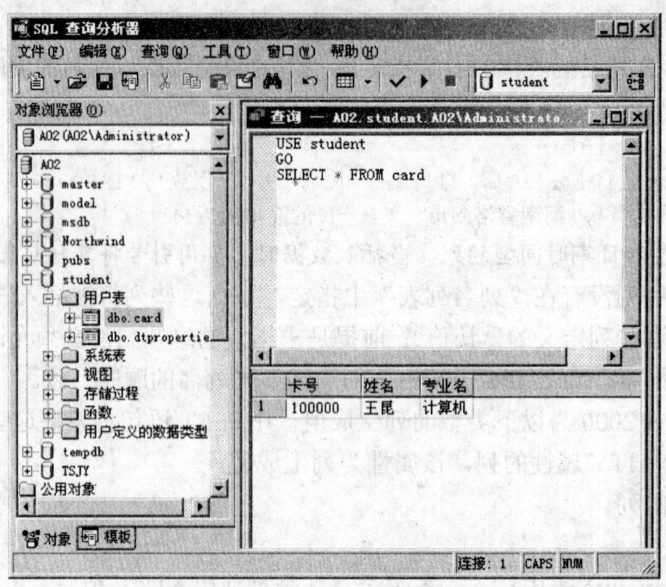

图 3-13 查看添加具有标识列的数据

参数含义：

1）表名：要插入记录的表名。

2）列名 1 [,列名 2,…,列名 n]：指定要添加数据的列。

3）表名 1 [,表名 2,…,表名 n]：指定显示的列来源于哪些表。

使用 SELECT 语句添加数据应该注意以下几点：

- 表名和表名 1 可以是相同的表，也可以是不同的表。
- 要插入记录的表必须已经存在，也就是说，不能向不存在的表中插入记录。
- 要插入记录的表和 SELECT 的结果列的数量和顺序必须相同，列的数据类型也要相同。

【例 3-7】新建一个名为“团员信息表”的表，该表中的列名及属性均和 stu_info 相同，然后将 stu_info 中“政治面貌”是“团员”的学生的相关信息插入到“团员信息表”中。

```
USE student
CREATE TABLE  团员信息表
(
  学号      char(6) NOT NULL,
  班级编号  char(2) NOT NULL,
  专业编号  char(2) NOT NULL,
  姓名      varchar(8),
  性别      char(2),
  民族      varchar(10),
  出生日期  datetime,
  政治面貌  char(8),
  籍贯      varchar(40),
  备注      text
```

```
)
GO
INSERT   团员信息表
    SELECT *  FROM  stu_info
    WHERE 政治面貌='团员'
GO
```

2. 修改记录

在 SQL Server 2000 中，可以使用 UPDATE 语句修改表中的记录，UPDATE 语句可以一次修改一行数据，也可以修改多行数据，甚至可以修改整个表中的数据。其语法格式为：

```
UPDATE {表名| 视图名}
    SET {列名 1=值 1[,列名 2=值 2,…,列名 n=值 n]}
    [WHERE 子句]
```

SET 子句给出新的列值；WHERE 子句用来指定需要修改的行应满足的条件，即只对满足条件的记录进行修改。如果不使用 WHERE 子句，则对表中所有的记录进行修改。

【例 3-8】将 course 表中课程编号为 201 的课程名称改为“专业英语”，考核类型改为“考查”。

```
UPDATE course
    SET 课程名称='专业英语',考核类型='考查'
    WHERE 课程编号='201'
GO
```

【例 3-9】将 stu_info 中“姓名”为“王一民”的学生的“政治面貌”改为“党员”，“出生日期”改为 1989-4-12，“籍贯”改为“北京市”。

```
USE student
UPDATE stu_info
    SET 政治面貌='党员',出生日期='1989-4-12',籍贯='北京市'
    WHERE 姓名='王一民'
GO
```

用 SELECT 语句进行查询，可以看到姓名为“王一民”的出生日期、政治面貌和籍贯已被修改，如图 3-14 所示。

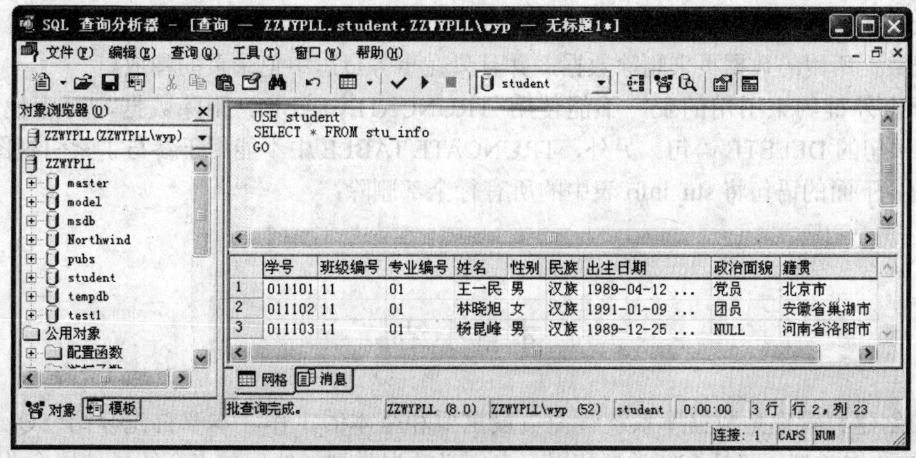

图 3-14 修改数据以后的表

【例 3-10】将 course 表中所有课程的学时增加 2 学时。

```
USE student
UPDATE course
    SET 学时=学时+2
GO
```

3. 删除记录

如果表中的数据不再需要，可以使用 DELETE 语句和 TRUNCATE TABLE 语句删除这些数据。

（1）使用 DELETE 语句删除记录。

使用 DELETE 语句可以一次删除一行或者多行记录。其语法格式为：

```
DELETE  [FROM]  表名
    WHERE 筛选条件
```

WHERE 子句用来指定被删除的记录应满足的条件。如果省略 WHERE 子句，则删除表中的所有记录。

【例 3-11】删除 stu_info 表中出生日期是 1990-1-1 以前的记录。

```
DELETE stu_info
    WHERE 出生日期<'1990-1-1'
```

如果仅是使用 DELETE stu_info，将删除 stu_info 表中的所有数据。所以，在使用 DELETE 语句时一定要非常谨慎。

（2）使用 TRUNCATE TABLE 语句删除记录。

使用 TRUNCATE TABLE 语句将删除指定表中的所有数据，所以称其为清除表数据语句。其语法格式为：

```
TRUNCATE  TABLE  表名
```

TRUNCATE TABLE 语句将删除表中的所有数据，且无法恢复，因此使用时必须十分小心。虽然 TRUNCATE TABLE 语句删除了所有记录行，但表的结构及其列、约束、索引等保持不变。

TRUNCATE TABLE 语句实现的功能与不带 where 子句的 DELETE 语句相同，二者均删除表中的数据。但 TRUNCATE TABLE 执行速度比 DELETE 快，且使用的系统和事务日志资源少。因为 DELETE 命令删除数据时，每次删除一行，并且对所删除的数据在事务处理日志中作记录，还可以在删除失败时使用事务处理日志恢复数据；而 TRUNCATE TABLE 通过释放存储表数据所用的数据页来删除数据，并且只在事务日志中记录页的释放。

对于由外键约束引用的表，不能使用 TRUNCATE TABLE 删除数据，而应使用不带 WHERE 子句的 DELETE 语句。另外，TRUNCATE TABLE 中不能用于参与了索引视图的表。

例如，下面的语句将 stu_info 表中的所有行全部删除：

```
USE student
TRUNCATE TABLE stu_info
```

本章小结

表的创建和管理是数据库系统管理员最重要和基本的工作。本章首先介绍 SQL Server 2000 中的数据类型，包括系统类型和用户自定义数据类型，然后重点介绍了使用企业管理器和 T-SQL 语句创建表、修改表、删除表的方法，最后介绍了使用企业管理器和 T-SQL 语句两种方法操作表数据的技术。通过本章的学习，读者可以更深刻地理解表的各种管理技术。

习题三

一、填空题

1. 在同一个 SQL 查询分析器的查询子窗口内，利用________命令可以打开并切换到不同的数据库。

2. SQL Server 2000 的数据类型可分为________和________两种类型。

3. 用户在使用 binary[(n)]类型时，若不指定 n 值，系统默认为________。

4. 删除数据表使用的 SQL 语句为________。

二、选择题

1. 在 T-SQL 语法中，用来插入数据的命令是（　　）。

A. INSERT　　B. UPDATE　　C. DELETE　　D. CREATE

2. 在 T-SQL 语法中，用于更新的命令是（　　）。

A. INSERT　　B. UPDATE　　C. DELETE　　D. CREATE

3. 在 T-SQL 语法中，使用 INSERT 命令添加数据，若需要添加一批数据应使用（　　）语句。

A. INSERT…VALUES　　B. INSERT…SELECT
C. INSERT…DEFAULT　　D. 以上均可

三、简答题

1. SQL Server 2000 系统数据类型有哪些？char 类型和 varchar 类型之间有什么区别？说明 int、smallint 和 tinyint 类型之间的区别。

2. 简要说明空值的概念及作用。

四、操作题

设 XS 数据库中有一学生专业表，表结构如表 3-5 所示，写出完成以下任务的 T-SQL 语句：

（1）在 SQL 查询分析器中，使用 CREATE TABLE 语句创建这个学生专业表。

（2）向学生专业表中插入如下 3 行记录：

000101	王东	20	男	信息系	计算机
010001	张乐乐	18	男	管理系	物流
020015	刘海峰	19	男	机电系	数控技术

（3）将每个学生的年龄增加 4 岁。

（4）将“计算机”专业的学生专业改为“网络技术”。

（5）删除“学生专业表”中的一行记录。

（6）删除“学生专业表”。

表 3-5　学生专业表的结构

列名	数据类型	能否空值	是否主键
学号	char(6)	否	是
姓名	char(8)	是	否
年龄	tinyint	是	否
性别	char(2)	是	否
所在院系	varchar(30)	是	否
专业	varchar(40)	是	否

第 4 章　数据库的查询

查询就是从 SQL Server 2000 数据库中获取用户所需要的数据。在数据库应用中，查询是一种非常重要的操作，数据库中的其他数据操作如统计、修改和删除等都是在查询操作的基础上进行的。在 SQL Server 2000 中，对数据库的查询可以使用 SELECT 语句实现。SELECT 语句是数据库系统使用最频繁的 SQL 语句，其主要功能是在数据表或视图中实现数据查询，不仅可以在单个表中查询，还可以在多个表中联合查询。SELECT 语句比较复杂，但功能强大，几乎可以满足任何形式的查询要求。掌握 SELECT 语句并灵活应用它，对管理和使用数据库来说十分重要。

4.1　简单查询

简单查询是指使用 SELECT 语句的基本格式，从数据表中提取指定行和列，并进行简单的处理。简单查询是高级查询的基础，只有掌握了简单查询的方法，才能进一步学习高级和复杂的查询。

4.1.1　SELECT 语句的基本语法格式

SELECT 语句的基本语法格式为：

```
SELECT 字段列表
[INTO 目标数据表]
FROM 源数据表或视图
[WHERE 条件表达式]
[GROUP BY 分组表达式]
[HAVING 搜索表达式]
[ORDER BY 排序表达式 [ASC|DESC]]
[COMPUTE 聚合函数 [BY 列名]]
```

其中各子句的含义如下：

- SELECT：指定所要查询的列。
- INTO：将查询到的结果集形成一个新表。
- FROM：指定显示的列来源于哪些表或视图。
- WHERE：指定对记录行的筛选条件。
- GROUP BY：根据分组表达式的值将结果集进行分组。
- HAVING：指定分组统计条件。
- ORDER BY：将查询到的结果集按指定列排序。
- COMPUTE：生成合计并作为附加的汇总行附加在结果集的后面。

先看一个最简单的查询实例。

【例 4-1】查询 stu_info 表中所有记录的信息。

```
USE student
GO
SELECT *
   FROM stu_info
GO
```

在查询分析器中输入并执行上述代码，结果如图 4-1 所示。

查询 — 83935D900F00476.student.83935D900F00476\A...

```
USE student
GO
SELECT *
FROM stu_info
GO
```

	学号	班级编号	专业编号	姓名	性别	民族	出生日期
1	011101	11	01	王一民	男	汉族	1990-03-12 00:00:00.(
2	011102	11	01	林晓旭	女	汉族	1991-01-09 00:00:00.(
3	011103	11	01	杨昆峰	男	汉族	1989-12-25 00:00:00.(
4	011104	11	01	冯媛媛	女	瑶族	1990-05-18 00:00:00.(
5	011105	11	01	刘东升	男	汉族	1989-08-11 00:00:00.(
6	011106	11	01	晋艳艳	女	汉族	1991-03-18 00:00:00.(
7	011107	11	01	张晓磊	男	汉族	1988-02-10 00:00:00.(
8	011108	11	01	谢小香	女	藏族	1990-09-20 00:00:00.(

网格 消息

83935D900F0047 83935D900F00476\Administra student 0:00:01 32 行 行 6，列 1

图 4-1 最简单的查询语句

例 4-1 中 SELECT 语句的作用就是查询 stu_info 表中的全部信息，其中“*”表示查询表中的所有字段，此时显示结果集中列的顺序和创建表时的顺序一致。当然，要显示全部列，也可以在 SELECT 关键字后面列出所有的列名。

4.1.2 选择数据列

如果要查询表中的部分列，可以将要显示的列名在 SELECT 关键字后依次列出，列名与列名之间用英文逗号隔开，列的顺序可以根据需要指定。

【例 4-2】查询 stu_info 表中所有学生的学号、姓名和性别。

```
USE student
GO
SELECT 学号,姓名,性别
   FROM stu_info
GO
```

在查询分析器中输入并执行上述代码，结果如图 4-2 所示。

4.1.3 使用列别名

在默认情况下，结果集中所显示出来的列标题就是在创建表时使用的列名。但是，有时也可以给列标题指定别名，以增加结果集的可读性。为结果集的列标题指定别名，可以使用以下两种格式：

（1）SELECT 列别名=原列名 FROM 数据源。

（2）SELECT 原列名 AS 列别名 FROM 数据源。

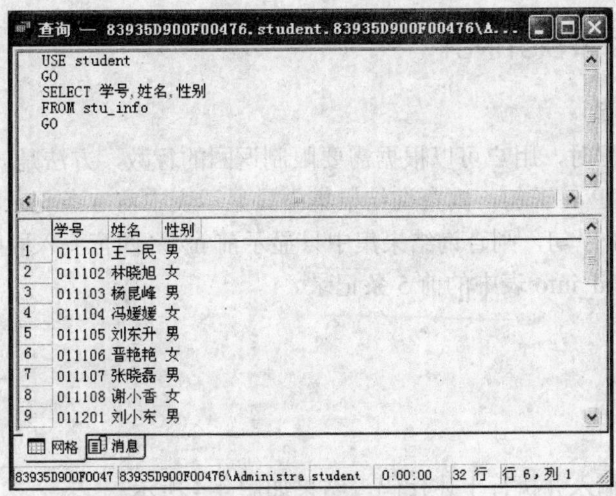

图 4-2　选择数据列查询

【例 4-3】查询 stu_info 表中所有学生的学号、姓名和出生日期，结果集中各列的标题分别指定别名为 number、name 和 birthday。

```
USE student
GO
SELECT  学号 AS number,姓名 AS name,出生日期 AS birthday
   FROM stu_info
GO
```

在查询分析器中输入并执行上述代码，结果如图 4-3 所示。

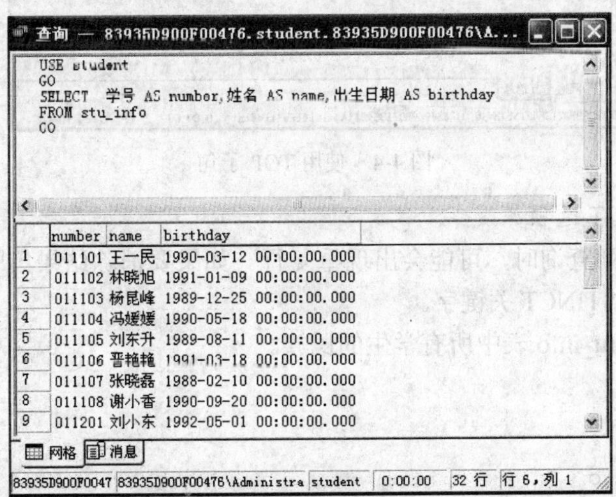

图 4-3　使用列别名

注意：当自定义的列标题中含有空格时，必须使用引号将标题括起来。例如：

```
SELECT 学号 AS 'student number',姓名 AS 'student name',
       出生日期 AS birthday
   FROM stu_info
GO
```

4.1.4 使用 TOP 和 DISTINCT

1. 使用 TOP 选项

在查询表中的数据时，用户可以根据需要限制返回的行数，方法是：在 SELECT 语句的字段列表前面使用 TOP n 子句，则查询结果集中只显示表中前 n 条记录；如果在字段列表前使用 TOP n PERCENT 子句，则查询结果集中只显示前 n%（四舍五入取整）条记录。

【例 4-4】 查询 stu_info 表中的前 5 条记录。

```
USE student
GO
SELECT  TOP 5 *
   FROM stu_info
GO
```

在查询分析器中输入并执行上述代码，结果如图 4-4 所示。

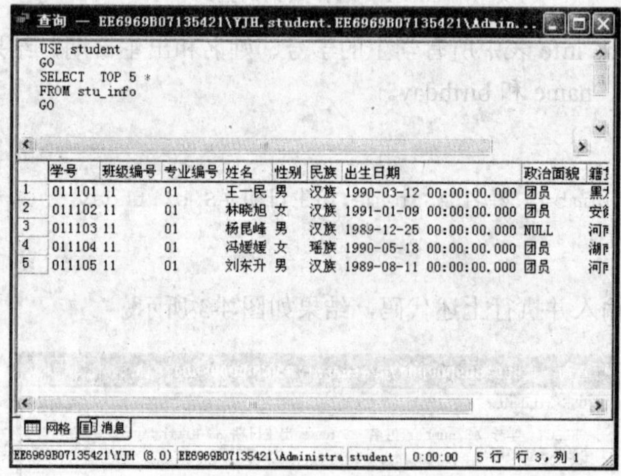

图 4-4　使用 TOP 子句

2. 使用 DISTINCT 选项

对表只选择部分列查询时，可能会出现重复行。如果要消除结果集中的重复行，可以在字段列表前面加上 DISTINCT 关键字。

【例 4-5】 查询 stu_info 表中所有学生的民族。

```
USE student
GO
SELECT  民族
   FROM stu_info
GO
```

上述代码的执行结果如图 4-5 所示，可以看出结果集中有重复行。下面的代码就消除了重复行，执行结果如图 4-6 所示。

```
USE student
GO
SELECT  DISTINCT 民族
   FROM stu_info
GO
```

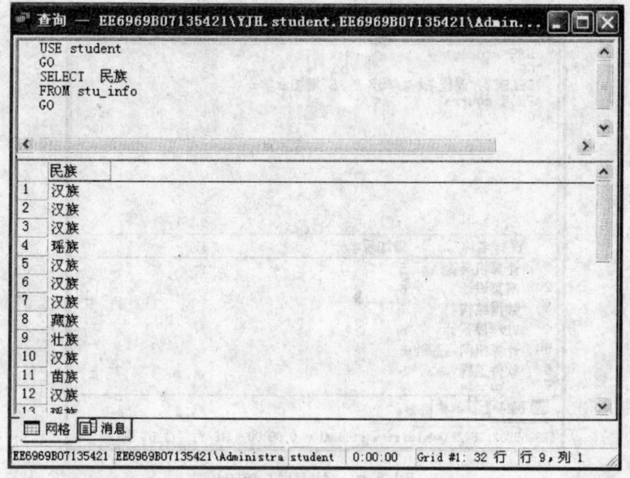

图 4-5 没有消除重复行的查询

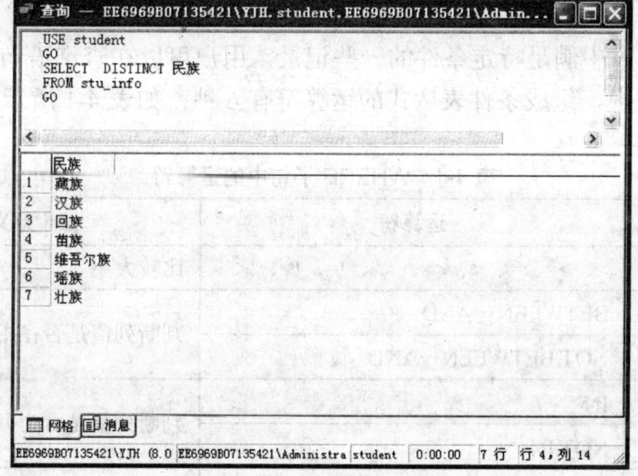

图 4-6 消除重复行的查询

4.1.5 使用计算列

使用 SELECT 语句对列进行查询时，在结果集中可以输出对列值计算后的值，即结果集中的列不是表中现成的列，而是由表中的一个或多个列计算出来的。

【例 4-6】将 course 表中的每门课程增加 2 个学分，并显示课程名称和增加后的学分。

```
USE student
GO
SELECT  课程名称,学分+2 AS 增加后的学分
    FROM course
GO
```

因为结果集中由计算得到的列是没有列名的，所以本例中为其指定列名为“增加后的学分”，以增加结果集的可读性。

在查询分析器中输入并执行上述代码，结果如图 4-7 所示。

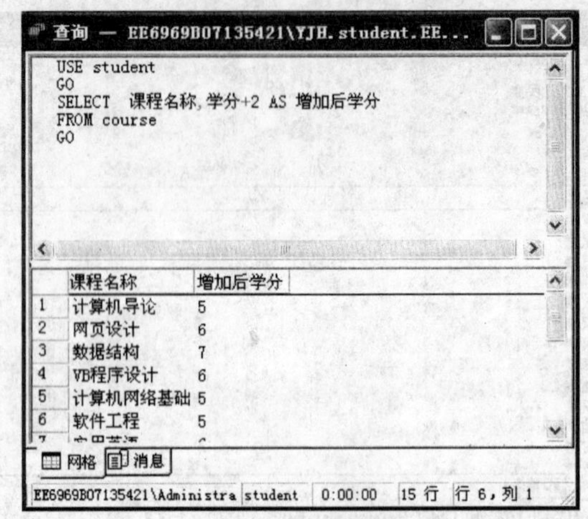

图 4-7 使用计算列

4.1.6 数据记录的筛选

如果只希望得到表中满足特定条件的一些记录，用户可以在查询语句中使用 WHERE 子句。在 WHERE 子句中，组成条件表达式的运算符有 6 种，如表 4-1 所示。

表 4-1 WHERE 子句中的运算符

运算符分类	运算符	意义
比较运算符	>、>=、=、<、<=、<>、!=、!>、!<	比较大小
范围运算符	BETWEEN…AND	判断列值是否在指定范围内
	NOT BETWEEN…AND	
列表运算符	IN	判断列值是否为列表中的指定值
	NOT IN	
模式匹配运算符	LIKE	判断列值是否与指定的字符通配格式相符
	NOT LIKE	
空值运算符	IS NULL	判断列值是否为空
	NOT IS NULL	
逻辑运算符	AND	用于多条件的逻辑连接
	OR	
	NOT	

下面举例说明 WHERE 子句中运算符的使用方法。

1. 比较运算符

比较运算符用来比较两个表达式的大小，包括>、>=、=、<、<=、<>、!=、!>、!<，其中“<>”和“!=”表示不等于，“!>”表示不大于，“!<”表示不小于。

【例 4-7】查询 course 表中学时大于 70 的课程信息。

```
USE student
GO
SELECT *
    FROM course
    WHERE 学时>70
GO
```

在查询分析器中输入并执行上述代码，结果如图 4-8 所示。

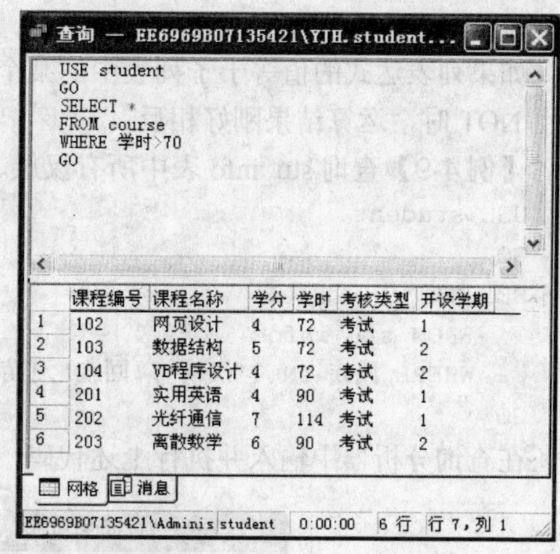

图 4-8　学时大于 70 的记录

2. 范围运算符

范围运算符用来判断列值是否在指定的范围内。范围运算符包括 BETWEEN…AND 和 NOT BETWEEN…AND。该运算符的语法格式如下：

```
列表达式 [NOT] BETWEEN 起始值 AND 终止值
```

如果列表达式的值在起始值和终止值之间（包括这两个值），则运算结果为 TRUE；否则为 FALSE。使用 NOT 时，运算结果刚好相反。

【例 4-8】查询 stu_info 表中 1990 年出生的学生的学号、姓名、性别及出生日期。

```
USE student
GO
SELECT  学号,姓名,性别,出生日期
    FROM stu_info
    WHERE 出生日期 BETWEEN '1990-01-01' AND '1990-12-31'
GO
```

在查询分析器中输入并执行上述代码，结果如图 4-9 所示。

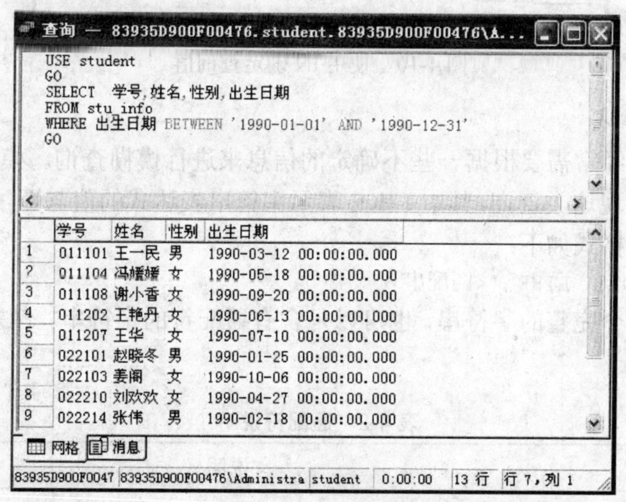

图 4-9　用 BETWEEN 指定查询范围

3. 列表运算符

列表运算符用来判断给定的列值是否在所给定的子列表中。列表运算符包括 IN 和 NOT IN。该运算符的语法格式如下：

列表达式 [NOT] IN(列值 1,…,列值 n)

如果列表达式的值等于子列表中的某个值，则运算结果为 TRUE，否则运算结果为 FALSE。使用 NOT 时，运算结果刚好相反。

【例 4-9】查询 stu_info 表中所有汉族、回族和苗族学生的情况。

```
USE student
GO
SELECT *
    FROM stu_info
    WHERE 民族 IN ('汉族','回族','苗族')
GO
```

在查询分析器中输入并执行上述代码，结果如图 4-10 所示。

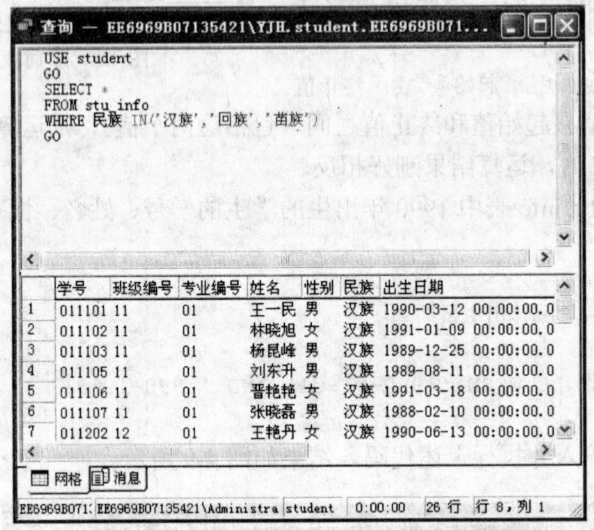

图 4-10　使用 IN 确定查询值

4. 模式匹配运算符

在实际应用中，经常需要根据一些不确定的信息来进行模糊查询。模式匹配运算符 LIKE 和 NOT LIKE 可以实现这类查询，其中 LIKE 表示字符串表达式的值与匹配串相符，NOT LIKE 则相反。其一般语法格式如下：

字符串表达式 [NOT] LIKE '<匹配串>'

其中匹配串可以是一个完整的字符串，也可以是含有通配符的字符串。有关通配符的格式和含义如表 4-2 所示。

表 4-2　通配符说明

通配符	说明
%	代表 0 个或多个字符
_（下划线）	代表单个字符
[]	指定范围（如[a~f]、[0~9]）或集合（如[abcdef]）中的任何单个字符
[^]	指定不属于范围（如[^a~f]、[^0~9]）或集合（如[^abcdef]）中的任何单个字符

【例 4-10】查询 stu_info 表中姓“张”的学生的情况。

```
USE student
GO
SELECT  *
   FROM stu_info
   WHERE 姓名 LIKE '张%'
GO
```

通配符字符串'张%'的含义是第一个汉字是“张”的字符串。上述代码的执行结果如图 4-11 所示。

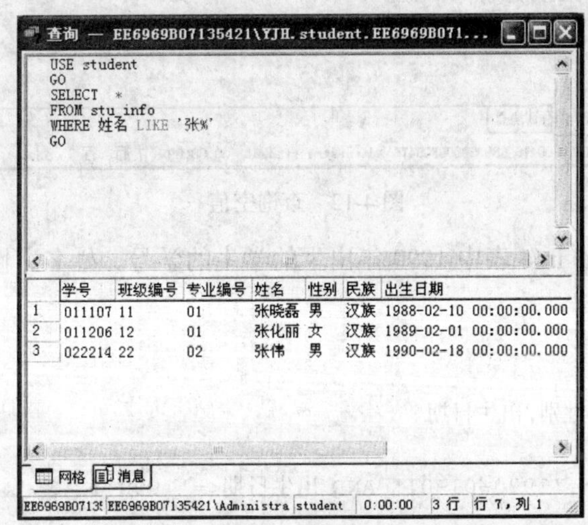

图 4-11　模糊查询

思考：如果把通配符字符串'张%'换为'张_'，查询结果会有什么不同？

5. 空值运算符

数据库中的数据一般都应该是有意义的，但有些列的值可能暂时不知道或不确定，这时可以不输入该列的值，那么称该列的值为空值，通常用 NULL 表示。空值与 0 或空格是不一样的。空值运算符 IS NULL 和 NOT IS NULL 用来判断指定的列值是否为空。其语法格式如下：

```
列表达式 [NOT]  IS  NULL
```

【例 4-11】查询 stu_info 表中政治面貌为空的学生的学号、姓名、性别和政治面貌。

```
USE student
GO
SELECT  学号,姓名,性别,政治面貌
   FROM stu_info
   WHERE 政治面貌 IS NULL
GO
```

在查询分析器中输入并执行上述代码，结果如图 4-12 所示。

6. 逻辑运算符

用户可以使用逻辑运算符 AND、OR 和 NOT 连接多个查询条件，实现多重条件查询。逻辑运算符语法格式如下：

```
[NOT] 逻辑表达式 AND | OR  [NOT] 逻辑表达式
```

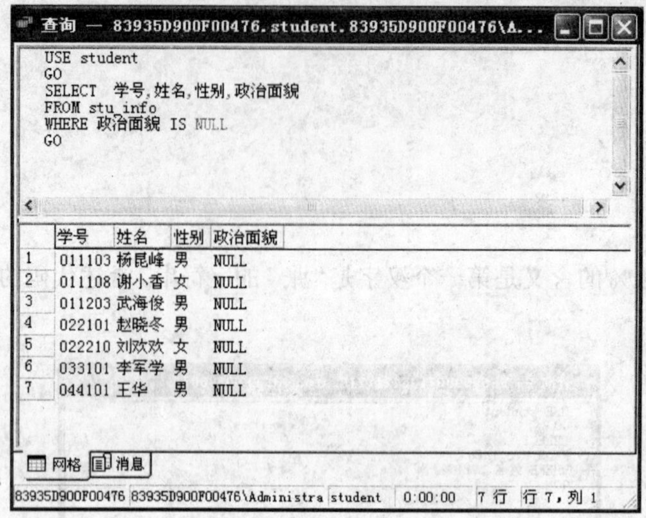

图 4-12　查询空值

【例 4-12】查询 stu_info 表中 1990 年出生的学生的学号、姓名、性别及出生日期，要求用逻辑运算符实现。

```
USE student
GO
SELECT  学号,姓名,性别,出生日期
   FROM stu_info
   WHERE 出生日期>='1990-01-01' AND 出生日期<='1990-12-31'
GO
```

上述代码的执行结果和例 4-8 相同，如图 4-9 所示。

【例 4-13】查询 stu_info 表中所有汉族、回族和苗族学生的情况，要求用逻辑运算符实现。

```
USE student
GO
SELECT *
   FROM stu_info
   WHERE 民族='汉族' OR 民族='回族' OR 民族='苗族'
GO
```

上述代码的执行结果和例 4-9 相同，如图 4-10 所示。

4.1.7　数据的排序

通常查询结果集中的记录的顺序是它们在表中的顺序，但有时用户希望查询结果集中的记录按某种顺序显示。可以通过 ORDER BY 子句改变查询结果集中记录的显示顺序。ORDER BY 子句的语法格式为：

```
ORDER BY {列名 [ASC|DESC]}[,…,n]
```

其中，ASC 表示按升序排列，DESC 表示按降序排列，默认为 ASC。如果要求按降序进行排列，必须使用 DESC 关键字。

不能对 text、ntext 或 image 类型的列进行排序，因此这些类型的列不允许出现在 ORDER BY 子句中。

【例 4-14】按年龄从大到小的顺序显示学生的学号、姓名、性别和年龄。

```
USE student
GO
SELECT  学号,姓名,性别,datediff(year,出生日期,getdate()) AS 年龄
   FROM stu_info
   ORDER BY 年龄 DESC
GO
```

其中，datediff()和 getdate()是系统函数，datediff()返回跨两个指定日期和时间的边界数，getdate()返回当前系统日期和时间。

在查询分析器中输入并执行上述代码，结果如图 4-13 所示。

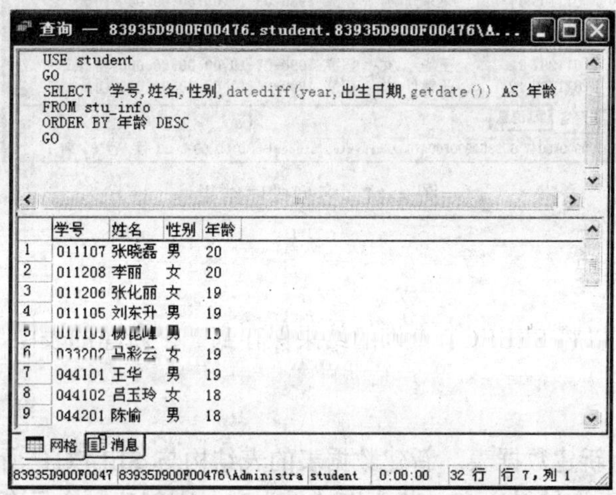

图 4-13　查询结果排序

可以用列在输出列表中的位置来指定需要排序的列。如该例中排序列在输出列表中的位置序号是 4，查询语句可以改为：

```
USE student
GO
SELECT  学号,姓名,性别,datediff(year,出生日期,getdate()) AS 年龄
   FROM stu_info
   ORDER BY 4 DESC
GO
```

当按多列排序时，首先按写在前面的列排序，当前面的列值相同时，再按后面的列排序。

【例 4-15】查询 stu_info 表中所有汉族学生的学号、班级编号、姓名、性别、民族、出生日期及政治面貌。查询结果先按班级编号升序排列，班级编号相同的学生记录再按出生日期降序排列。

```
USE student
GO
SELECT  学号,班级编号,姓名,性别,民族,出生日期,政治面貌
   FROM stu_info
   WHERE 民族='汉族'
   ORDER BY 班级编号 ASC,出生日期 DESC
GO
```

在查询分析器中输入并执行上述代码，结果如图 4-14 所示。

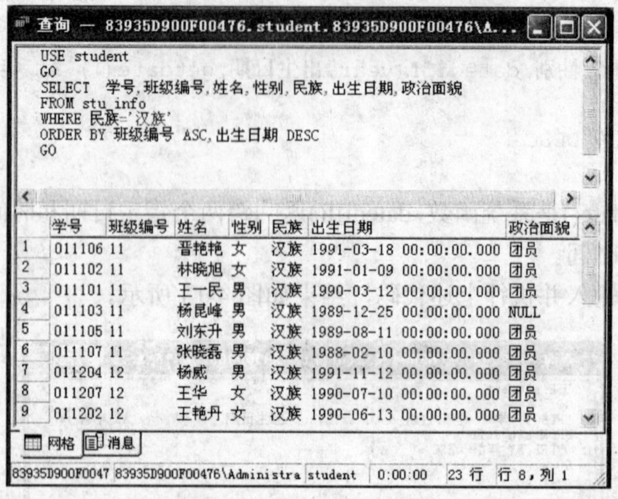

图 4-14 多列排序结果

4.1.8 保存查询结果

使用 INTO 子句可以将 SELECT 查询的结果保存到一个新建的表中，以便以后直接使用。INTO 子句的格式为：

```
[INTO 目标数据表]
```

其中，目标数据表即为新建数据表。新建数据表的表结构与 SELECT 所选择的列相同，表记录由 SELECT 语句的查询结果决定。若查询结果为空，则创建一个只有表结构而没有记录的空表。

【例 4-16】查询所有女生的信息，并将结果保存到名为 stu_info_female 的数据表中。

```
USE student
GO
SELECT  * INTO stu_info_female
    FROM stu_info
    WHERE 性别='女'
GO
```

执行该查询代码后，查询结果并不显示，而是直接存入新表中。可以使用 SELECT 语句查询其中的数据。

```
SELECT  * FROM stu_info_female
```

执行结果如图 4-15 所示。

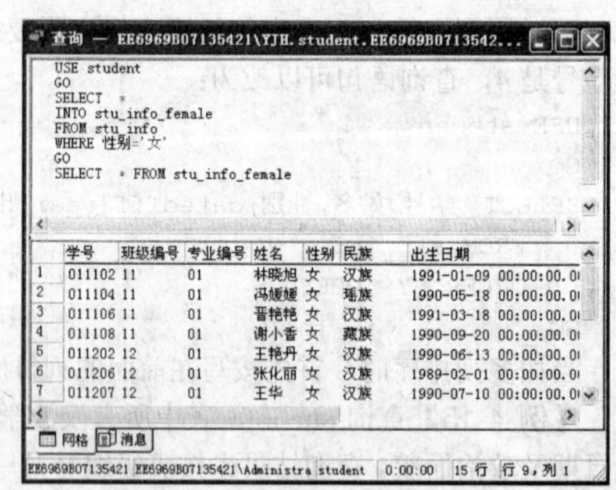

图 4-15 INTO 子句的使用

4.2 数据的统计

用户经常需要对查询结果集进行统计，例如求和、平均值、最大值、最小值、个数等。在 SELECT

语句中，数据的统计可以使用聚合函数、GROUP BY 子句和 COMPUTE 子句来实现。

1. 使用聚合函数

聚合函数用于计算表中的数据，返回单个计算结果。SQL Server 2000 提供了许多聚合函数，常用的聚合函数如表 4-3 所示。

表 4-3　常用的聚合函数

函数名	语法格式	功能说明
AVG	AVG([ALL|DISTINCT] 列名)	计算一个数值列的平均值
SUM	SUM([ALL|DISTINCT] 列名)	计算一个数值列的总和
MAX	MAX([ALL|DISTINCT] 列名)	返回指定列中的最大值
MIN	MIN([ALL|DISTINCT] 列名)	返回指定列中的最小值
COUNT	COUNT([ALL|DISTINCT] 列名|*)	统计查询结果集中记录的个数

表 4-3 语法格式中的 DISTINCT 表示去掉指定列中的重复值，ALL 表示不取消重复值，默认是 ALL。

SUM 和 AVG 函数运算的数据只能是数值型和货币型。

MAX 和 MIN 函数运算的数据可以是数值型、字符型和时间日期型。

COUNT 函数中的“*”号表示统计总记录数，其数据类型可以是除 unique identifier、text、ntext 和 image 之外的任何类型。

【例 4-17】计算 score 表中选修 104 课程的学生的总分、平均分、最高分和最低分。

```
USE student
GO
SELECT 总分=SUM(成绩),平均分=AVG(成绩),
       最高分=MAX(成绩),最低分=MIN(成绩)
   FROM score
   WHERE 课程编号='104'
GO
```

在查询分析器中输入并执行上述代码，结果如图 4-16 所示。

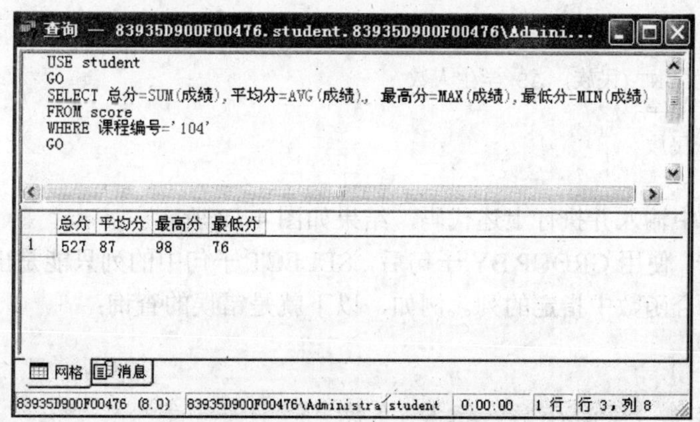

图 4-16　聚合函数的使用

使用聚合函数作为 SELECT 的选择列时，若不为其指定列标题，则系统将对该列输出标题“(无列名)”。

【例 4-18】统计 stu_info 表中的学生总数。

```
USE student
GO
SELECT count(*) AS 学生总数
   FROM stu_info
GO
```

在查询分析器中输入并执行上述代码，结果如图 4-17 所示。

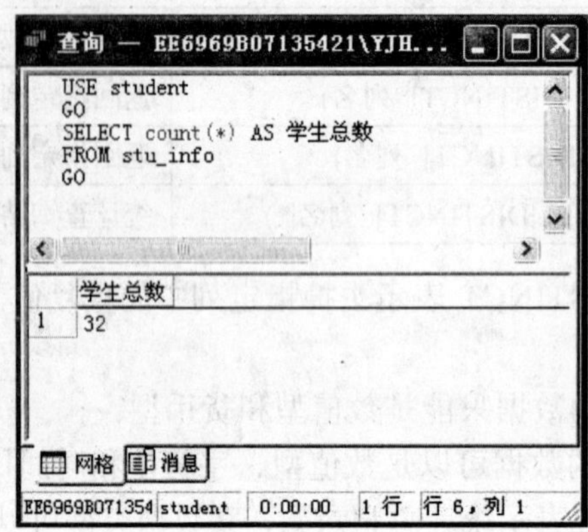

图 4-17　COUNT 函数的使用

2. 使用 GROUP BY 子句

GROUP BY 子句用于对结果集进行分组并对每一组数据进行汇总计算，其语法格式为：

```
GROUP BY 列名 [HAVING 条件表达式]
```

GROUP BY 按“列名”指定的列进行分组，将该列列值相同的记录组成一组，对每一组进行汇总计算，每一组生成一条记录。若有“HAVING 条件表达式”选项，则表示对生成的组进行筛选。

（1）简单分组。

【例 4-19】统计 stu_info 表中各民族学生的人数。

```
USE student
GO
SELECT 民族,COUNT(民族) AS 学生人数
   FROM stu_info
   GROUP BY 民族
GO
```

在查询分析器中输入并执行上述代码，结果如图 4-18 所示。

需要注意的是，使用 GROUP BY 子句后，SELECT 子句中的列只能是出现在 GROUP BY 子句中的列或在聚合函数中指定的列。例如，以下就是错误的查询：

```
USE student
GO
SELECT 学号,民族,COUNT(民族) AS 学生人数
   FROM stu_info
   GROUP BY 民族
GO
```

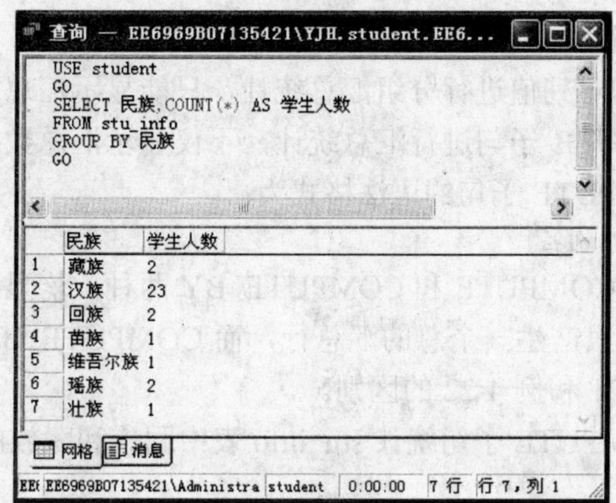

图 4-18　分组统计

SELECT 后面的"学号"列无效，因为该列既不包含在聚合函数中，也不包含在 GROUP BY 子句中。

（2）使用 HAVING 子句筛选结果。

使用聚合函数和 GROUP BY 子句对数据分组后，可以使用 HAVING 子句对分组数据进行进一步的筛选。

【例 4-20】对例 4-19，如果改为以下代码，则只显示民族人数大于 20 的汇总行。

```
USE student
GO
SELECT 民族,COUNT(民族) AS 学生人数
    FROM stu_info
    GROUP BY 民族
    HAVING COUNT(民族)>20
GO
```

在查询分析器中输入并执行上述代码，结果如图 4-19 所示。

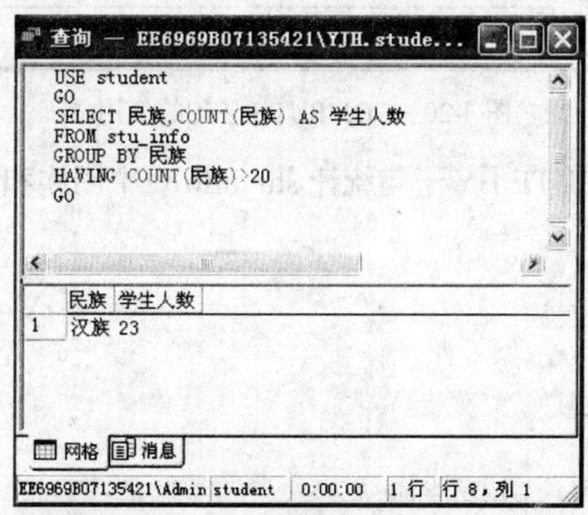

图 4-19　使用 HAVING 子句筛选结果

HAVING 子句和 WHERE 子句的主要区别在于作用对象不同，HAVING 作用于组，选择满足条件的组；而 WHERE 子句作用于表，选择满足条件的记录。

3．使用 COMPUTE 子句

使用 GROUP BY 子句对列值进行分组汇总统计，只能显示汇总数据而看不到被汇总的具体的源数据；使用 COMPUTE 子句进行汇总统计，不仅显示汇总数据，还分组显示参加汇总的记录的详细信息。COMPUTE 子句的语法格式为：

```
COMPUTE 聚合函数 [BY 列名]
```

COMPUTE 子句包括 COMPUTE 和 COMPUTE BY 两种，均显示参加汇总的记录的详细信息，但 COMPUTE 子句只产生一个总的汇总行，而 COMPUTE BY 则对每一类数据均产生一个汇总行。试比较例 4-21 和例 4-22 的区别。

【例 4-21】使用 COMPUTE 子句统计 stu_info 表中回族和藏族的学生人数。

```
USE student
GO
SELECT 学号,姓名,性别,民族
    FROM stu_info
    WHERE 民族 in ('回族','藏族')
    COMPUTE count(学号)
GO
```

在查询分析器中输入并执行上述代码，结果如图 4-20 所示。

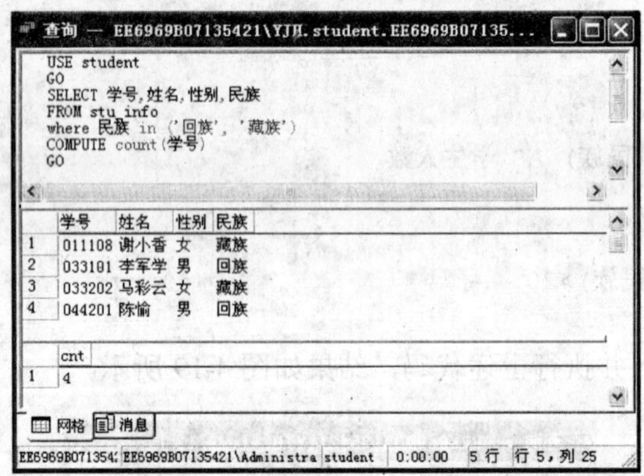

图 4-20 COMPUTE 子句的使用

【例 4-22】使用 COMPUTE BY 子句统计 stu_info 表中回族和藏族的学生人数。

```
USE student
GO
SELECT 学号,姓名,性别,民族
    FROM stu_info
    WHERE 民族 in ('回族', '藏族')
    ORDER BY 民族
    COMPUTE count(学号) BY 民族
GO
```

在查询分析器中输入并执行上述代码，结果如图 4-21 所示。

从图 4-20 和图 4-21 还可以看出，COMPUTE 和 COMPUTE BY 子句中的 SELECT 子句可以查询表中的任意列。两者均产生附加的汇总行，其列标题是系统自定的，如对于 COUNT 函数为 cnt，对于 AVG 函数为 avg，对于 SUM 函数为 sum。

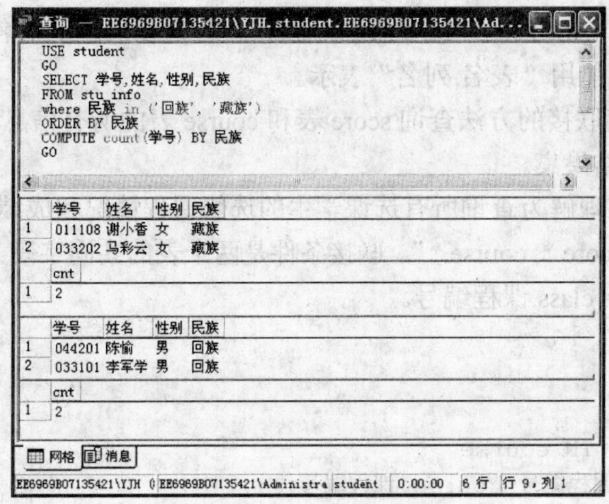

图 4-21　COMPUTE BY 子句的使用

注意：在使用 COMPUTE BY 子句时，必须先按汇总的列排序后，才能用 COMPUTE BY 进行分组统计。所以 COMPUTE BY 子句必须与 ORDER BY 子句连用。

4.3　联接查询

前面我们所用的 SELECT 语句都是从数据库的单个表中查询所要的数据，而在实际应用中，经常需要从多个相关的表中检索数据，这就需要使用联接查询。用户通过联接可以使用一个表中的数据来查询其他表中的数据，从而获得更强大的查询功能。联接分为内联接、外联接、交叉联接和自联接 4 种。

1. 内联接

内联接（INNER JOIN）是将两个表中满足联接条件的记录组合在一起。内联接有以下两种语法格式：

格式一：

```
SELECT 列名列表
   FROM 表名1 [INNER] JOIN 表名2
   ON 表名1.列名 <比较运算符> 表名2.列名
```

格式二：

```
SELECT 列名列表
   FROM 表名1,表名2
   WHERE 表名1.列名 <比较运算符> 表名2.列名
```

参数说明：

内联接是系统默认的联接，第一种格式中的 INNER 选项可以省略。

两种格式中的比较运算符可以是>、>=、=、<、<=、<>、!=、!>、!<。当比较运算符为“=”时，称为等值联接。若在等值联接的结果集中去除相同的列，则为自然联接。使用除“=”外的运算符的联接为非等值联接。在实际应用中，比较运算符通常用“=”。

若 SELECT 子句中有同名列，则必须用“表名.列名”来表示，若列名在多个表中唯一，可省去表名，直接使用列名。为了方便使用，可以给表名定义别名。别名是在 FROM 子句中指定的，格式为“表名 AS 别名”或“表名 别名”。若为表指定了别名，则只能用“别名.列名”来表示同名列，不能用“表名.列名”表示。

【例 4-23】用等值联接的方法查询 score 表和 course 表的所有信息，不去除重复列（课程编号）。观察联接后的结果集。

提示：此例还可以理解为查询所有选课学生的选修课程情况和成绩。可以在 SELECT 子句中使用“*”或者“score.*, course.*”，联接条件是两个表的共同字段“课程编号”的值要相等，即 score.课程编号= class.课程编号。

```
USE student
GO
SELECT *
   FROM score JOIN course
      ON score.课程编号=course.课程编号
GO
```

在查询分析器中输入并执行上述代码，结果如图 4-22 所示。可以看到只有满足联接条件的记录才被拼接到结果集中，结果集是两个表中记录的交集，并且结果集中有完全相同的两列“课程编号”，数据产生了冗余。

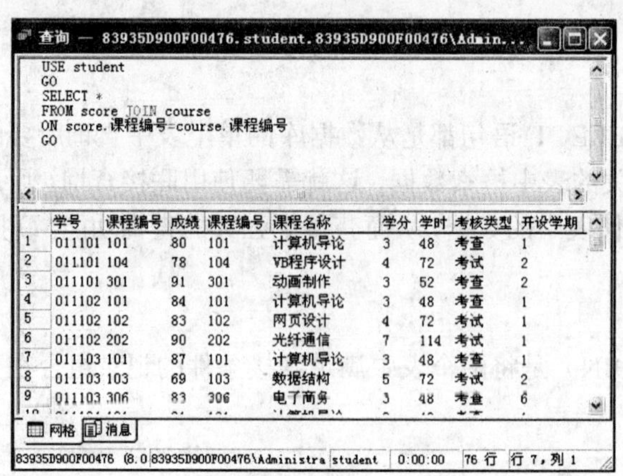

图 4-22 等值联接

也可以用格式二的代码实现上述功能：

```
USE student
GO
SELECT *
   FROM score,course
   WHERE score.课程编号=course.课程编号
GO
```

【例 4-24】用自然联接的方法查询 score 表和 course 表的所有信息。

提示：本例和例 4-23 的区别是去掉重复列“课程编号”，可以在 SELECT 子句中写成“学号,成绩,course.*”或者“score.*,课程名称,学分,学时,考核类型,开设学期”。

```
USE student
GO
SELECT 学号,成绩,course.*
```

```
    FROM score JOIN course
      ON score.课程编号=course.课程编号
GO
```

在查询分析器中输入并执行上述代码，结果如图 4-23 所示。可以看出结果集中不含重复列（课程编号），去掉重复列的等值内联接则为自然联接。自然联接是内联接的主要形式，在实际中应用最为广泛。

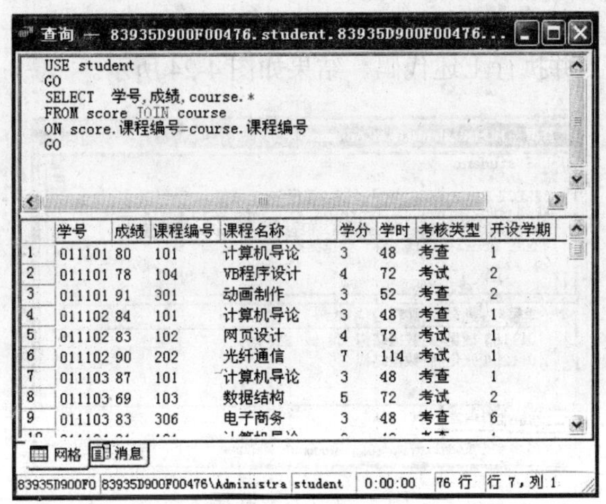

图 4-23　自然联接

也可以用格式二的代码实现上述功能：

```
USE student
GO
SELECT  学号,成绩,course.*
    FROM score,course
    WHERE score.课程编号=course.课程编号
GO
```

在实际应用中，列的显示顺序还可以根据需要来排列，以便使结果集更加清晰明了。如本例中可以在 SELECT 子句中写成“学号,score.课程编号,课程名称,成绩,学分,学时,考核类型,开设学期”。

内联接还可用于两个以上的表联接，此时需要使用多个联接条件来实现表的两两联接。在 SQL Server 2000 中，理论上使用 SELECT 语句可以联接的表的最大数目为 64，但实际上，5～8 个表是 SELECT 语句所能联接的极限数目。如果必须联接 8 个以上的表，则该数据库的设计可能不合理。

【例 4-25】查找选修了“数据结构”课程的学生的学号、姓名、课程名称及成绩。

提示：本例要查询的字段来自 3 个表，其中学号和姓名来自表 stu_info，课程名称来自表 course，成绩来自表 score，因此需要 3 个表进行联接查询。联接条件可以是表中的相同字段进行等值运算，3 个表两两联接，course 表和 score 表可以通过相同字段“课程编号”进行联接，即 score.课程编号=course.课程编号，score 表和 stu_info 表可以通过相同字段“学号”进行联接，即 stu_info.学号=score.学号。where 子句中的搜索条件是“course.课程名称='数据结构'”。

方法一：

```
USE student
GO
SELECT  stu_info.学号,姓名,课程名称,成绩
    FROM stu_info JOIN score ON stu_info.学号=score.学号
          JOIN course ON score.课程编号=course.课程编号
    WHERE course.课程名称='数据结构'
GO
```

在查询分析器中输入并执行上述代码，结果如图 4-24 所示。

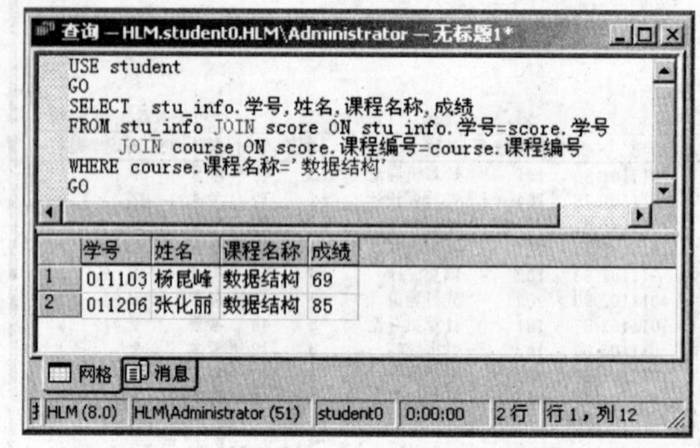

图 4-24　多表联接

方法二：

```
USE student
GO
SELECT  stu_info.学号,姓名,课程名称,成绩
    FROM stu_info JOIN score JOIN course
          ON score.课程编号=course.课程编号
          ON stu_info.学号=score.学号
WHERE course.课程名称='数据结构'
GO
```

方法三：

```
USE student
GO
SELECT  stu_info.学号,姓名,课程名称,成绩
    FROM stu_info,score,course
          WHERE stu_info.学号=score.学号 AND
          score.课程编号=course.课程编号
          AND course.课程名称='数据结构'
GO
```

需要注意的是，当按方法二进行两个以上的表联接时，需要多个 ON 子句给出联接条件，并且 ON 子句的顺序要按 FROM 子句中表的顺序倒序（从右到左）排列。如本例 FROM 子句中表的顺序为 stu_info、score、course，那么 ON 子句就不能按照表的顺序（从左到右）先进行 stu_info 和 score 的联接，再进行 score 和 course 的联接，即写成：

```
ON stu_info.学号=score.学号
ON score.课程编号=course.课程编号
```

而必须按照倒序先进行 score 和 course 的联接，再进行 stu_info 和 score 的联接，即写成：

```
ON score.课程编号=course.课程编号
ON stu_info.学号=score.学号
```

否则就会出错。而方法三则没有此要求。

2. 外联接

外联接的结果集中不但包含满足联接条件的记录，还包含相应表中的不满足联接条件的记录。外联接只能对两个表进行，有左外联接、右外联接、全外联接 3 种。

（1）左外联接。

左外联接的语法格式为：

```
SELECT 列名列表
   FROM 表名1 LEFT [OUTER] JOIN 表名2
   ON 表名1.列名=表名2.列名
```

左外联接的结果集中包括了左表的所有记录，而不仅仅是满足联接条件的记录。如果左表的某记录在右表中没有匹配行，则该记录在结果集行中属于右表的相应列值均为 NULL。

【例 4-26】用左外联接方法联接 stu_info 和 score 两表，观察联接后所产生的结果。

```
USE student
GO
SELECT stu_info.学号,姓名,性别,出生日期,课程编号,成绩
   FROM stu_info LEFT JOIN score
      ON stu_info.学号=score.学号
GO
```

在查询分析器中输入并执行上述代码，结果如图 4-25 所示。可以看出结果集中除了满足联接条件的记录外，还有不满足联接条件的记录，但是这些记录在右表的相应列值为 NULL。

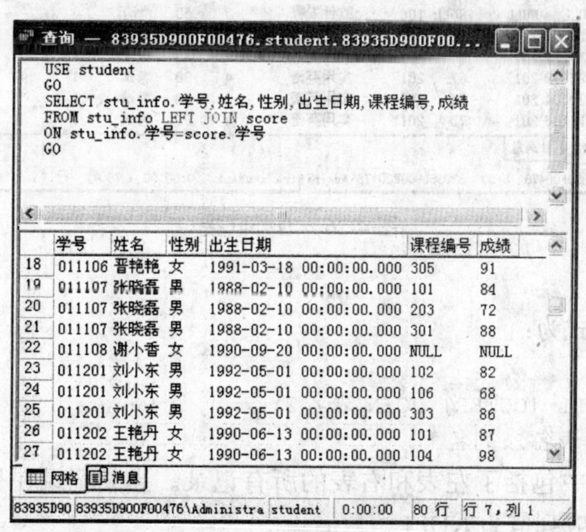

图 4-25　左外联接

左外联接在有些情况下是非常有用的，例如本例还可以理解为查询所有学生情况及他们选修的课程编号及成绩，如果结果集中"课程编号"和"成绩"列值为 NULL，表示该学生未选修任何课程。

（2）右外联接。

右外联接的语法格式为：

```
SELECT 列名列表
FROM 表名1 RIGHT [OUTER] JOIN 表名2
ON 表名1.列名=表名2.列名
```

右外联接的结果集中包括了右表的所有记录，而不仅仅是满足联接条件的记录。如果右表的某记录在左表中没有匹配行，则该记录在结果集行中属于左表的相应列值均为 NULL。

【例 4-27】用右外联接方法联接 score 和 course 两表，观察联接后所产生的结果。

```
USE student
GO
SELECT *
    FROM score RIGHT JOIN course
       ON score.课程编号=course.课程编号
GO
```

在查询分析器中输入并执行上述代码，结果如图 4-26 所示。若某课程未被选修，则结果集中相应行的学号、课程编号和成绩字段均为 NULL。

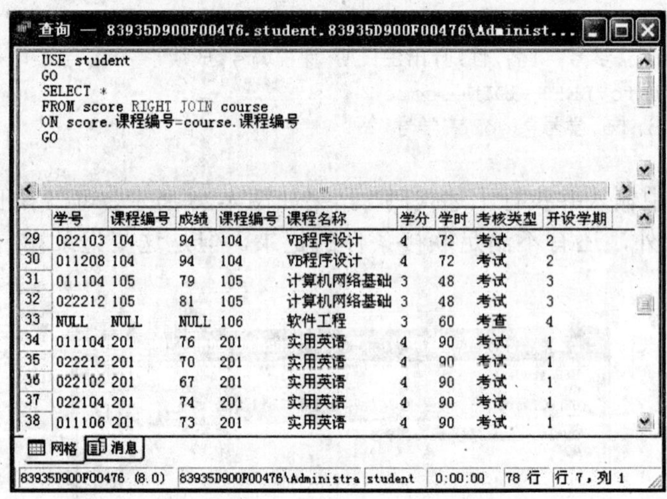

	学号	课程编号	成绩	课程编号	课程名称	学分	学时	考核类型	开设学期
29	022103	104	94	104	VB程序设计	4	72	考试	2
30	011208	104	94	104	VB程序设计	4	72	考试	2
31	011104	105	79	105	计算机网络基础	3	48	考试	3
32	022212	105	81	105	计算机网络基础	3	48	考试	3
33	NULL	NULL	NULL	106	软件工程	3	60	考查	4
34	011104	201	76	201	实用英语	4	90	考试	1
35	022212	201	70	201	实用英语	4	90	考试	1
36	022102	201	67	201	实用英语	4	90	考试	1
37	022104	201	74	201	实用英语	4	90	考试	1
38	011106	201	73	201	实用英语	4	90	考试	1

图 4-26　右外联接

（3）全外联接。

全外联接的语法格式为：

```
SELECT 列名列表
    FROM 表名1 FULL [OUTER] JOIN 表名2
    ON 表名1.列名=表名2.列名
```

全外联接的结果集中包括了左表和右表的所有记录。当某记录在另一个表中没有匹配记录时，则另一个表的相应列值为 NULL。

【例 4-28】假设数据库 student 中又创建了 sl 和 s2 两个表，如图 4-27 所示。sl 表中有“学号”和“姓名”两个字段，s2 表中有“学号”和“选修课程”两个字段，两个表各包含 3 条记录。用全外联接方法联接 sl 和 s2 两个表，观察联接后所产生的结果。

学号	姓名
011101	王一民
011203	武海俊
011208	李丽

s1

学号	选修课程
011203	离散数学
011208	VB 程序设计
022102	实用英语

s2

图 4-27　s1 表和 s2 表

```
USE student
GO
SELECT *
   FROM s1 FULL JOIN s2
     ON s1.学号=s2.学号
GO
```

在查询分析器中输入并执行上述代码，结果如图 4-28 所示。

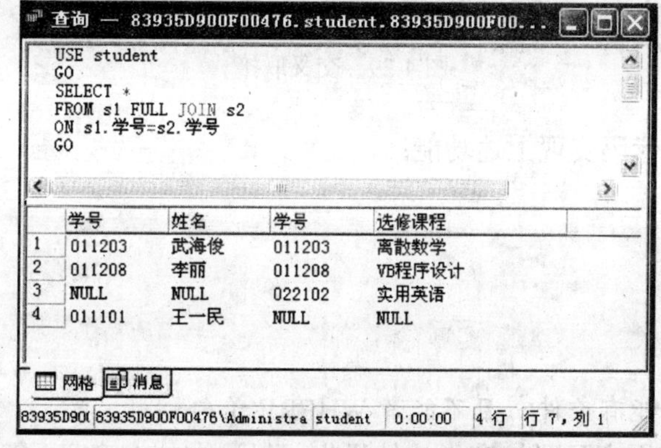

图 4-28　全外联接

3. 交叉联接

交叉联接又称非限制联接（广义笛卡尔积），它将两个表不加任何约束地组合在一起，也就是将第一个表的所有记录分别与第二个表的每条记录拼接组成新记录，联接后结果集的行数就是两个表的行的乘积，结果集的列数就是两个表的列数之和。

交叉联接有以下两种语法格式：

格式一：

```
SELECT 列名列表
   FROM 表名 1 CROSS  JOIN 表名 2
```

格式二：

```
SELECT 列名列表
   FROM 表名 1,表名 2
```

【例 4-29】用交叉联接的方法联接 s1 和 s2，观察联接后的结果。

代码如下：

```
USE student
GO
SELECT *
```

```
    FROM s1 CROSS JOIN s2
GO
```

在查询分析器中输入并执行上述代码，结果如图 4-29 所示。

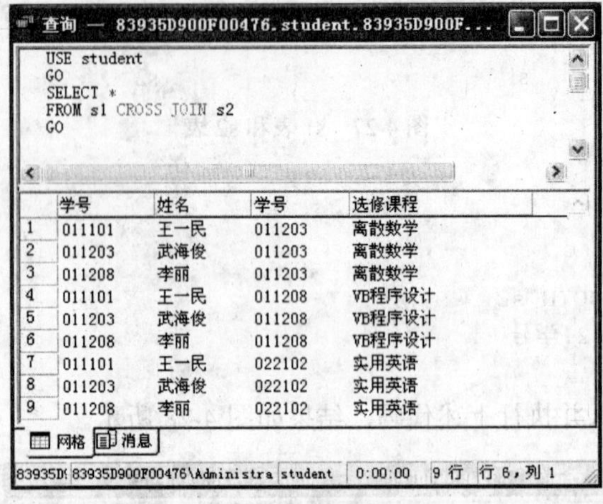

图 4-29　交叉联接

也可以用格式二的代码实现上述功能：

```
USE student
GO
SELECT *
    FROM s1,s2
GO
```

注意：交叉联接不能有条件，且不能带 WHERE 子句。

在实际应用中，使用交叉联接产生的结果集一般没有什么意义，但在数据库的数学模式上有重要的作用。

4. 自联接

自联接就是将一个表与它自身进行联接，可看做一个表的两个副本之间的内联接。若要在一个表中查找具有相同列值的行，则可以使用自联接。使用自联接时，必须为表指定两个不同的别名，使之在逻辑上成为两个表。

【例 4-30】用自联接的方法查询 stu_info 表中姓名相同的学生信息。

```
USE student
GO
SELECT  a.*
    FROM stu_info a JOIN stu_info b
       ON a.姓名=b.姓名
    WHERE a.学号<>b.学号
GO
```

在查询分析器中输入并执行上述代码，结果如图 4-30 所示。

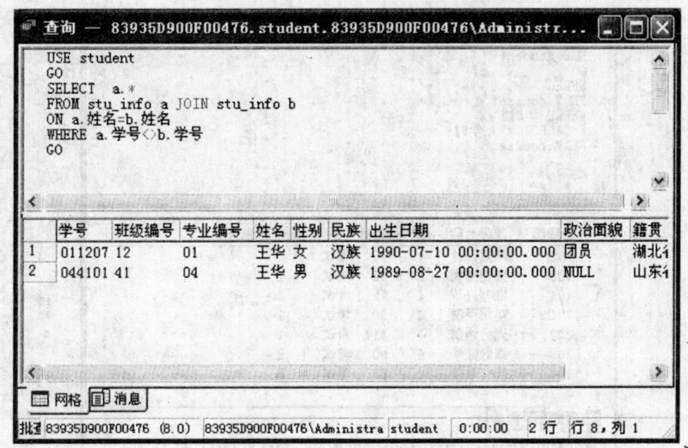

图 4-30　自联接

4.4　子查询

子查询是指在 SELECT 语句的查询条件中嵌套另一条 SELECT 语句。外层的 SELECT 语句称为外查询，内层的 SELECT 语句称为内查询或子查询。子查询除了可以用在 SELECT 语句中，还可以用在 INSERT、UPDATE 及 DELETE 语句中。子查询总是写在圆括号中。

子查询分为两种：非相关子查询（又叫嵌套子查询）和相关子查询。

4.4.1　非相关子查询

非相关子查询的执行不依赖于外查询。这类子查询的执行过程是：首先执行子查询，子查询得到的结果不被显示出来，而是传递给外查询，作为外查询的条件来使用，然后执行外查询，并显示整个查询结果。

非相关子查询有两种：返回单个值的子查询和返回一个值列表的子查询，下面分别举例说明。

1．返回单个值的子查询

该子查询返回的单个值常被外查询用来进行比较操作。

【例 4-31】在 course 表中，查询所有学时高于平均学时的课程信息。

代码如下：

```
USE student
GO
SELECT *
   FROM course
   WHERE 学时>
      ( SELECT AVG(学时)
        FROM course
      )
GO
```

在查询分析器中输入并执行上述代码，结果如图 4-31 所示。

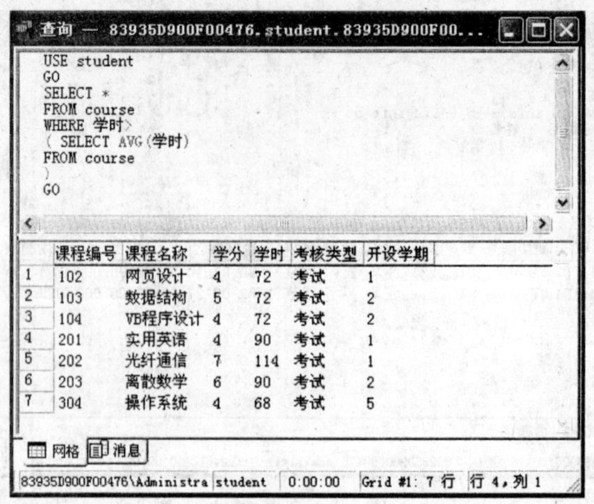

图 4-31 返回单个值的子查询

本例的执行过程是先执行子查询：SELECT AVG(学时) FROM course，其结果为 64（并不显示），再执行外查询：

```
SELECT *
   FROM course
   WHERE 学时>64
```

2. 返回一个值列表的子查询

如果子查询返回一个值列表，则该列表常和 IN、NOT IN、ANY、SOME、ALL 逻辑运算符一起构成外查询的查询条件。

（1）IN 和 NOT IN 运算符。

IN 和 NOT IN 运算符用来将一个表达式的值与子查询返回的一列值进行比较。使用 IN 运算符时，如果该表达式的值与此列中的任何一个相等，则 IN 测试返回 TRUE；如果该表达式的值与此列中的任何一个值都不相等，则返回 FALSE。使用 NOT IN 时结果相反。

【例 4-32】查询所有选课学生的信息。

```
USE student
GO
SELECT *
   FROM stu_info
   WHERE 学号 IN
      ( SELECT 学号
        FROM score
      )
GO
```

在查询分析器中输入并执行上述代码，结果如图 4-32 所示。

在这个例子中，首先得到“SELECT 学号 FROM stu_info”子查询的结果集，它为一列值，即所有选课学生的学号，然后将其和 IN 运算符组成外查询的条件执行外查询，并得到最终结果。

注意：使用 IN 和 NOT IN 运算符的子查询只能返回一列数据，不能在子查询中选择多列数据。

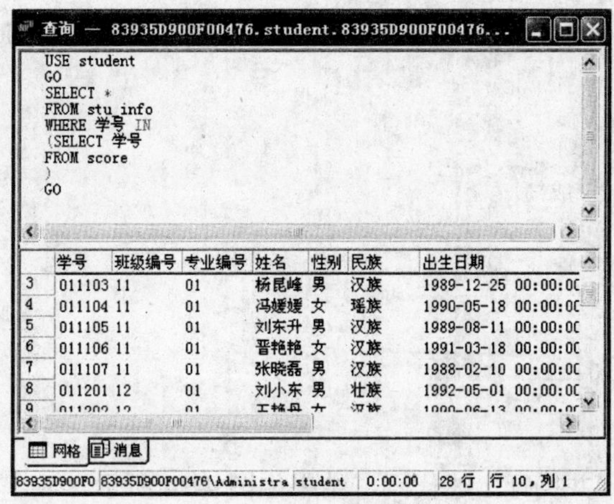

图 4-32 使用 IN 运算符的子查询

（2）ANY、SOME 和 ALL 运算符。

ANY、SOME 和 ALL 用于一个值与一组值的比较，以“<”为例，ANY、SOME 表示小于一组值中的任意一个，ALL 表示小于一组值中的每一个。例如，“<ANY(1,2,3)”与“<3”等价；而“<ALL(1,2,3)”与“<1”等价。

【例 4-33】查询 course 表中考查课学时不低于考试课最低学时的课程信息。

```
USE student
GO
SELECT *
    FROM course
    WHERE 考核类型='考查'  AND 学时 !<ANY
     ( SELECT 学时
      FROM course
      WHERE 考核类型='考试'
     )
GO
```

在查询分析器中输入并执行上述代码，结果如图 4-33 所示。

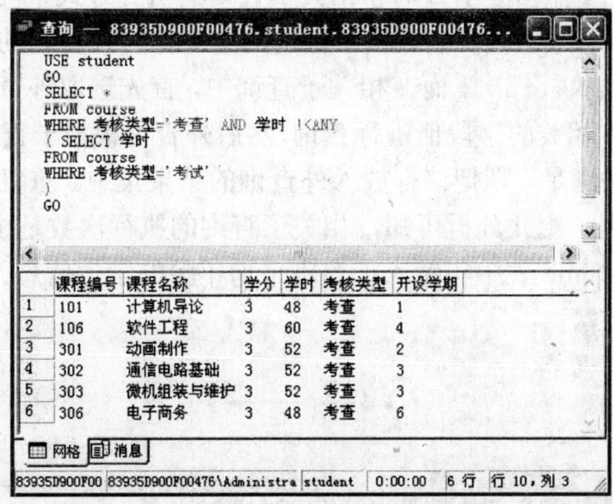

图 4-33 使用 ANY 运算符的子查询

【例 4-34】在 score 表中，查询比学号为 011104 的学生选课成绩都高的学生的学号、课程编号和成绩。

```
USE student
GO
SELECT 学号,课程编号,成绩
   FROM score
   WHERE 成绩>ALL
    ( SELECT 成绩
      FROM score
      WHERE 学号='011104'
    )
GO
```

在查询分析器中输入并执行上述代码，结果如图 4-34 所示。

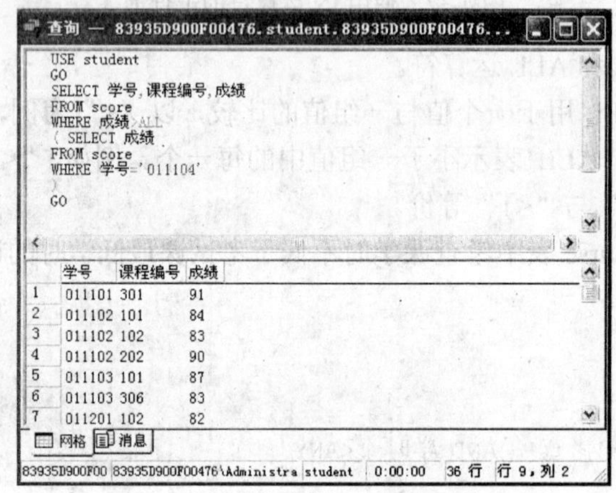

图 4-34 使用 ALL 运算符的子查询

4.4.2 相关子查询

相关子查询是指在子查询的查询条件中引用了外查询表中的字段值，其查询的结果集取决于外查询当前的数据行。非相关子查询和相关子查询的执行方式不同。非相关子查询的执行顺序是先内后外，即先执行子查询，然后将子查询的结果作为外查询的查询条件的一部分，子查询在整个查询过程中只执行一次。而在相关子查询中，首先选取外查询中的第一行记录，内层的子查询则利用此行中相关的字段值进行查询，然后外查询根据子查询返回的结果判断此行是否满足查询条件。如果满足，则把该行放入外查询的结果集中。重复这一过程，直到处理完外查询表中的每一行数据。由此分析可知，相关子查询的执行次数是由外查询的行数决定的。

【例 4-35】查询 stu_info 表中年龄大于该班平均年龄的学生信息。

代码如下：

```
USE student
GO
SELECT *
   FROM stu_info As a
   WHERE datediff(year,出生日期,getdate())>
   ( SELECT avg(datediff(year,出生日期,getdate()))
```

```
        FROM stu_info AS b
        WHERE a.班级编号=b.班级编号
    )
GO
```

与前面介绍过的子查询不同，该语句中的子查询无法独立于外查询而得到解决。该子查询需要一个“班级编号”值，而该值是一个变量，随 stu_info 表中的不同行而改变。下面详细说明该查询的执行过程。

先将 stu_info 表的第一条记录的“班级编号”的值 11 代入到子查询中，则子查询变为如下形式：

```
SELECT avg(datediff(year,出生日期,getdate()))
    FROM stu_info AS b
    WHERE 班级编号='11'
```

子查询的结果为 11 班学生的平均年龄，如本例为 25，所以外查询变为：

```
SELECT *
    FROM stu_info As a
    WHERE datediff(year,出生日期,getdate())>25
```

如果 WHERE 条件为 TRUE，则第一条记录包括在结果集中，否则不在结果集中。对 stu_info 表中的所有行运行相同的过程，最后形成一个结果集，如图 4-35 所示。

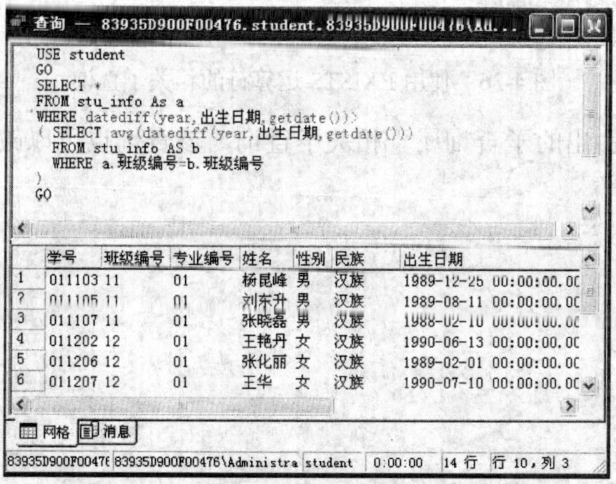

图 4-35　相关子查询

在实际应用中，有时对子查询的要求较为宽松，只要确定子查询是否有结果集可以进行外查询，而不用知道子查询结果集中有哪些具体的数据行，此时外查询条件中可以使用 EXISTS 运算符。EXISTS 用来判断子查询的结果集是否为空。如果子查询的结果集不为空，则 EXISTS 返回 TRUE，否则返回 FALSE。使用 NOT EXISTS 时其返回值与 EXISTS 刚好相反。

【例 4-36】利用 EXISTS 查询所有选修 102 课程的学生的学号和姓名。

代码如下：

```
USE student
GO
SELECT 学号,姓名
```

```
    FROM stu_info AS a
    WHERE EXISTS
     ( SELECT *
        FROM score AS b
        WHERE a.学号=b.学号 AND b.课程编号='102'
     )
GO
```

在查询分析器中输入并执行上述代码，结果如图 4-36 所示。

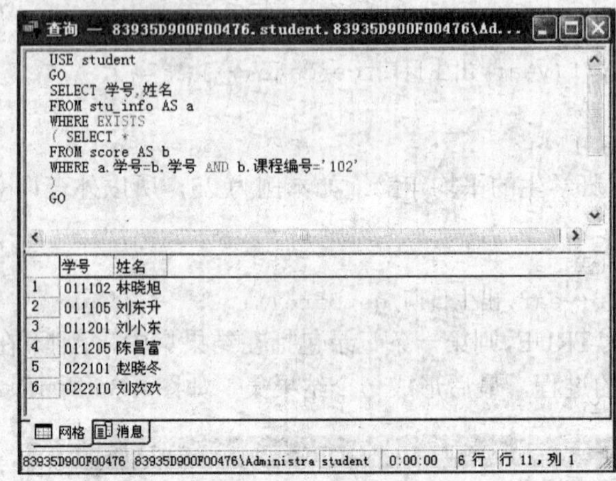

图 4-36 使用 EXISTS 运算符的相关子查询

本例中由 EXISTS 引出的子查询属于相关子查询，该查询也可以改为用 IN 表示的非相关子查询：

```
USE student
GO
SELECT 学号,姓名
   FROM stu_info
   WHERE 学号 IN
   ( SELECT 学号
      FROM score
      WHERE 课程编号='102'
   )
GO
```

注意：IN 运算符连接的是列与列，而 EXISTS 运算符连接的是表与表，因此 EXISTS 运算符通常不需要特别指出列名，可以直接使用“*”表示。

另外，使用联接也可以实现例 4-36 中的查询，而且联接还可以同时显示来自多个表中的字段。例如，将例 4-36 中的查询改为：查询所有选修 102 课程的学生的学号、姓名、课程编号和成绩。代码如下：

```
USE student
GO
SELECT a.学号,a.姓名,b.课程编号,b.成绩
   FROM stu_info AS a JOIN score AS b
      ON a.学号=b.学号
```

```
    WHERE b.课程编号='102'
GO
```

在查询分析器中输入并执行上述代码，结果如图 4-37 所示。

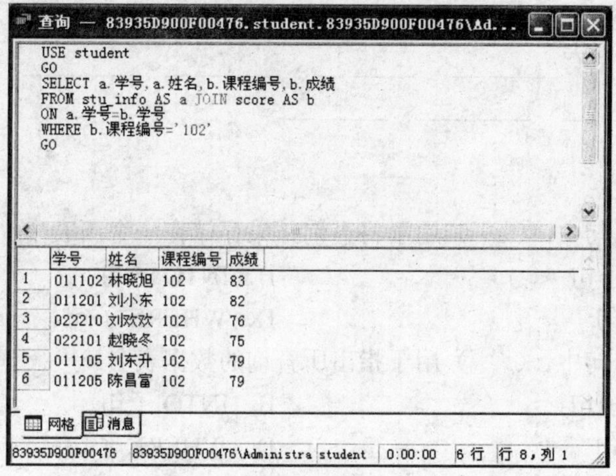

图 4-37　使用联接实现例 4-36 的查询

联接和子查询可能都要涉及两个或多个表，要注意它们之间的区别：

- 联接可以合并两个或多个表中的数据，而带子查询的 SELECT 语句的结果只能来自一个表，子查询的结果只是用来作为选择结果数据时的参照。
- 有的查询既可以使用子查询来实现，也可以使用联接实现。通常使用子查询实现时可以将一个复杂的查询分解为一系列的逻辑步骤，条理清晰，而使用联接表示有执行速度快的优点。因此，在实际应用中，读者应根据具体情况来决定使用哪种方法。

本章小结

查询是数据库中最常用也是最基本的数据操作。本章首先介绍了 SELECT 查询语句的基本格式，讲解了使用 SELECT 语句进行简单查询的方法，如选择数据列、使用列别名、使用计算列、对数据记录进行筛选和排序等，并详细讨论了数据的统计、联接查询和子查询等较为复杂的查询技术。本章内容为本课程教学的重点内容，学习完本章后，要求熟练掌握各种查询子句的使用，掌握联接和子查询的表示方法，并能够在实际中灵活应用。

习题四

一、填空题

1．在 T-SQL 中使用________语句来实现数据查询。

2．SELECT 语句的子句主要有________、________、________、________、________、________。

3．在 SQL Server 中计算最大、最小、平均、求和与计数的聚合函数分别是________、

________、________、________、________。

4. 在 SELECT 语句中，能够进行模糊查询的关键字是________。

5. 在 SELECT 语句中，如果需要限制返回的行数，应该使用关键字________；如果希望返回的结果集中不包含相同的行，应该使用关键字________。

6. 联接查询的类型有________、________、________、________4 种。

7. 外联接有________、________、________。

二、选择题

1. 在 SELECT 语句中，（　）用于将查询结果存储在一个新表中。
   A. SELECT 子句　　B. INTO 子句
   C. FROM 子句　　D. WHERE 子句

2. 在 SELECT 语句中，（　）用于指出所查询的数据表名。
   A. SELECT 子句　　B. INTO 子句
   C. FROM 子句　　D. WHERE 子句

3. 在 SELECT 语句中，（　）用于对分组统计进一步设置条件。
   A. HAVING 子句　　B. GROUP BY 子句
   C. ORDER BY 子句　　D. WHERE 子句

4. 在 SELECT 语句中，（　）用于对搜索的结果进行排序。
   A. HAVING 子句　　B. GROUP BY 子句
   C. ORDER BY 子句　　D. WHERE 子句

5. 下面不是 SELECT 语句的子句的有（　）。
   A. FROM 子句　　B. ORDER BY 子句
   C. INTO 子句　　D. UPDATE 子句

6. WHERE 子句的基本功能是（　）。
   A. 指定需要查询的表的存储位置　　B. 指定输出列的位置
   C. 指定行的筛选条件　　D. 指定列的筛选条件

7. SELECT 语句中，条件“年龄 BETWEEN 15 AND 30”表示年龄在 15～30 之间，且（　）。
   A. 包括 15 岁和 30 岁　　B. 不包括 15 岁和 30 岁
   C. 包括 15 岁但不包括 30 岁　　D. 不包括 15 岁但包括 30 岁

8. 下面符合模糊查询条件 LIKE '_b%'的为（　）。
   A. ailb　　B. abai
   C. baa　　D. cca

9. 表示民族为汉族同时性别为男的表达式为（　）。
   A. 民族='汉族'　OR　性别='男'　　B. 民族='汉族'　AND　性别='男'
   C. BETWEEN '汉族'　AND　'男'　　D. IN('汉族','男')

10. 在 SQL 语言中，下列不是逻辑运算符的是（　）。
    A. OR　　B. AND
    C. NOT　　D. XOR

三、简答题

1．使用 SELECT 语句时，在选择列表中更改列标题有哪两种格式？

2．模糊查询条件中使用的通配符有几种？各代表什么含义？

3．在进行数据的分组统计时，GROUP BY 子句和 COMPUTE BY 子句有什么不同？

4．WHERE 子句与 HAVING 子句的区别有哪些？

5．什么是自联接？举例说明如何实现自联接？

6．联接查询和子查询有什么区别？

7．子查询分哪两种？分别简述它们的特点及执行过程。

第 5 章　SQL Server 2000 的数据完整性

数据完整性是指存储在数据库中的数据的一致性和准确性，数据完整性是衡量数据库中数据质量好坏的重要标准，是确保数据库中数据的正确性和唯一性的重要保证，是规划数据的结构以使其更加便于管理的重要手段。

在 Microsoft SQL Server 系统中，提供了一系列实现数据完整性的方法，这些方法主要包括主键约束、外键约束、非空约束、唯一约束、默认值约束、检查约束、规则和默认对象。本章将详细讲述 Microsoft SQL Server 2000 系统的数据完整性方法。

5.1　数据完整性概述

在 Microsoft SQL Server 2000 系统中，根据数据完整性措施所作用的数据库对象和范围的不同，数据完整性一般分为域完整性、实体完整性和参照完整性 3 种类型，如图 5-1 所示。

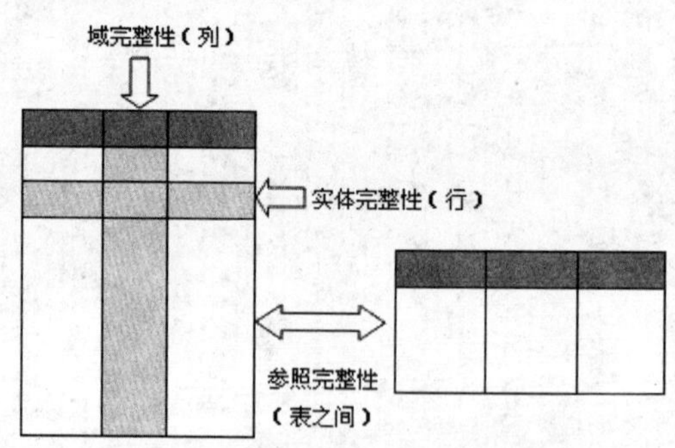

图 5-1　数据完整性类型示意图

（1）域完整性（Domain Integrity）。域完整性又称为列完整性。域完整性要求向表中指定列输入的数据必须具有正确的数据类型、格式以及有效的数据范围。例如，在性别列中，限制其取值范围为“男”和“女”，这样就不能在该列输入其他一些无效的值。域完整性可以通过建立默认值约束、外键约束、检查约束、非空约束以及规则等措施来实现。

（2）实体完整性（Entity Integrity）。实体完整性又称为行完整性。这里的实体是指表中的记录，一个实体就是表的一条记录。实体完整性要求在表中不能存在完全相同的记录，而且每条记录都要具有一个非空且不重复的主键值。例如，在 stu_info 表中，将“学号”列设置为主键，则该列的取值不能重复，从而区分表中的记录。实体完整性可以通过建立主键约束、唯一约束、标识列、唯一索引等措施来实现。

（3）参照完整性（Referential Integrity）。参照完整性又称为引用完整性，参照完整性保证主表（被参照表）中的数据与从表（参照表）中数据的一致性。在 SQL Server 2000 中，参照完整性的实现是通过定义外键与主键之间或外键与唯一键之间的对应关系实现的。例如，stu_info 表中的“专业编号”列的值必须是在 speciality 表中“专业编号”列中存在的值，以保证学生所属的专业是一个存在的专业。因此，可以将 speciality 表作为主表，该表中的“专业编号”列定义为主键；stu_info 表作为从表，表中的“专业编号”列定义为外键，从而建立主表和从表之间的联系，实现参照完整性，如图 5-2 所示。

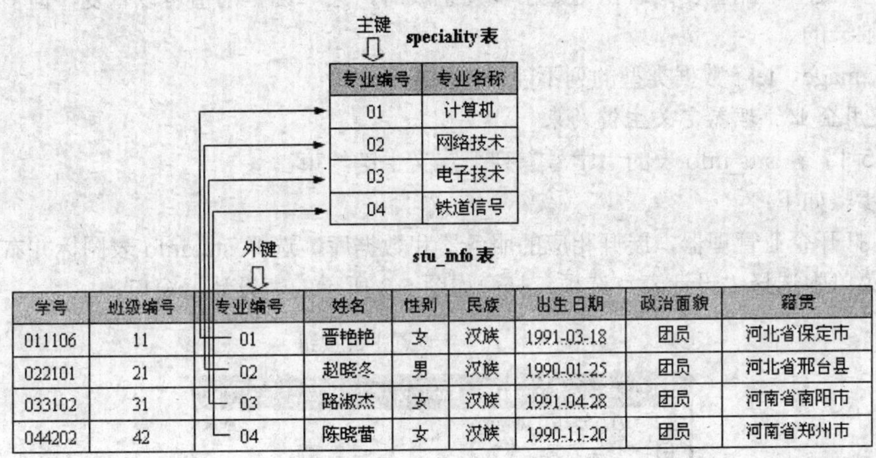

图 5-2　参照完整性示意图

如果定义了两个表之间的参照完整性，则要求：

1）从表不能引用不存在的键值。例如，对于 stu_info 表的行记录中出现的专业编号必须是 speciality 表中已存在的专业编号。

2）如果主表中的键值更改了，那么在整个数据库中，对从表中该键值的所有引用要进行一致的更改。例如，如果修改了 speciality 表中的某一专业编号，则 stu_info 表中所有对应的专业编号也要进行相应的修改。

3）如果要删除主表中的某一记录，应先删除从表中与该记录匹配的相关记录。

5.2　使用约束实施数据完整性

约束是 SQL Server 提供的自动保持数据完整性的一种有效方法，它通过限制列中数据、行中数据和表之间数据来保持数据完整性。每一种数据完整性类型，如域完整性、实体完整性和参照完整性，都由不同的约束类型来保障。约束可以作为数据库定义部分在 CREATE TABLE 语句中声明，也可以通过 ALTER TABLE 语句在已有的表中添加或删除。当表被删除时，表中所有的约束定义也随之被删除。

定义约束时，既可以把约束放在一列上（称为列级约束），也可以把约束放在若干列上（称表级约束）。

在 SQL Server 中主要有 5 种约束：主键约束（PRIMARY KEY）、唯一约束（UNIQUE）、检查约束（CHECK）、默认值约束（DEFAULT）、外键约束（FOREIGN KEY）。

5.2.1　主键约束

主键约束指定表的一列或几列的组合值在表中具有唯一性，即能唯一地标识一行记录。

通过主键可以实施表的实体完整性。主键具有以下特性：

（1）每个表只能定义一个主键。

（2）主键值不能为空（NULL）。

（3）主键值不能重复。若主键是由多列组成时，某一列上的值可以重复，但多列的组合值必须是唯一的。

（4）image、text 数据类型的列不能设置为主键。

1．使用企业管理器定义主键约束

【例 5-1】在 stu_info 表的“学号”列上定义主键约束。

操作步骤如下：

（1）打开企业管理器，展开相应的服务器和数据库，选择 stu_info 表图标并右击，从弹出的快捷菜单中选择“设计表”选项，打开如图 5-3 所示的表设计器窗口。

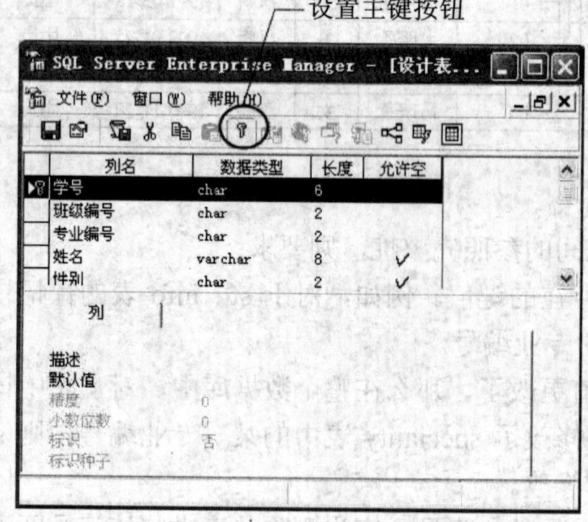

图 5-3　在表设计器窗口中设置主键

（2）选中与“学号”对应的行，单击工具栏中的“设置主键”铵钮，这样在“学号”对应的行前面将出现一钥匙图标。

（3）单击工具栏中的“保存”按钮，然后关闭表设计器。

如果主键由多列组成，可以先选中这些列，然后再单击工具栏中的“设置主键”铵钮。

如果要删除原来定义的主键，只需打开如图 5-3 所示的表设计器，选中已设为主键的行，再次单击工具栏中的“设置主键”按钮即可。

2．使用 T-SQL 语句定义主键约束

语法格式：

```
[CONSTRAINT 约束名]
PRIMARY KEY [CLUSTERED|NONCLUSTERED](列名[,…,n])
```

参数含义：

- CLUSTERED：表示在该列上建立聚族索引。
- NONCLUSTERED：表示在该列上建立非聚族索引。
- 列名：指定组成主键的列，主键最多可由 16 个列组成。

（1）在创建表的同时定义主键约束。

【例 5-2】创建 stu_info 表的同时，在“学号”列定义主键约束。

方法一：

```
USE student
GO
CREATE TABLE stu_info
(
学号      char(6) NOT NULL CONSTRAINT pk_xh PRIMARY KEY,
   班级编号 char(2) NOT NULL,
   专业编号 char(2) NOT NULL,
   姓名     varchar(8)  NULL,
   性别     char (2)   NULL,
   民族     varchar(10) NULL,
   出生日期 datetime    NULL,
   政治面貌 char(8)     NULL,
   籍贯     varchar(40) NULL,
   备注     text       NULL
)
GO
```

方法二：

```
USE student
GO
CREATE TABLE stu_info2
(
   学号     char(6) NOT NULL,
   班级编号 char(2) NOT NULL,
   专业编号 char(2) NOT NULL,
   姓名     varchar(8)  NULL,
   性别     char (2)   NULL,
   民族     varchar(10) NULL,
   出生日期 datetime    NULL,
   政治面貌 char(8)     NULL,
   籍贯     varchar(40) NULL,
   备注     text       NULL,
    CONSTRAINT pk_xh1 PRIMARY KEY (学号)     /*设置主键*/
)
GO
```

该例中方法一主要用于为单列定义主键，而方法二既可用于为单列定义主键，又可用于为多列定义组合主键。定义组合主键的代码可参见例 5-3。

【例 5-3】创建 score 表的同时，在“学号”和“课程编号”组合列上定义主键约束。

```
USE student
GO
CREATE TABLE score1
(
   学号     char(6)      NOT NULL ,
   课程编号 char(3)      NOT NULL ,
```

```
    成绩      tinyint     NULL,
    CONSTRAINT pk_xh_kcbh PRIMARY KEY (学号,课程编号)
)
GO
```

（2）在修改表时定义主键约束。

【例 5-4】若已创建了表 class，现在通过修改表在“班级编号”列上添加一个主键约束。

```
USE student
GO
ALTER TABLE class
ADD CONSTRAINT pk_bjbh PRIMARY KEY (班级编号)
GO
```

3. 使用 T-SQL 语句删除主键约束

主键约束既可以使用企业管理器删除，也可以使用 T-SQL 语句删除。使用 T-SQL 语句删除主键约束的语法格式为：

```
ALTER TABLE  表名
DROP CONSTRAINT 约束名 [,…,n]
```

其他约束使用 T-SQL 语句删除的格式与此相同。

【例 5-5】删除例 5-4 中定义的主键约束。

```
USE student
GO
ALTER TABLE class
   DROP CONSTRAINT pk_bjbh
GO
```

在查询分析器中，可以使用系统存储过程 sp_helpconstraint 查看指定表上的约束：

```
EXEC sp_helpconstraint class
```

5.2.2 唯一约束

如果要确保一个表中的非主键列不输入重复值，应在该列上定义唯一约束（UNIQUE 约束）。使用唯一约束和主键约束均不允许表中对应字段存在重复值，二者都可以实现实体完整性，但它们之间存在以下区别：

（1）一个表只能定义一个主键约束，但可根据需要对不同的列定义多个唯一约束。

（2）主键约束列的值不允许为 NULL，而唯一约束列的值可为 NULL，但是 NULL 只能在约束列上出现一次。

（3）一般定义主键约束时，系统会自动建立索引，索引的默认类型为聚族索引；定义唯一约束时，系统会自动建立一个非聚族索引。有关索引的概念参见第 6 章。

1. 使用企业管理器定义唯一约束

【例 5-6】在 class 表的“班级名称”列上定义唯一约束，以保证该列取值的唯一性。

操作步骤如下：

（1）打开企业管理器，展开相应的服务器和数据库，选择 class 表图标并右击，从弹出的快捷菜单中选择“设计表”选项，打开 class 表设计器，在表设计器的空白处右击，出现快捷菜单，如图 5-4 所示。

（2）在该快捷菜单中选择“索引/键”选项，也可以单击工具栏中的“管理索引/键”按钮，直接进入“索引/键”选项卡界面，如图 5-5 所示。在该选项卡中，单击“新建”按钮，输入新建索引的名字或使用系统默认名，在“列名”下拉列表框中选择“班级名称”，并设置索引顺序，将“创建 UNIQUE”复选框选中。

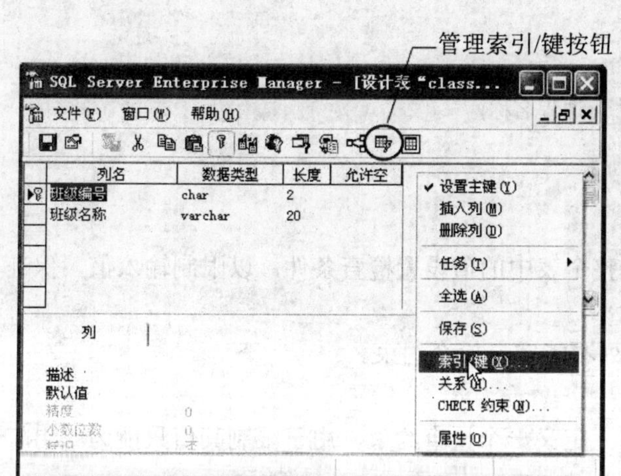

图 5-4 class 表设计器的右键快捷菜单

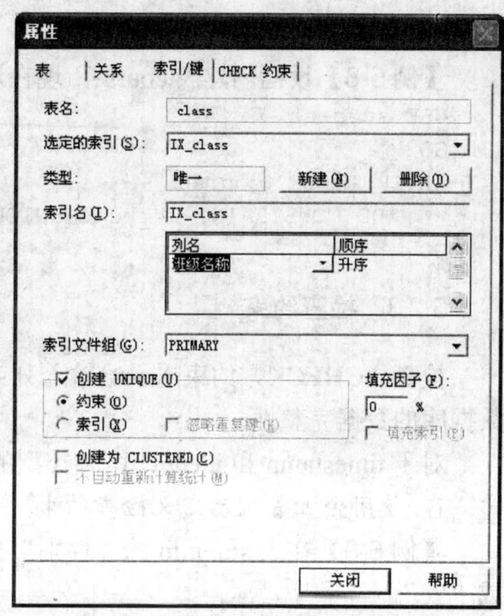

图 5-5 “索引/键”选项卡

（3）单击“关闭”按钮，即完成了唯一约束的定义。

如果要删除唯一约束，可进入如图 5-5 所示的界面，在“选定的索引”下拉列表框中选择要删除的唯一约束，再单击“删除”按钮。

2. 使用 T-SQL 语句定义唯一约束

语法格式：

```
[CONSTRAINT 约束名]
UNIQUE [CLUSTERED|NONCLUSTERED]（列名 [,…,n]）
```

（1）在创建表的同时定义唯一约束。

【例 5-7】创建 class 表的同时，在“班级名称”列上定义唯一约束。

```
USE student
GO
CREATE TABLE class
(
   班级编号 char(2)      NOT NULL,
   班级名称 varchar(20)  NOT NULL CONSTRAINT uk_bjmc UNIQUE
)
GO
```

也可使用下列代码：

```
USE student
GO
CREATE TABLE class
```

```
(
   班级编号  char(2)      NOT NULL,
   班级名称  varchar(20)  NOT NULL,
CONSTRAINT uk_bjmc UNIQUE(班级名称)     /*定义唯一约束*/
)
GO
```

（2）在修改表时定义唯一约束。

【例 5-8】设已创建表 course，现在通过修改表在“课程名称”列上添加唯一约束。

```
USE student
GO
ALTER TABLE  course
   ADD CONSTRAINT uk_kcmc UNIQUE (课程名称)
GO
```

5.2.3 检查约束

检查（CHECK）约束用于给输入列或整个表中的值设置检查条件，以限制输入值，保证数据库的数据完整性。

对于 timestamp 和 identity 两种类型的列不能定义检查约束。

1. 使用企业管理器定义检查约束

【例 5-9】在表 stu_info 的“性别”列上定义一个检查约束，用于限制其值只能为“男”或“女”。

操作步骤如下：

（1）打开企业管理器，展开相应的服务器和数据库，选择 stu_info 表图标并右击，从弹出的快捷菜单中选择“设计表”选项，打开 stu_info 表设计器，在表设计器的空白处右击，出现快捷菜单，如图 5-6 所示。

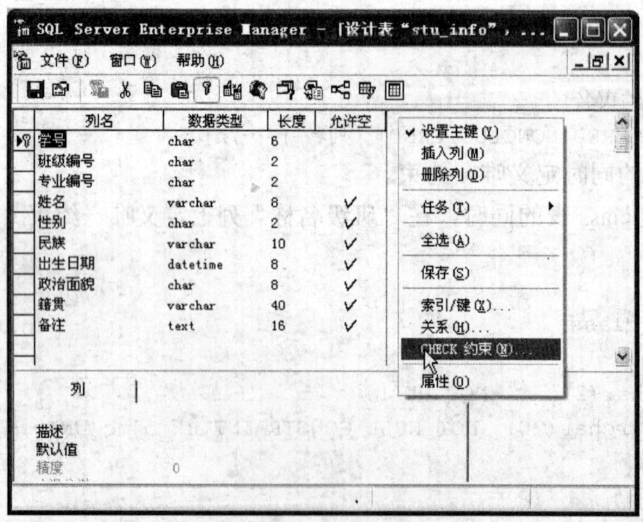

图 5-6 stu_info 表设计器的右键快捷菜单

（2）在该快捷菜单中选择“CHECK 约束”选项，进入“CHECK 约束”选项卡界面，单击“新建”按钮，输入约束表达式“性别='男' OR 性别='女'”，如图 5-7 所示。

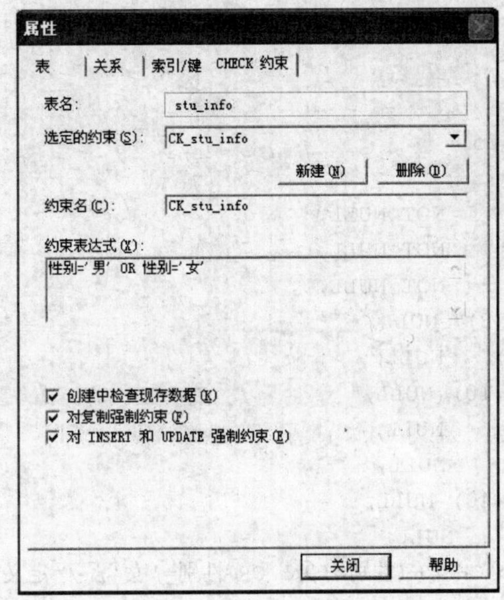

图 5-7 “CHECK 约束”选项卡

（3）单击“关闭”按钮，即完成了检查约束的定义。

定义好检查约束后，在输入数据时，若输入性别不是“男”或“女”，系统将报告错误。

如果要删除检查约束，可进入如图 5-7 所示的界面，在“选定的约束”下拉列表框中选择要删除的检查约束，再单击“删除”按钮。

2. 使用 T-SQL 语句定义检查约束

语法格式：

```
[CONSTRAINT 约束名] CHECK (检查约束表达式)
```

（1）在创建表的同时定义检查约束。

【例 5-10】 创建名为 stu_info 的表的同时定义检查约束，要求“性别”列的输入只能为“男”或“女”。

```
USE student
GO
CREATE TABLE stu_info
(
    学号       char(6)      NOT NULL,
    班级编号   char(2)      NOT NULL,
    专业编号   char(2)      NOT NULL,
    姓名       varchar(8)   NULL,
    性别       char (2)     NULL CHECK(性别='男' OR 性别='女'),
    民族       varchar(10)  NULL,
    出生日期   datetime     NULL,
    政治面貌   char(8)      NULL,
    籍贯       varchar(40)  NULL,
    备注       text         NULL
)
GO
```

也可用以下代码实现：

```
USE student
GO
CREATE TABLE stu_info
(
    学号       char(6)      NOT NULL,
    班级编号   char(2)      NOT NULL,
    专业编号   char(2)      NOT NULL,
    姓名       varchar(8)   NULL,
    性别       char (2)     NULL,
    民族       varchar(10)  NULL,
    出生日期   datetime     NULL,
    政治面貌   char(8)      NULL,
    籍贯       varchar(40)  NULL,
    备注       text         NULL,
    CONSTRAINT ck_xb CHECK(性别='男' OR 性别='女') /*定义检查约束 */
)
GO
```

（2）在修改表的时候定义检查约束。

【例 5-11】设已创建了表 course，现在通过修改表增加一个考核类型的检查约束，要求“考核类型”列的输入只能为“考查”或“考试”。

```
USE student
GO
ALTER TABLE course
ADD CONSTRAINT ck_khlx CHECK(考核类型='考查' OR 考核类型='考试')
GO
```

5.2.4 默认值约束

默认值约束是指在用户未提供某些列的数据时，数据库系统为用户提供的默认值，从而简化应用程序代码，提高系统性能。默认值约束保证了域完整性。

默认值约束所提供的默认值可以是常量、函数、空值（NULL）等，但数据类型必须与所约束列一致。

默认值约束不能用于数据类型为 timestamp 和 identity 属性的列上。

1. 使用企业管理器定义默认值约束

【例 5-12】在表 stu_info 的“民族”列上定义默认值约束，要求该列的默认值为“汉族”。

操作步骤如下：

（1）打开企业管理器，展开相应的服务器和数据库，选择 stu_info 表图标并右击，从弹出的快捷菜单中选择“设计表”选项，打开 stu_info 表设计器窗口，如图 5-8 所示。

（2）选择“民族”列，在默认值栏中输入'汉族'，然后单击工具栏中的“保存”按钮。

如果要删除默认值约束，可在如图 5-8 所示的表设计器中将原来输入的默认值删除，然后单击工具栏中的“保存”按钮。

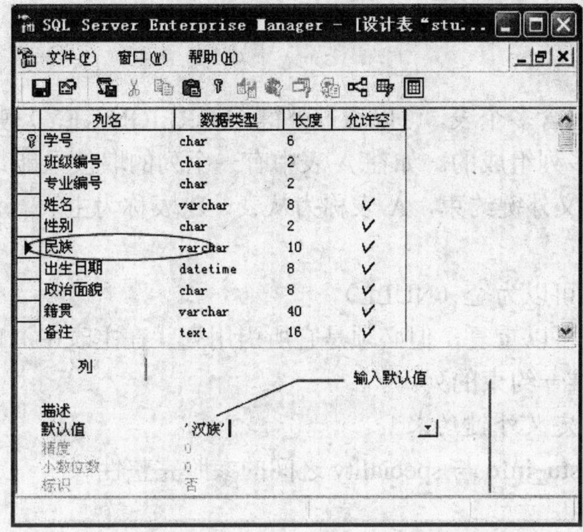

图 5-8　在表设计器窗口中定义默认值约束

2. 使用 T-SQL 语句定义默认值约束

语法格式：

```
[CONSTRAINT 约束名]  DEFAULT 默认值约束表达式 [FOR 列名]
```

（1）在创建表的同时定义默认值约束。

【例 5-13】创建 stu_info 表的同时定义默认值约束，使“民族”列的默认值为“汉族”。

```
USE student
GO
CREATE TABLE stu_info
(
   学号      char(6)      NOT NULL,
   班级编号  char(2)      NOT NULL,
   专业编号  char(2)      NOT NULL,
   姓名      varchar(8)   NULL,
   性别      char (2)     NULL,
   民族      varchar(10)  NULL DEFAULT '汉族',  /* 定义默认值约束 */
   出生日期  datetime     NULL,
   政治面貌  char(8)      NULL,
   籍贯      varchar(40)  NULL,
   备注      text         NULL
)
GO
```

（2）在修改表的时候定义默认值约束。

【例 5-14】设已创建了表 stu_info，添加默认值约束，使“民族”列的默认值为“汉族”。

```
USE student
GO
ALTER TABLE stu_info
   ADD CONSTRAINT df_mz DEFAULT '汉族' FOR 民族
GO
```

5.2.5 外键约束

一个数据库中可能包含多个表，可以通过外键（FOREIGN KEY）使这些表之间关联起来。外键是由表中的一列或多列组成的。如在 A 表中有一个列的取值只能是 B 表中某列的取值之一，则在 A 表该列上定义外键约束，A 表称为从表，B 表称为主表。定义外键约束的列具有以下特点：

（1）外键列的取值可以为空（NULL）。

（2）外键列的取值可以重复，但必须是它所引用列（在主表中）的取值之一。引用列必须是定义了主键约束或唯一约束的列。

1. 使用企业管理器定义外键约束

【例 5-15】建立表 stu_info 与 speciality 之间的参照完整性。

操作步骤如下：

（1）打开企业管理器，展开相应的服务器和数据库，选择 speciality 表图标并右击，从弹出的快捷菜单中选择“设计表”选项，打开 speciality 表设计器，在表设计器的空白处右击，出现快捷菜单，如图 5-9 所示。

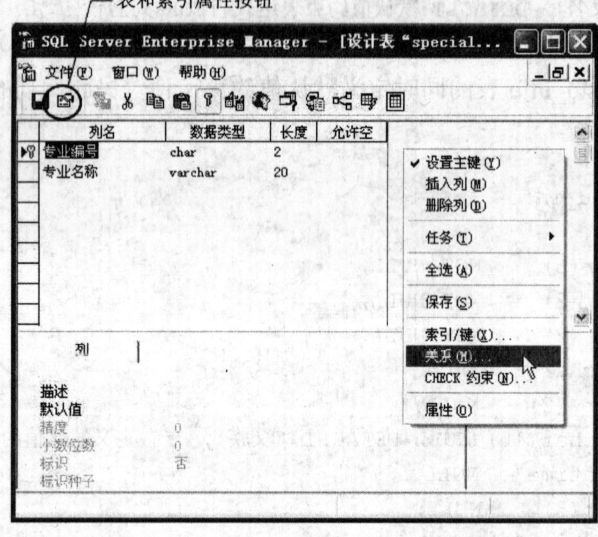

图 5-9 speciality 表设计器的右键快捷菜单

（2）在该快捷菜单中选择“关系”选项，进入“关系”选项卡界面，如图 5-10 所示。也可以单击表设计器窗口工具栏中的“表和索引属性”按钮打开“属性”对话框，在其中选择“关系”选项卡。

（3）在其中单击“新建”按钮，在“主键表”下拉列表框中选择主表 speciality，并在其下的列表框中选择主键列“专业编号”；在“外键表”下拉列表框中选择从表 stu_info，并在其下的列表框中选择外键列“专业编号”。

（4）单击“关闭”按钮，即完成了外键约束的定义。

定义好两表的参照关系后，可以在主表 speciality 和从表 stu_info 中插入或删除数据来验证两表之间的参照关系。

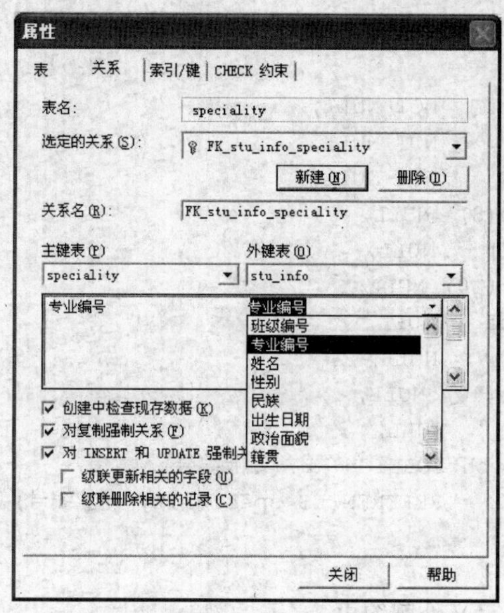

图 5-10　“关系”选项卡

如果要删除外键约束，可打开如图 5-10 所示的关系设置对话框，在“选定的关系”下拉列表框中选择要删除的关系，单击“删除”按钮，出现确认删除对话框，再单击“是”按钮。

2．使用 T-SQL 语句定义外键约束

语法格式：

```
[CONSTRAINT 约束名]   FOREIGN KEY (列名[,…,n])
REFERENCES 主表名(引用列名[,…,n])
```

（1）在创建表的同时定义外键约束。

【例 5-16】创建名为 stu_info 表的同时，在“专业编号”列上定义外键约束。

```
USE student
GO
CREATE TABLE stu_info
(
学号      char(6)     NOT NULL,
    班级编号  char(2)     NOT NULL,
    专业编号  char(2)     NOT NULL
    FOREIGN KEY REFERENCES speciality(专业编号),
    姓名      varchar(8)  NULL,
    性别      char (2)    NULL,
    民族      varchar(10) NULL,
    出生日期  datetime    NULL,
    政治面貌  char(8)     NULL,
    籍贯      varchar(40) NULL,
    备注      text        NULL
)
GO
```

也可用以下代码实现：

```
USE student
GO
```

```
CREATE TABLE stu_info1
(
    学号      char(6)      NOT NULL,
    班级编号  char(2)      NOT NULL,
    专业编号  char(2)      NOT NULL,
    姓名      varchar(8)   NULL,
    性别      char (2)     NULL,
    民族      varchar(10)  NULL,
    出生日期  datetime     NULL,
    政治面貌  char(8)      NULL,
    籍贯      varchar(40)  NULL,
    备注      text         NULL,
    CONSTRAINT fk_zybh FOREIGN KEY(专业编号)
                       REFERENCES speciality(专业编号)
)
GO
```

（2）在修改表的时候定义外键约束。

【例 5-17】设在 student 数据库中已创建了主表 class 和从表 stu_info，并已定义主表中的“班级编号”为主键，现在要通过修改表在从表的“班级编号”列上添加外键。

```
USE student
GO
ALTER TABLE stu_info
    ADD CONSTRAINT fk_bjbh
        FOREIGN KEY(班级编号) REFERENCES class(班级编号)
GO
```

3. 建立关系图时定义外键约束

除了上述方法外，也可以在建立关系图时定义外键约束。操作步骤如下：

（1）在企业管理器中，打开指定的数据库，选择“关系图”并右击，出现快捷菜单，如图 5-11 所示。

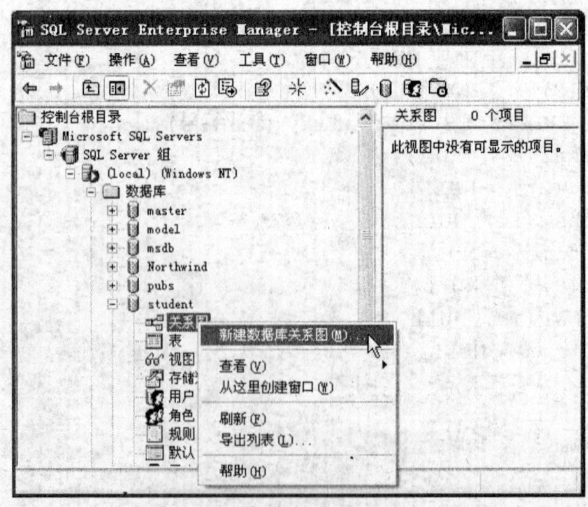

图 5-11 关系图右键菜单

（2）在其中选择“新建数据库关系图”选项，出现创建数据库关系图向导界面，单击“下一步”按钮，进入“选择要添加的表”界面，如图 5-12 所示。

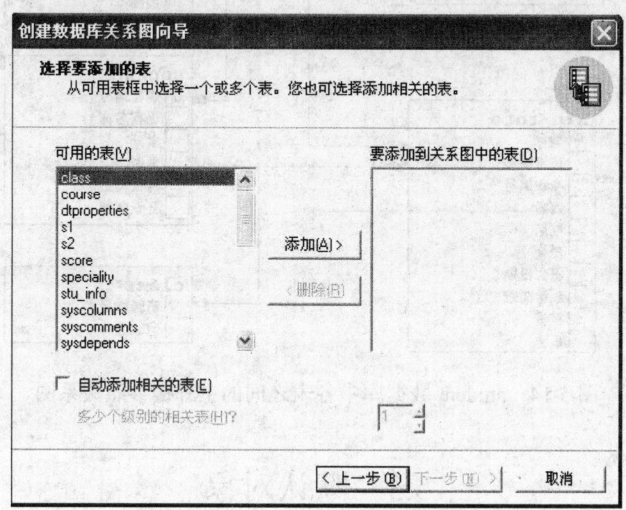

图 5-12　“选择要添加的表”界面

（3）在其中选择要添加到关系图中的表，单击“下一步”按钮，即完成了创建关系图所要求的步骤，然后进入如图 5-13 所示的关系图创建窗口。如果没有为表定义主键列，则应先定义主键列（单击工具栏中的“设置主键”按钮），然后从作为外键的表（选中列左边灰色的小方块）拖住鼠标到作为主键的表，释放鼠标后显示“创建关系”对话框，在该对话框中选择外键列和主键列，编辑关系名称，设置好后保存关系图。本书案例数据库 student 中各表之间的参照关系如图 5-14 所示。

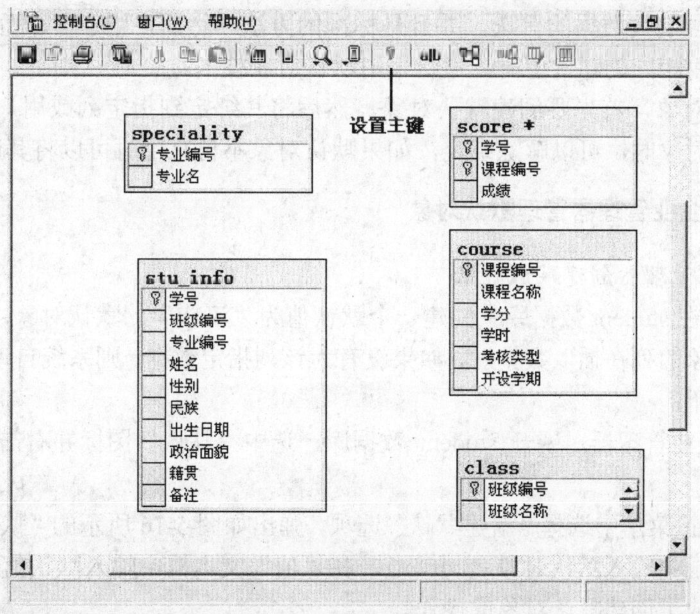

图 5-13　关系图创建窗口

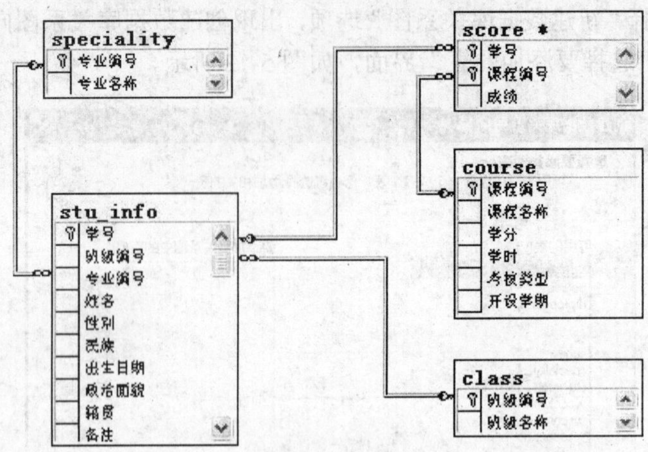

图 5-14 student 数据库中各表之间的主外键参照关系图

5.3 默认对象

默认对象是一种数据库对象，可以绑定到表中的列或用户自定义的数据类型上。当向表中插入数据时，如果没有为绑定有默认对象的列指定数据，那么系统将自动把指定的默认值插入到相应的位置。默认对象是实现域完整性的方法之一。

默认对象和默认约束在功能上是一样的，但两者的使用方式有所区别，默认约束是在创建表或修改表时定义的，嵌入到表的结构之中，在删除表的同时默认约束也被删除。而默认对象需要用 CREATE DEFAULT 语句创建，是一种单独存储的数据库对象，它独立于表之外，删除表时并不能删除默认对象，需要使用 DROP DEFAULT 语句才能删除。

默认约束是限制列数据的首选，并且是标准的方法。然而，当在多个列中，特别是不同表中的列多次使用相同的默认值时，适合采用默认对象技术。

要使用默认对象，首先要创建默认对象，然后将其绑定到指定列或用户自定义数据类型上。当取消默认对象时，可以解除绑定，如果默认对象不再有用时可以将其删除。

5.3.1 使用企业管理器管理默认对象

1. 使用企业管理器创建默认对象

【例 5-18】在 student 数据库中创建一个默认值为“汉族”的默认对象，名称为 df_mz。绑定了该默认对象的列在插入数据时，如果没有为该列指定数据，则系统自动默认为“汉族”。

操作步骤如下：

（1）打开企业管理器，展开 student 数据库，选中“默认”图标并右击，出现如图 5-15 所示的快捷菜单。

（2）在该快捷菜单中选择“新建默认”选项，弹出如图 5-16 所示的“默认属性”对话框，在“名称”文本框中输入默认对象名 df_mz，在“值”文本框中输入默认值'汉族'，单击“确定”按钮，即完成了创建默认对象的操作。

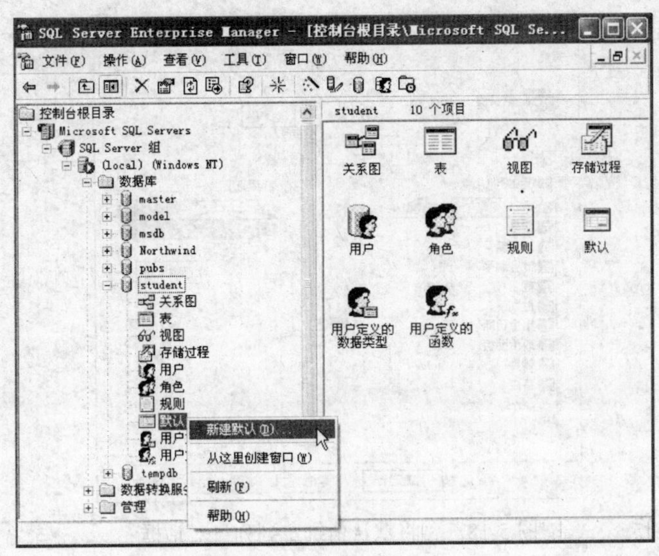

图 5-15　默认值快捷菜单

2. 使用企业管理器绑定默认对象

在数据库中创建一个默认对象后，还必须把该默认对象绑定到表的列或用户自定义数据类型上才能起作用。

【例 5-19】将例 5-18 中创建的默认对象绑定到表 stu_info 的“民族”列上。

操作步骤如下：

（1）选择已经创建的默认对象 df_mz，双击，弹出如图 5-17 所示的“默认属性”对话框。选中默认对象 df_mz 并右击，从弹出的快捷菜单中选择“属性”选项，也可以打开这个默认属性对话框。

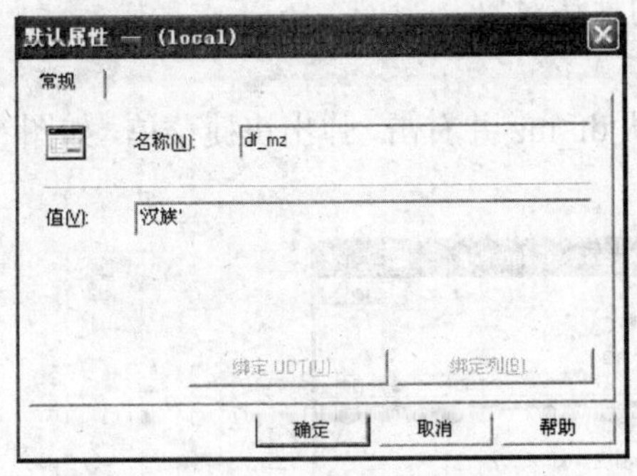

图 5-16　“默认属性”对话框

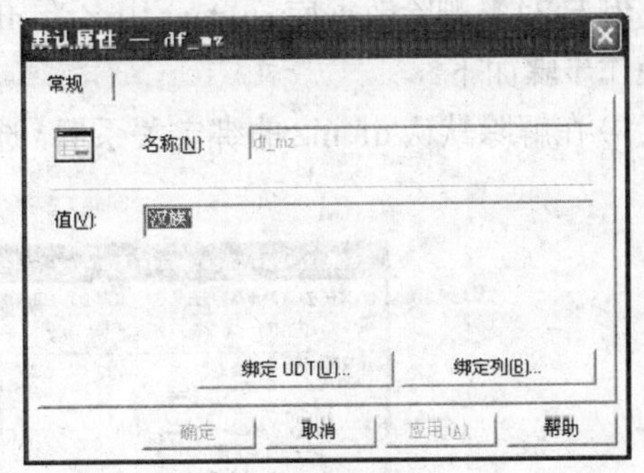

图 5-17　“默认属性”对话框

（2）其中有两个按钮，一个是“绑定 UDT”，即绑定到用户自定义数据类型上；另一个是“绑定列”，本例单击“绑定列”按钮，弹出如图 5-18 所示的“将默认值绑定到列”对话框。

（3）在其中选择表 stu_info，在左边的“未绑定的列”列表框中选择“民族”，单击“添加”按钮，将“民族”添加到右边的“绑定列”列表框中，然后单击“确定”按钮。

3. 使用企业管理器解除默认对象的绑定

解除默认对象的绑定就是把已经绑定到某列或用户自定义数据类型上的默认对象卸掉，使其不再发挥限制作用。

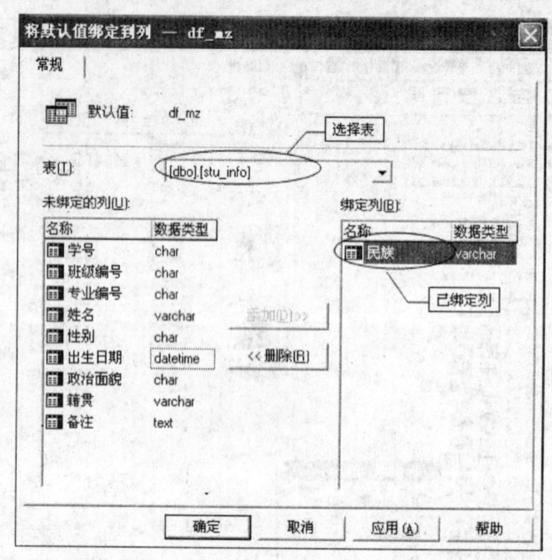

图 5-18 “将默认值绑定到列”对话框

【例 5-20】解除默认对象 df_mz 和 stu_info 表的“民族”列之间的绑定关系。

操作步骤如下：

（1）选择 df_mz 默认对象图标并双击，在弹出的“默认属性”对话框中单击“绑定列”按钮，弹出“将默认值绑定到列”对话框。

（2）选择表 stu_info，在右边的“绑定列”列表框中选择“民族”，单击“删除”按钮。注意此时只是解除绑定关系，默认对象本身并没有删除。

4. 使用企业管理器删除默认对象

在删除一个默认对象之前，应首先解除默认对象与它所绑定的列或用户自定义数据类型之间的绑定关系，然后再进行删除。

【例 5-21】删除数据库 student 中名为 df_mz 的默认对象。

操作步骤如下：

（1）在解除默认 df_mz 的绑定关系后，选择默认 df_mz 并右击，弹出快捷菜单，如图 5-19 所示。

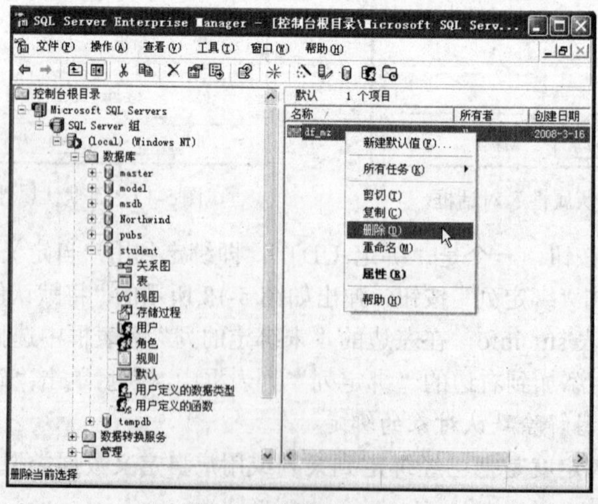

图 5-19 删除默认窗口

（2）在该快捷菜单中选择“删除”选项，弹出“除去对象”对话框，如图 5-20 所示，单击“全部除去”按钮。

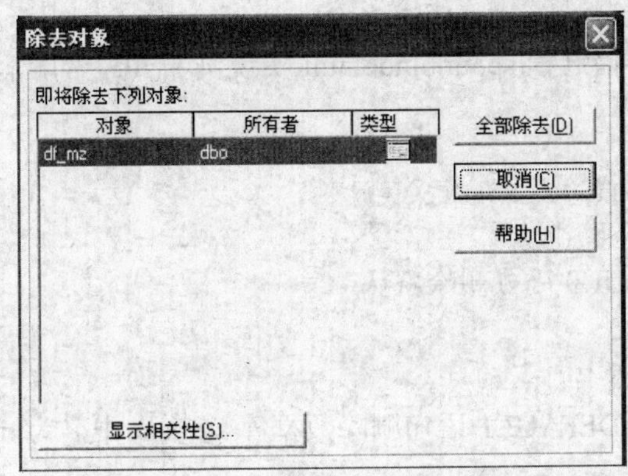

图 5-20　“除去对象”对话框

5.3.2　使用 T-SQL 语句管理默认对象

1. 使用 T-SQL 语句创建默认对象

语法格式：

```
CREATE DEFAULT 默认对象名 AS 常量表达式
```

其中，常量表达式可以包含常量、内置函数、数学表达式，但不能包含任何列名或其他数据库对象。默认对象必须与列数据类型兼容。

注意：CREATE DEFAULT 语句必须是批处理中的第一条语句。

【例 5-22】用 CREATE DEFAULT 语句创建例 5-18 中的默认对象。

```
USE student
GO
CREATE DEFAULT df_mz AS '汉族'
GO
```

可以使用系统存储过程 sp_helptext 来查看指定默认对象的定义文本：

```
EXEC sp_helptext df_mz
```

2. 使用系统存储过程 sp_bindefault 绑定默认对象

语法格式：

```
sp_bindefault  [@defname=]'默认对象名',[@objname=]'目标名称'
```

其中，'目标名称'指绑定默认对象的列名或用户自定义的数据类型。如果绑定到列上，则'目标名称'应采用“表名.列名”的格式。

不能将默认对象绑定到 timestamp 数据类型的列、带 identity 属性的列或者已经有 default 约束的列；将一个新的默认对象绑定到列后，原有的默认对象就会被自动解除绑定，只有最后一个被绑定的默认对象才有效。

【例 5-23】用系统存储过程 sp_bindefault 实现例 5-19 中的绑定。

```
USE student
GO
EXEC sp_bindefault 'df_mz', 'stu_info.民族'
GO
```

3. 使用系统存储过程 sp_unbindefault 语句解除默认对象的绑定

语法格式：

```
sp_unbindefault  [@objname=]'目标名称'
```

【例 5-24】用系统存储过程 sp_unbindefault 实现例 5-20 中的解除默认对象的绑定。

```
USE student
GO
EXEC sp_unbindefault 'stu_info.民族'
GO
```

4. 使用 DROP DEFAULT 语句删除默认

语法格式：

```
DROP DEFAULT 默认对象名[,…,n]
```

【例 5-25】用 DROP DEFAULT 语句删除数据库 student 中名为 df_mz 的默认对象。

```
USE student
GO
IF EXISTS(SELECT name FROM sysobjects
          WHERE name='df_mz' AND TYPE='D')
  DROP DEFAULT df_mz
GO
```

5.4 规则对象

规则对象是数据库对象之一，它的作用类似于 CHECK 约束，即在向表中添加或修改数据时，用它来限制输入值的取值范围。规则对象是实现域完整性的方法之一。

规则对象在功能上与 CHECK 约束相同，但在使用上有所区别。CHECK 约束是在创建表或修改表时定义的，嵌入到表的结构之中，在删除表的同时 CHECK 约束也被删除。而规则对象作为一种单独的数据库对象，需要用 CREATE RULE 语句创建，它独立于表之外，删除表时并不能删除规则对象，需要使用 DROP RULE 语句才能删除。

规则对象的使用方法与默认对象类似，使用前需要先创建规则对象，然后再将其绑定到列或用户自定义的数据类型上。删除规则对象前，也必须先解除该规则对象的绑定。

5.4.1 使用企业管理器管理规则对象

1. 使用企业管理器创建规则对象

【例 5-26】在 student 数据库中创建一个“值大于等于 0 并且小于等于 100”的规则对象，规则对象名为 rule_value，使用了该规则对象的列值被限制为必须大于等于 0 并且小于等于 100。

操作步骤如下：

（1）打开企业管理器，展开 student 数据库，选中“规则”图标并右击，出现如图 5-21 所示的快捷菜单。

（2）在该快捷菜单中选择“新建规则”选项，弹出如图 5-22 所示的“规则属性”对话框，在“名称”文本框中输入规则名 rule_value，在“文本”组合框中输入规则表达式@x>=0 and @x<=100，其中@x 为任意输入的局部变量，当将该规则绑定到某列上时其值被绑定列数据所

代替。例如，将该规则绑定到 score 表的“成绩”列上，当向“成绩”列插入数据或更新数据时，这个数据将传给变量@x，并根据此表达式进行规则验证，如果该数据小于 0 或大于 100 将不能实现插入或更新。

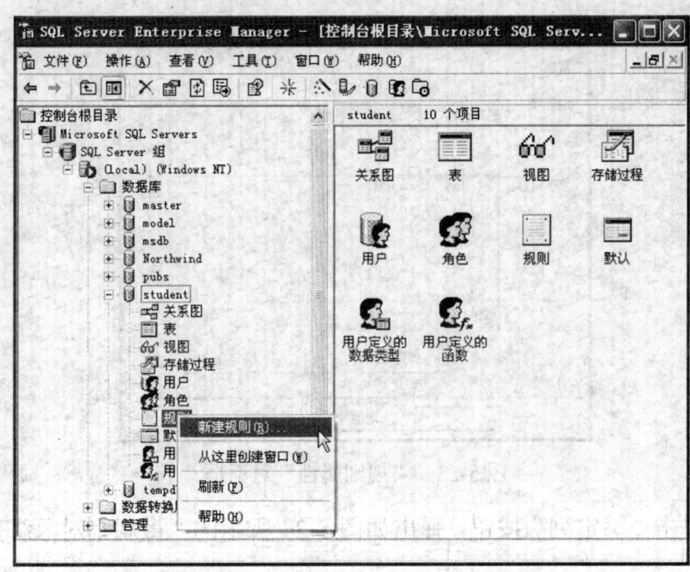

图 5-21　规则的右键快捷菜单

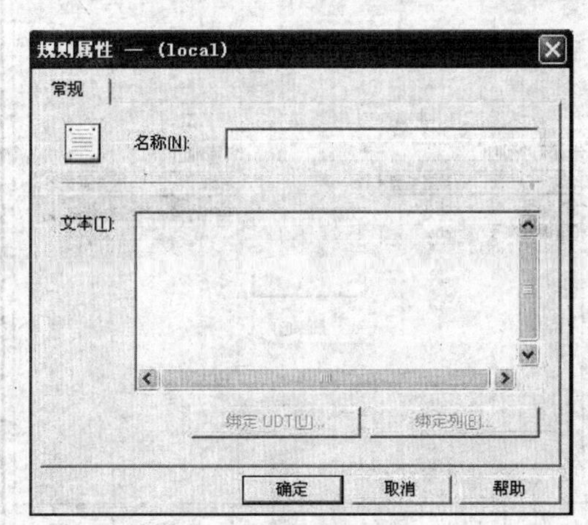

图 5-22　“规则属性”对话框

（3）单击“确定”按钮，即完成了规则对象的创建。

2. 使用企业管理器绑定规则对象

规则对象在创建后并不能直接使用，还必须将该规则对象绑定到表的列或用户自定义数据类型上才能发挥作用。规则对象绑定到列或用户自定义数据类型上之后，当再向表中添加或修改相应的数据时，必须符合规则，否则添加或修改操作不成功。

如果在列或数据类型上已经绑定了规则对象，那么当再次向它们绑定规则对象时，旧的规则对象将自动被新规则对象覆盖。

【例 5-27】将例 5-26 中创建的规则对象 rule_value 绑定到 score 表的“成绩”列上。

操作步骤如下：

（1）选择例 5-26 中创建的规则对象 rule_value 并双击，弹出如图 5-23 所示的“规则属性”对话框。

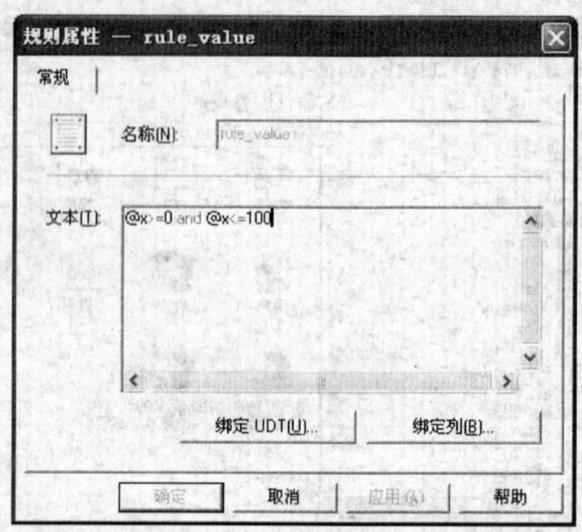

图 5-23　“规则属性”对话框

（2）在其中单击“绑定列”按钮，弹出如图 5-24 所示的“将规则对象绑定到列”对话框。

图 5-24　“将规则绑定到列”对话框

（3）在其中选择表 score，在左边的“未绑定的列”列表框中选择“成绩”，单击“添加”按钮，将“成绩”添加到右边的“绑定列”列表框中，然后单击“确定”按钮。

3．使用企业管理器解除规则对象的绑定

解除规则对象的绑定就是把已经绑定到某列或用户自定义数据类型上的规则对象卸掉，使其不再发挥限制作用。

【例 5-28】解除规则对象 rule_value 与 score 表的“成绩”列之间的绑定关系。

操作步骤如下：

（1）选择 rule_value 规则图标并双击，在弹出的“规则属性”对话框中单击“绑定列”按钮，弹出“将规则绑定到列”对话框。

（2）选择 score 表，在右边的“绑定列”列表框中选择“成绩”，单击“删除”按钮，再单击“确定”按钮。注意此时只是解除绑定关系，规则对象本身并没有删除。

4. 使用企业管理器删除规则对象

在删除一个规则对象之前，应首先解除规则对象与它所绑定列或用户自定义数据类型之间的绑定关系，然后再进行删除。

【例 5-29】删除数据库 student 中名为 rule_value 的规则对象。

其删除过程和默认对象的基本相同，请读者自己练习。

5.4.2 使用 T-SQL 语句管理规则对象

1. 使用 T-SQL 的 CREATE RULE 语句创建规则

语法格式：

```
CREATE RULE AS 规则表达式
```

其中，规则表达式用来指定规则对象的条件，该表达式可以是任何在 WHERE 子句中出现的表达式，但不能包括列名或其他数据库对象名。

注意：CREATE RULE 语句必须是批处理中的第一条语句。

【例 5-30】用 CREATE RULE 语句创建例 5-26 中的规则对象。

```
USE student
GO
CREATE RULE rule_value AS @x>=0 and @x<=100
GO
```

可以使用系统存储过程 sp_helptext 来查看指定规则对象的定义文本：

```
EXEC sp_helptext rule_value
```

2. 使用系统存储过程 sp_bindrule 绑定规则对象

语法格式为：

```
sp_bindrule [@rulename=]'规则名' , [@objname=]'目标名称'
```

其中，'目标名称'指绑定到规则对象的列名或用户自定义的数据类型，如果将规则对象绑定到列，则'目标名称'应采用“表名.列名”的格式。

【例 5-31】用系统存储过程 sp_bindrule 实现例 5-27 中的绑定。

```
USE student
GO
EXEC sp_bindrule 'rule_value','score.成绩'
GO
```

3. 使用系统存储过程 sp_unbindrule 解除规则对象的绑定

语法格式：

```
sp_unbindrule [@objname=]'目标名称'
```

【例 5-32】用 sp_unbindrule 语句实现例 5-28 中的解除规则对象的绑定。

```
USE student
GO
EXEC sp_unbindrule 'score.成绩'
GO
```

4. 使用 DROP RULE 语句删除规则对象

语法格式为：

```
DROP RULE 规则对象名[,…,n]
```

【例 5-33】用 DROP RULE 语句删除数据库 student 中名为 rule_value 的规则对象。

```
USE student
GO
IF EXISTS(SELECT name FROM sysobjects
          WHERE name='rule_value' AND TYPE='R')
  DROP RULE rule_value
GO
```

本章小结

数据完整性技术既是衡量数据库功能高低的指标，也是提高数据库中数据质量的重要手段。本章在介绍数据完整性的概念和类型的基础上，通过实例说明了如何利用表的各种约束来实现数据完整性，并详细讨论了规则对象与默认对象的管理技术。在学习本章时应深入理解表约束与规则对象、默认对象在概念含义上的不同，并能在实际应用中做到合理的应用。

习题五

一、填空题

1. 数据完整性有 3 种类型，分别是________、________和________。

2. 在 SQL Server 中主要有 5 种约束，分别是________、________、________、________、________。

3. ________完整性是保证指定列的数据具有正确的数据类型、格式和有效的数据取值。

4. ________完整性用于保证数据库中数据表的每一个特定实体的记录都是唯一的。

5. 在定义约束时可以在创建表的同时定义，也可以在表建好以后，通过________命令来实现。

6. 当向表中现有的列上添加主键约束时，必须确保该列数据无________值和无________值。

7. 将默认对象绑定到列或自定义数据类型的系统存储过程是________。

8. 将规则对象绑定到列或自定义数据类型的系统存储过程是________。

二、选择题

1. UNIQUE 约束和主键约束是（　　）完整性的体现。

   A. 域完整性　　B. 参照完整性　　C. 实体完整性　　D. 其他

2. 下列（　　）关键字用来定义主键约束。

   A. PRIMARY KEY　　B. UNIQUE　　C. CHECK　　D. FOREIGN KEY

3. 下列（　　）关键字用来定义外键约束。

A．PRIMARY KEY　B．UNIQUE　C．CHECK　D．FOREIGN KEY

4．下列（　）语句用来创建默认对象。

A．DROP　DEFAULT　B．CREATE　DEFAULT

C．CREATE　TABLE　D．CREATE　RULE

5．下列（　）存储过程用来解除默认对象的绑定。

A．sp_bindrule　B．sp_unbindrule

C．sp_bindefault　D．sp_unbindefault

6．下列（　）语句用来创建规则对象。

A．CREATE　RULE　B．DROP　RULE

C．CREATE　TABLE　D．CREATE　DEFAULT

7．下列（　）存储过程用来解除规则对象的绑定。

A．sp_bindrule　B．sp_unbindrule

C．sp_bindefault　D．sp_unbindefault

8．下列（　）存储过程用来查看约束的定义。

A．sp_help　B．sp_helptext

C．sp_helpconstraint　D．sp_helpfile

三、简答题

1．什么是实体完整性？实现实体完整性的方法有哪些？

2．什么是域完整性？实现域完整性的方法有哪些？

3．什么是参照完整性？实现参照完整性的方法有哪些？

4．什么是主键约束？什么是唯一约束？两者有什么区别？

5．什么是规则对象？规则对象与检查约束的区别是什么？

6．什么是默认对象？默认对象与默认约束有什么区别？

第 6 章　视图和索引

视图是一种常用的数据库对象，常用于集中、简化和定制显示数据库中的数据信息，为用户以多种角度观察数据库中的数据提供方便。为了屏蔽数据的复杂性，简化用户对数据的操作或者控制用户访问数据，保护数据安全，常为不同的用户创建不同的视图。

索引是一种特殊的数据库对象，为数据表增加索引，可以大大提高数据的检索效率。

本章主要介绍视图的基本概念、作用以及视图的创建、修改、删除和使用操作，索引的概念、聚集索引和非聚集索引、创建和删除索引等。

6.1 视图概述

1. 视图的概念

视图是一个虚拟表，从一个或多个表中使用 SELECT 语句导出，其内容由查询语句定义生成。那些用来导出视图的表称为基表。视图也可以从一个或多个其他视图中产生。视图作为一种数据库对象，其中保存的是视图的定义，它所对应的数据并不真正地存储在视图中，而是存储在所引用的数据表中。视图的结构和数据是对基表进行查询的结果，因此视图也称为虚拟表。

和真实的表一样，视图在显示时也包括被定义的数据列和多个数据行。在视图中最多可以定义 1024 个字段，这些字段可来自一个或多个基表。视图的记录数只受基表中被引用的记录数的限制。

视图被定义后便存储在数据库中。对视图中数据的操作与对表的操作一样，可以进行查询、修改和删除等，但要满足一定的条件。当对视图中的数据进行修改时，相应基表的数据也将发生变化，同样，若基表的数据发生变化也会自动地反映到视图中来。

2. 视图的作用

在 SQL Server 2000 中，创建了数据库和表后，可以根据需要创建视图。视图具有如下作用：

（1）视图可以为用户聚焦数据。视图让用户能够着重于他们感兴趣的特定数据和所负责的特定任务，不必要的数据可以不出现在视图中。视图还可以让不同的用户以不同的方式看同一个数据集的内容，体现数据库的“个性化”要求。

（2）视图可以简化用户对数据库的操作。使用视图，用户不必了解数据库及实际表的结构就可以方便地使用和管理数据。因为可以把经常使用的联接、投影和查询语句定义为视图，这样在每一次执行相同的查询时，不必重新编写这些复杂的语句，只要一条简单的查询视图语句就可以实现相同的功能。

（3）视图能够对数据提供安全保护。视图可以定制显示数据库中的数据信息。数据库管理者为用户创建视图时，可以只将允许用户使用的数据加入视图，再通过权限设置，使用户不能访问基表。这样，用户只能使用被允许使用的数据，那些不希望用户看到的数据将被保护起来。

（4）可以使用视图组织数据导出。当需要将多个表中的相关数据导出时，可以将数据集中到一个视图内，然后再将视图中的数据导出，从而简化了数据的交换操作。

3. 创建视图前的注意事项

要创建视图，数据库所有者必须具有创建视图的权限，并对视图中要引用的基表或视图具有适当的权限。此外，创建视图之前还要注意以下几点：

（1）只能在当前数据库中创建视图。

（2）一个视图最多可以引用 1024 个列。

（3）视图的名称必须符合 SQL Server 中标识符的命名规则。每个用户所定义的视图名称必须唯一，而且不能与该用户的某个表同名。

（4）可以将视图创建在其他视图或引用视图上，SQL Server 2000 中允许最多 32 层的视图嵌套。

（5）不能将规则、默认值绑定在视图上。

（6）定义视图的查询语句中不能包括 ORDER BY、COMPUTE、COMPUTE BY 子句或 INTO 等关键字。

6.2　创建视图

在 SQL Server 2000 中创建视图有 3 种方法：使用企业管理器、使用创建视图向导和使用 T-SQL 语句中的 CREATE VIEW 命令。

6.2.1　使用企业管理器创建视图

【例 6-1】在 student 数据库中，创建一个名为 score_view01 的视图，使用此视图可以从 stu_info、course 和 score 表中查询出某班学生的学号、姓名、课程名称和成绩。

操作步骤如下：

（1）打开企业管理器，展开控制台目录，依次展开服务器组、服务器、数据库节点。选择要在其中创建视图的数据库（这里我们选择 student 数据库），在其“视图”图标上右击，在弹出的快捷菜单中选择“新建视图”选项，弹出“新建视图”对话框，如图 6-1 所示。

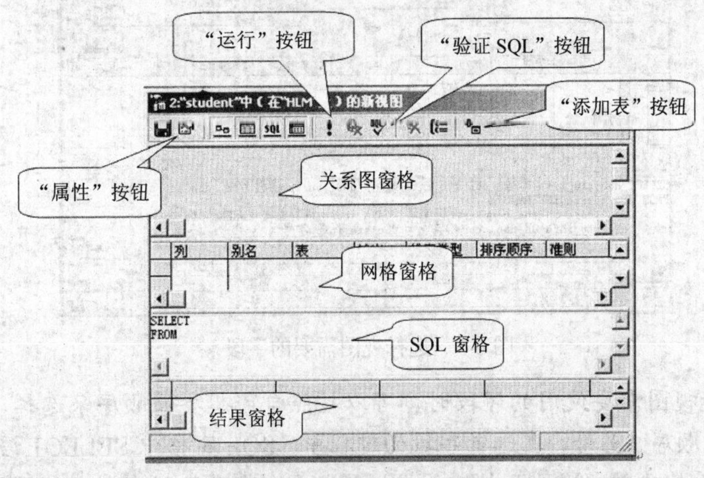

图 6-1　“新建视图”对话框

（2）单击工具栏中的“添加表”按钮；或在关系图窗格的空白处右击，从弹出的快捷菜单中选择“添加表”选项，弹出“添加表”对话框，如图 6-2 所示。可以在其中选择建立新视图的基表、视图或函数。现在我们从中选择 stu_info、course 和 score 三张表，单击“添加”按钮（在这里可以选择一张表单击一次“添加”按钮，也可以按住 Ctrl 键将需要的表全选择好后再单击“添加”按钮），将表添加到创建视图窗口中。单击“关闭”按钮，返回到“新建视图”对话框。

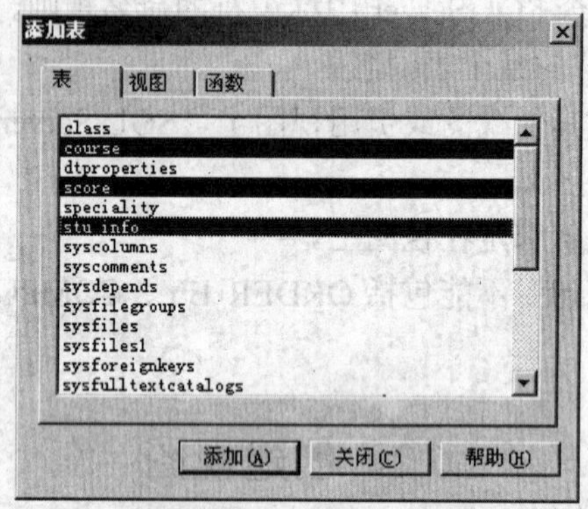

图 6-2　“添加表”对话框

（3）这时在关系图窗格中可以看到所选的表，并且显示出了它们之间的关联。根据新建视图的需要，从表中选择视图引用的列。将列加入视图有 3 种方式：可以在关系图窗格中选择相应表的相应列左边的复选框来完成；也可以通过选择网格窗格中“列”栏中的列名来完成；还可以在 SQL 窗格中输入 SELECT 语句来选择视图需要的列。在此，依次勾选 stu_info 表中的学号、姓名字段，score 表中的成绩字段，course 表中的课程名称字段，如图 6-3 所示。

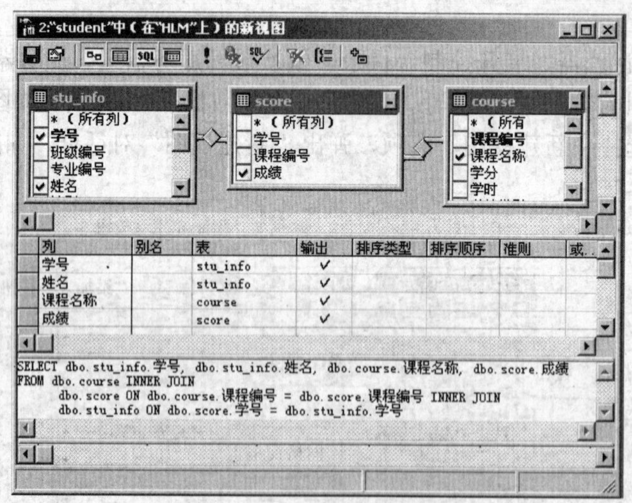

图 6-3　选择视图需要的字段

注意：在选择视图需要使用的字段时，可以按照自己想要的顺序来选择，这样的选择顺序就是在视图中的顺序。另外，在选择字段的过程中，SQL 窗格中 SELECT 语句也随着变化。

（4）在网格窗格中的“准则”栏中设置过滤记录的条件，该条件相当于定义视图的查询语句中的 WHERE 子句。本例中，在“班级编号”的“准则”列中输入= '11'，即创建的视图中只包括班级编号是 11 的记录信息，如图 6-4 所示。

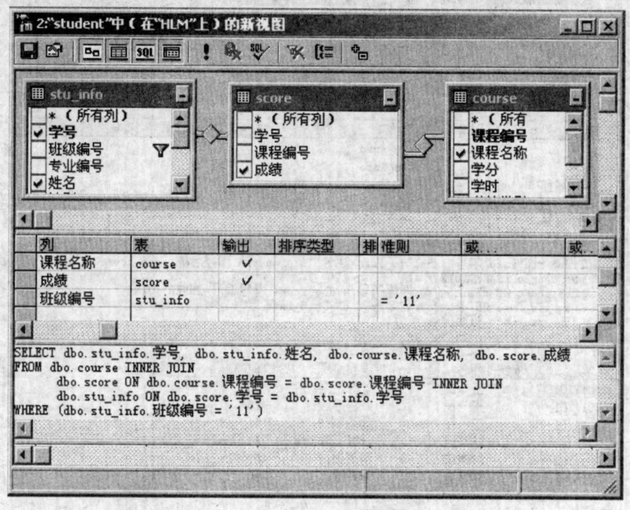

图 6-4　设置定义视图的查询条件

（5）设置视图的其他属性。在“新建视图”对话框中，单击“属性”按钮，弹出“属性”对话框，如图 6-5 所示。在该对话框中，选中“DISTINCT 值”复选框可以指定在视图中不包含重复的记录行；选中“加密浏览”复选框可以对视图定义加密；选中“顶端”复选框并在下面的文本框中输入行数，可以限制视图最多包含的记录数，也可以在行数后面输入 PERCENT 关键字，以指定在结果集中返回百分之几的记录。设置完成后，单击“关闭”按钮返回到“新建视图”对话框。

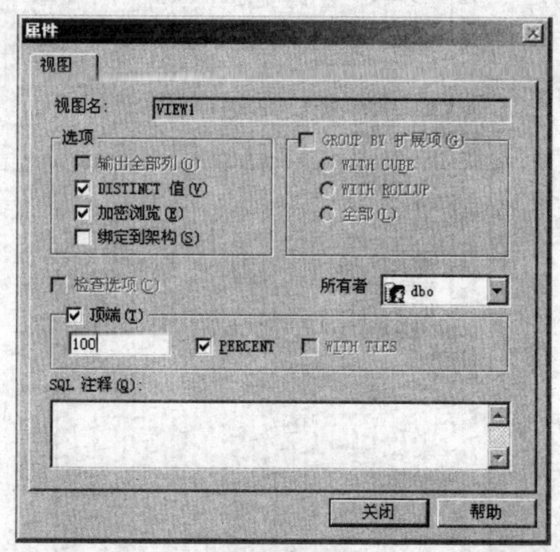

图 6-5　视图“属性”对话框

（6）单击工具栏中的“验证 SQL”按钮，检查 SQL 窗格中 T-SQL 语句的语法是否正确。若语法正确，单击“运行”按钮预览视图返回的结果，如图 6-6 所示。

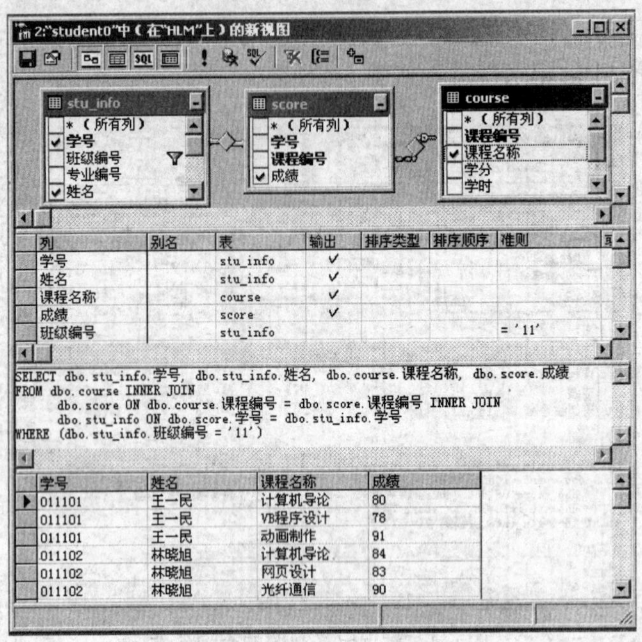

图 6-6 视图运行结果

（7）单击工具栏中的“保存”按钮，在弹出的“另存为”对话框中输入视图的名称，如 score_view01，单击“确定”按钮将视图保存到数据库中。

6.2.2 使用向导创建视图

使用向导创建例 6-1 中的视图，创建步骤如下：

（1）打开企业管理器，单击“工具”→“向导”命令，弹出“选择向导”对话框，如图 6-7 所示。选择“数据库”文件夹下的“创建视图向导”选项。

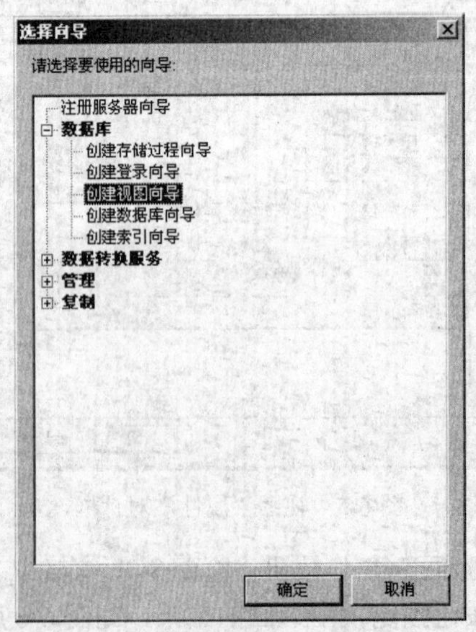

图 6-7 “选择向导”对话框

（2）单击“确定”按钮，出现欢迎使用向导对话框。单击“下一步”按钮，向导提示选择数据库，如图 6-8 所示，“数据库名称”下拉列表框中列出了选定服务器上的所有可用数据库，在此我们选择 student 数据库。

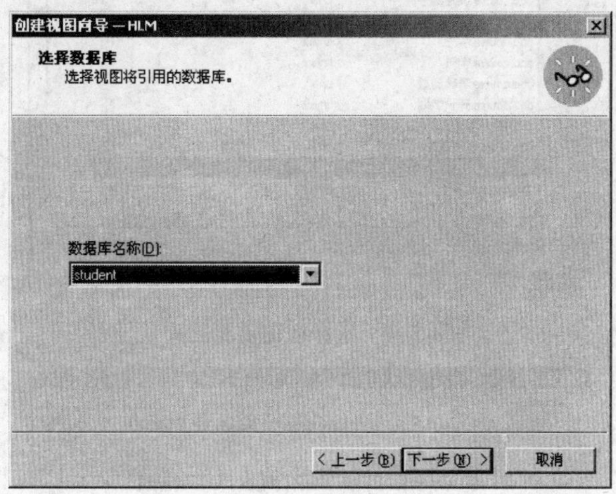

图 6-8　“选择数据库”对话框

（3）单击“下一步”按钮，向导提示选择数据库对象，如图 6-9 所示的对话框中列出了 student 数据库中的所有表。单击视图所需要引用的基表相对应的复选框，使之出现“√”标志。在这里我们选择 stu_info、course 和 score 三张表。

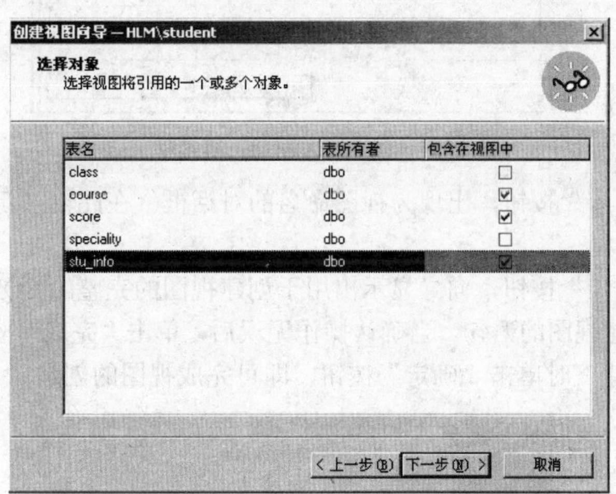

图 6-9　选择数据库对象

（4）单击“下一步”按钮，向导提示选择视图需要的列。从中勾选 stu_info 表中的学号、姓名字段，score 表中的成绩字段，course 表中的课程名称字段，如图 6-10 所示。

（5）单击“下一步”按钮，出现“定义限制”对话框，如图 6-11 所示。在此对话框中输入查询语句的限制条件，限制视图中包含的信息。例如，在文本框中输入：

```
WHERE  stu_info.学号=score.学号 and course.课程编号=score.课程编号
       and stu_info.班级编号='11'
```

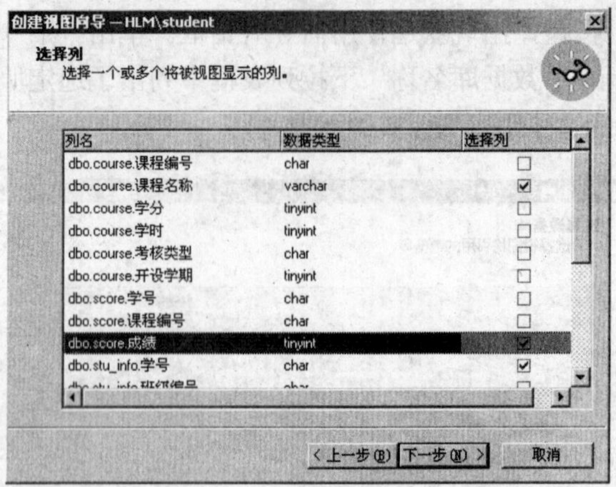

图 6-10 选择视图需要的列

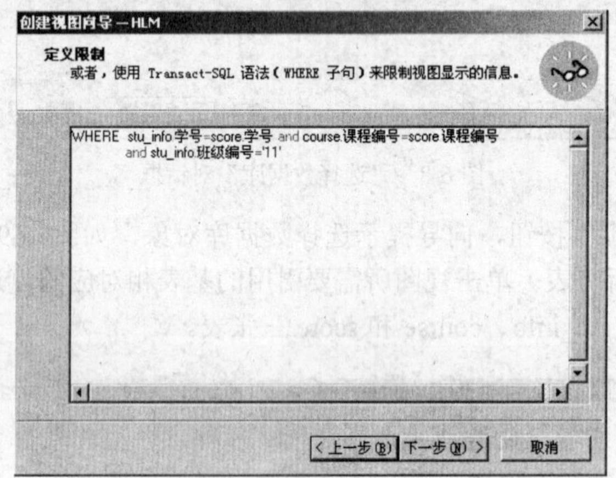

图 6-11 “定义限制”对话框

（6）单击“下一步”按钮，出现为视图命名的对话框。在此输入新创建的视图名称，如 score_view02。

（7）单击“下一步”按钮，向导显示出用于创建视图的完整的 SQL 语句，如图 6-12 所示，在此可以修改创建视图的语句。当确认操作无误后，单击“完成”按钮。最后，出现消息提示“视图已成功创建”时单击“确定”按钮，即可完成视图的创建。

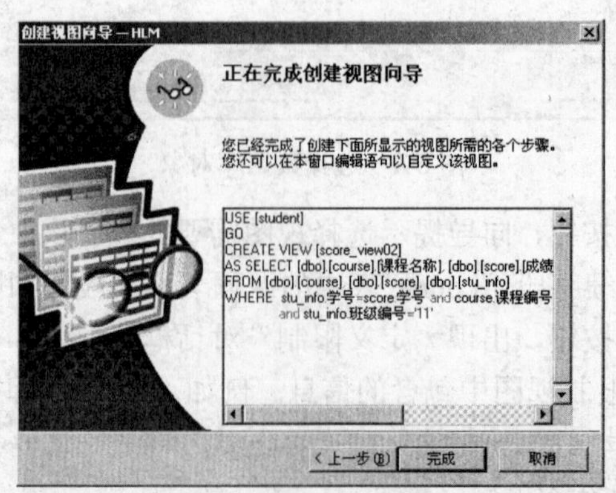

图 6-12 完成创建视图

6.2.3　使用 SQL 语句创建视图

在查询分析器中，用 SQL 语句创建视图的语法格式如下：

```
CREATE VIEW 视图名[(视图列名 1,视图列名 2,…,视图列名 n)]
[WITH ENCRYPTION]
AS
SQL 语句
[WITH CHECK OPTION]
```

参数含义：

（1）视图名：用户创建的视图的名称，它必须符合标识符的命名规则，其名称前可以包含数据库名和所有者名。

（2）视图列名：表示生成视图中的各列的名称，当该参数省略时，以基表中相应列的列名作为视图的列名。当遇到以下情况时，必须为视图指定列名：

- 视图中的某些列来自算术表达式、函数或常量时。
- 当视图中引用的列在不同表中具有相同名称时。
- 希望视图中的列名与基表的列名不相同时。

（3）WITH ENCRYPTION：表示 SQL Server 对包含 CREATE VIEW 语句的文本进行加密。视图的定义信息存储在 syscomments 系统表中，如果使用该选项，则对 syscomments 中的视图定义加密，从而使视图的定义不被他人获得。

（4）SQL 语句：是定义视图的 SELECT 语句。该语句可以使用多个表或其他视图，也可以是使用 UNION 关键字合并起来的多条 SELECT 语句。

（5）WITH CHECK OPTION：强制所有通过视图修改的数据都必须满足定义视图的 SELECT 语句中指定的条件。

注意：CREATE VIEW 语句必须是批处理中的第一条语句。

【例 6-2】在 student 数据库中，创建视图 stu_view01，其内容是所有“网络技术”专业学生的信息。要保证对视图的修改都符合专业名称为“网络技术”这个条件。

```
USE student
GO
CREATE VIEW stu_view01
AS
SELECT 学号,班级编号,姓名,性别,出生日期,籍贯
  FROM stu_info a ,speciality b
  WHERE a.专业编号=b.专业编号 AND 专业名称='网络技术'
  WITH CHECK OPTION
```

【例 6-3】在 student 数据库中，创建视图 score_view03，其内容是“网络技术”专业学生的学号、姓名，以及其选修课程的编号、成绩和学分，并要求加密文本条目。

```
USE student
GO
CREATE VIEW score_view03
WITH ENCRYPTION
AS
SELECT a.学号,姓名,b.课程编号,成绩,学分
```

```
    FROM stu_info a,score b,speciality c,course d
    WHERE a.学号=b.学号 AND a.专业编号=c.专业编号
          AND b.课程编号=d.课程编号 AND 专业名称='网络技术'
GO
```

创建视图时，源表可以是基本表，也可以是视图。

【例 6-4】在视图 score_view03 的基础上创建视图 creditsum_view，其内容是“网络技术”专业每个学生的学号及其所选课程的总学分。

```
USE student
GO
CREATE VIEW creditsum_view (学号,总学分)
AS
SELECT 学号,SUM(学分)
    FROM score_view03
    GROUP BY 学号
GO
```

【例 6-5】假设存在 3 个结构相同的表：jsj05A1、jsj06A1、jsj07A1，它们分别存放计算机 05A1、计算机 06A1 和计算机 07A1 三个班学生的信息，可以创建一个视图 jsj_view 将它们合并在一起。

```
USE student
GO
CREATE VIEW jsj_view
AS
  SELECT * FROM jsj05A1
  UNION
  SELECT * FROM jsj06A1
  UNION
  SELECT * FROM jsj07A1
GO
```

6.3 使用和管理视图

6.3.1 使用视图

视图定义后，可以通过视图检索基表中的数据，在一定条件下还可以通过视图来修改基表中的数据，如插入、修改和删除记录等。

1. 通过视图查询数据

视图定义后，就可以像查询基本表那样对视图进行查询。

【例 6-6】利用视图 stu_view01 查询“网络技术”专业学生的信息。

```
USE student
GO
SELECT * FROM stu_view01
GO
```

和表类似，也可以在企业管理器中查看视图的数据，操作方法是：打开企业管理器，展开数据库和视图，在要查看的视图 stu_view01 上右击，从弹出的快捷菜单中选择“打开视图”→“返回所有行”选项，就会显示该视图中的数据，如图 6-13 所示。

学号	班级编号	姓名	性别	出生日期	籍贯
022101	21	赵晓冬	男	1990-1-25	河北省邢台县
022102	21	刘青云	男	1991-4-10	辽宁省锦州市
022103	21	姜阁	女	1990-10-6	黑龙江省大庆市
022104	21	李金鹏	男	1992-1-15	浙江省温州市
022210	22	刘欢欢	女	1990-4-27	新疆喀什
022212	22	赵建设	男	1991-6-6	河南省焦作市
022214	22	张伟	男	1990-2-18	河南省周口市

图 6-13　通过视图查询数据

【例 6-7】利用视图 creditsum_view 查询“网络技术”专业选修课程总学分在 12 分以上的学生的学号和总学分。

```
USE student
GO
SELECT *
  FROM creditsum_view
  WHERE 总学分>12
GO
```

执行结果为：

```
   学号        总学分
  --------    -------
  022101        13
  022210        13
  022214        14
```

从以上两例可以看出，创建视图可以向最终用户隐藏复杂的表联接，简化了用户的 SQL 程序设计；还可以通过在创建视图时指定限制条件和指定列限制用户对基本表的访问，因而视图也可看做是数据库的安全设施。

使用视图查询时，若其关联的基本表中添加了新字段，则必须重新创建视图才能查询到新字段。如果与视图相关联的表或视图被删除，则该视图将不能再使用。

2. 通过视图更新数据

通过视图可以更新基表中的数据，包括数据插入、数据修改和数据删除。由于视图本身不实际存储数据，它只是显示一个或多个基表的查询结果，更新视图中的数据实质上是在更新视图引用的基表中的数据。因此，通过视图更新数据时应注意以下事项：

（1）修改视图中的数据时每次修改都只能影响到一个基表。如果要修改由两个或两个以上基表得到的视图，必须进行多次修改。

（2）对于基表中需要更新而又不允许空值的所有列，它们的值在 INSERT 语句或 DEFAULT 定义中指定，这将确保基表中所有需要值的列都可以获取值。

（3）如果在定义视图的 SELECT 语句中使用了聚合函数或 TOP、GROUP BY、UNION 子句及 DISTINCT 关键字，则不允许对视图进行插入或修改。

（4）如果在创建视图时指定了 WITH CHECK OPTION 选项，则所有在视图上执行的修改语句都必须符合定义视图时所设定的 WHERE 条件。

（5）当视图数据来自两个或多个基表时，则不允许删除该视图的数据。

（6）在基表的列中更新的数据必须符合对这些列的约束条件，如是否为空、约束、DEFAULT 定义等。

【例 6-8】在 student 数据库中创建一个视图，并利用该视图插入一条新的学生记录。

```
USE student
GO
/*创建视图 dz_view*/
CREATE VIEW dz_view
AS
    SELECT *
    FROM stu_info
    WHERE 专业编号='03'
GO
/*通过视图插入一条新记录*/
INSERT INTO dz_view
   VALUES('033205','32','03','李菲','女','汉族',1991-10-1,NULL,
          '河北保定',NULL)
GO
```

使用 SELECT 语句查询 dz_view 所依据的基本表 stu_info：

```
SELECT * FROM stu_info
```

将会看到该表中已添加了通过视图插入的记录。

【例 6-9】将视图 dz_view 中学号为 033205 的记录的班级编号改为 31，学号改为 033105。

```
USE student
GO
UPDATE dz_view
 SET 班级编号='31',学号='033105'
 WHERE 学号='033205'
GO
```

【例 6-10】删除视图 dz_view 中学号为 033105 的学生记录。

```
USE student
GO
DELETE FROM dz_view
  WHERE 学号='033105'
GO
```

6.3.2 查看视图信息

建立视图以后，可以使用企业管理器查看视图的信息，也可以使用 sp_help 和 sp_helptext 命令查看视图信息。

1. 使用企业管理器查看视图信息

（1）打开企业管理器，展开控制台目录，依次展开服务器组、服务器、数据库节点。

（2）单击相应的数据库（这里我们选择 student 数据库），选择“视图”节点。这时右侧窗格列表中将显示当前数据库中的所有视图。

（3）选中需要查看的视图，如 stu_view01，双击；或者右击，在弹出的快捷菜单中选择“属性”选项，弹出“查看属性”对话框，如图 6-14 所示。在该对话框中不仅可以看到视图的定义信息，还可以根据需要修改视图的定义，并通过“检查语法”按钮检验语句的正确性。

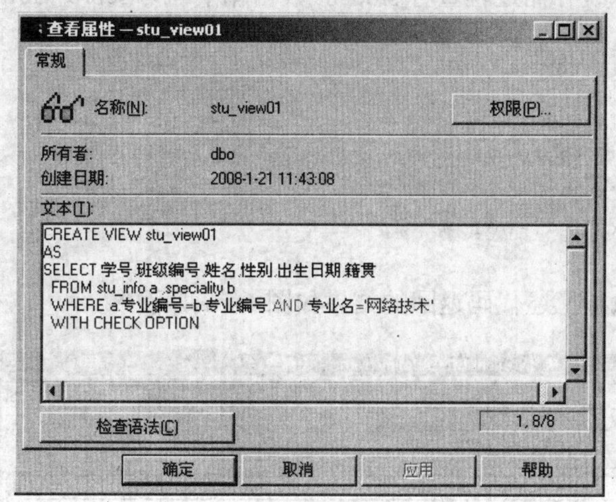

图 6-14　“查看属性”对话框

（4）如果要查看视图的相关性信息，可以在要查看的视图（如 stu_view01）上右击，从弹出的快捷菜单中选择“所有任务”→“显示相关性”选项，打开视图的“相关性”对话框，如图 6-15 所示。

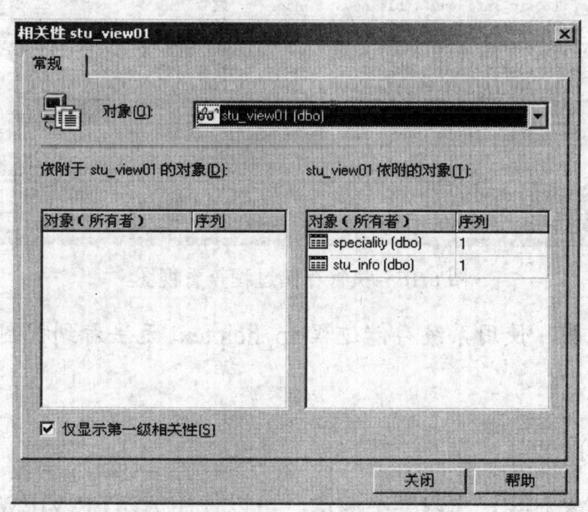

图 6-15　视图的“相关性”对话框

2. 使用系统存储过程查看视图信息

在 SQL Server 中，根据不同的需要，可以使用 sp_helptext、sp_depends、sp_help 等系统存储过程来查看视图的不同信息。每个系统存储过程的具体作用和语法如下：

（1）使用 sp_help 查看视图的基本信息。语法格式为：

```
[EXECUTE]  sp_help  视图名
```

（2）使用 sp_helptext 查看视图的定义信息。语法格式为：

```
[EXECUTE]  sp_helptext 视图名
```

（3）使用 sp_depends 查看视图的相关性。语法格式为：

```
[EXECUTE]  sp_depends  视图名
```

【例 6-11】使用系统存储过程查看 student 数据库中名为 score_view01 的视图的定义、相关性以及基本信息。

```
USE student
GO
EXEC sp_helptext score_view01
EXEC sp_depends score_view01
EXEC sp_help score_view01
GO
```

在查询分析器中执行上述代码返回的结果如图 6-16 所示。

图 6-16 执行存储过程查看视图

注意：对于加密视图，使用系统存储过程 sp_helptext 无法看到视图定义的文本信息。

6.3.3 修改视图

1. 修改视图的定义

视图被定义后，如果对其定义内容不满意，可以使用 ALTER VIEW 语句对其进行修改，对于没有加密的视图还可以在企业管理器中进行修改。

在企业管理器中展开数据库和视图，在需要修改的视图（如 stu_view01）上右击，从弹出的快捷菜单中选择“设计视图”选项，将出现如图 6-17 所示的窗口。在其中可以对视图定义进行修改，修改完成后单击“保存”按钮即可。

注意：对加密存储的视图定义不能在企业管理器中通过界面修改，可以使用 ALTER VIEW 语句修改。

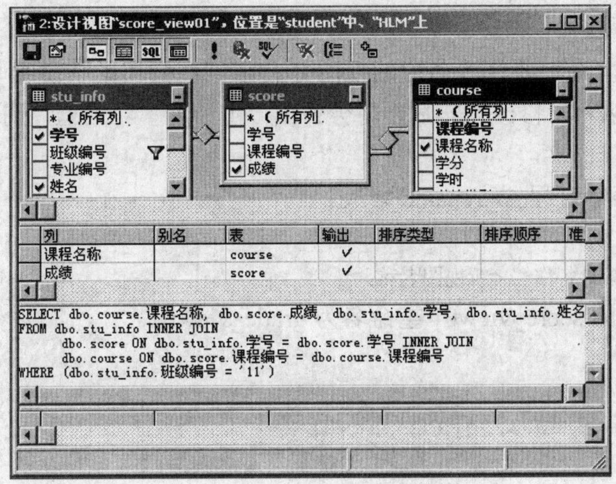

图 6-17　“设计视图”窗口

如果使用 ALTER VIEW 语句修改视图，其语法格式为：

```
ALTER VIEW 视图名[(视图列名1,视图列名2,…,视图列名n)]
[WITH ENCRYPTION]
AS
SQL语句
[WITH CHECK OPTION]
```

其参数的含义与 CREATE VIEW 语句中的含义相同。

【例 6-12】将视图 stu_view01 修改为只包含“网络技术”专业 1990 年出生的学生的信息。

```
ALTER VIEW stu_view01
AS
SELECT 学号,班级编号,姓名,性别,出生日期,籍贯
  FROM stu_info a ,speciality b
  WHERE a.专业编号=b.专业编号 AND 专业名称='网络技术'
      AND 出生日期 BETWEEN '1990-1-1' AND '1990-12-31'
  WITH CHECK OPTION
```

本例中 1990 年出生也可以表示为：year(出生日期)=1990。

【例 6-13】视图 score_view03 是加密视图，修改其定义，使其包含“网络技术”专业学生的学号、姓名以及其选修课程的名称和成绩。

```
USE student
GO
ALTER VIEW score_view03
WITH ENCRYPTION
AS
SELECT a.学号,姓名,d.课程名称,成绩
FROM stu_info a,score b,speciality c,course d
WHERE a.学号=b.学号 AND a.专业编号=c.专业编号
     AND b.课程编号=d.课程编号 AND 专业名称='网络技术'
GO
```

2. 重命名视图

重命名视图可以通过企业管理器来完成，也可以通过系统存储过程 sp_rename 来完成。

（1）使用企业管理器修改。

在企业管理器中，选中要修改名称的视图并右击，在弹出的快捷菜单中选择“重命名”选项即可修改视图的名称。修改完毕后，将会弹出“重命名”对话框，询问是否重命名，单击“是”按钮完成视图重命名。

（2）使用系统存储过程 sp_rename 修改。

语法格式如下：

```
sp_rename  <原视图名称>,<新视图名称>
```

【例 6-14】将视图 score_view01 重命名为 grade_view01。

```
USE student
GO
sp_rename score_view01, grade_view01
GO
```

6.3.4 删除视图

当不再需要时可以删除视图，删除视图不会影响基表中的数据。若在某视图上创建了其他数据库对象，则该视图仍然可以被删除掉，但是任何创建在该视图之上的数据库对象的操作将会发生错误。

1. 使用企业管理器删除视图

在企业管理器中选择对应数据库中要删除的视图，右击，在弹出的快捷菜单中选择“删除”选项；或者直接按 Delete 键，此时弹出“除去对象”对话框，如图 6-18 所示。单击“全部除去”按钮，即完成了指定视图的删除。

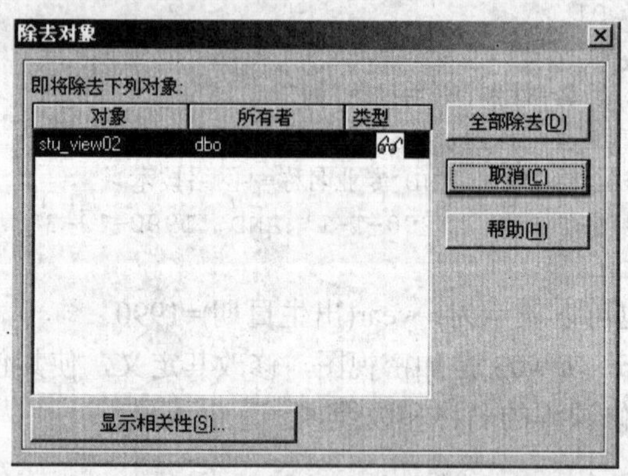

图 6-18 “除去对象”对话框

2. 使用 DROP VIEW 语句删除视图

语法格式：

```
DROP  VIEW  视图名 [,…,n]
```

功能：从当前数据库中删除一个或多个视图，视图名之间用逗号分隔。

【例 6-15】检查 student 数据库中是否有视图 stu_view01，若有，则删除该视图。

```
USE student
GO
IF EXISTS(SELECT TABLE_NAME FROM INFORMATION_SCHEMA.VIEWS
      WHERE TABLE_NAME='score_view01')
```

```
DROP VIEW score_view01
GO
```

6.4　索引的概念及分类

1. 索引的概念

索引是为了加速检索而创建的一种存储结构。索引是针对一张表而建立的。索引与书的目录类似，表中的数据类似于书的内容。如果想在一本书中查找所需的信息，可以利用目录快速定位，无须翻阅整本书。类似地，索引记录了表中的关键值和指向表中相应行的指针，并按照关键值排序。如果表中没有索引，则查询时系统从头开始对整个表进行逐行扫描，直到扫描到所需的数据为止；如果有索引存在，则查询时首先在索引表中查询索引值，再根据索引的指针找到表中相应的数据。

在数据库中建立索引主要有以下作用：

（1）加快数据检索速度。

（2）通过创建唯一索引保证数据记录的唯一性。

（3）能加快联接、ORDER BY 和 GROUP BY 子句的执行速度。

值得指出的是，虽然索引可以提高系统的性能，但也要付出一定的代价。例如，创建索引要花费一定时间并占用存储空间。索引虽然加快了数据检索速度，但增加了数据更新时间。因为当执行数据插入、修改或删除操作的同时，也需要对索引中的信息进行更新维护，这样势必增加系统开销。所以，在一个应用系统中，索引也不是越多越好。对那些很少用作查询条件的列以及只有很少数据取值的列（如性别字段），不要建立索引。

2. 索引的分类

SQL Server 2000 中提供了以下几种索引：

（1）聚集索引（Clustered Index）。聚集索引是指表中数据行的物理存储顺序与索引顺序完全相同。当为一个表的某列创建聚集索引时，表中的数据会按该列进行重新排序，然后再存储到磁盘上。因此，每个表只能创建一个聚集索引。

聚集索引一般创建在表中经常搜索的或者按顺序访问的列上。因为聚集索引对表中的数据进行了排序，当使用聚集索引找到包含的第一个值后，其他连续的值就在附近了。

如果表中没有创建其他的聚集索引，则在表的主键列上自动创建聚集索引。

（2）非聚集索引（Non-Clustered Index）。非聚集索引不改变表中数据行的物理存储顺序，即索引中的逻辑顺序并不等同于表中记录行的物理顺序。索引仅仅记录指向表中行的位置的指针，这些指针本身是有序的，通过这些指针可以在表中快速地定位数据。非聚集索引作为与表分离的对象存在，可以为表中每一个常用于查询的列定义非聚集索引。

下面举一个例子，来加深对非聚集索引的了解。如图 6-19 所示，假设 class 表的数据是按表（b）中的顺序存储的，表（a）是为 class 表的“班级编号”列建立的索引，其中第一列为索引列“班级编号”，后一列是每条记录在表中的存储位置（通常称为指针）。现在查找班级编号为 23 的记录。如果全表扫描需要从第一行记录扫描到最后一条记录；如果利用索引，先在索引表中找到班级编号为 23 的行，然后根据索引表中的指针地址（假设为 9）到 class 表中直接找到第 9 条记录，这样大大提高了检索速度。

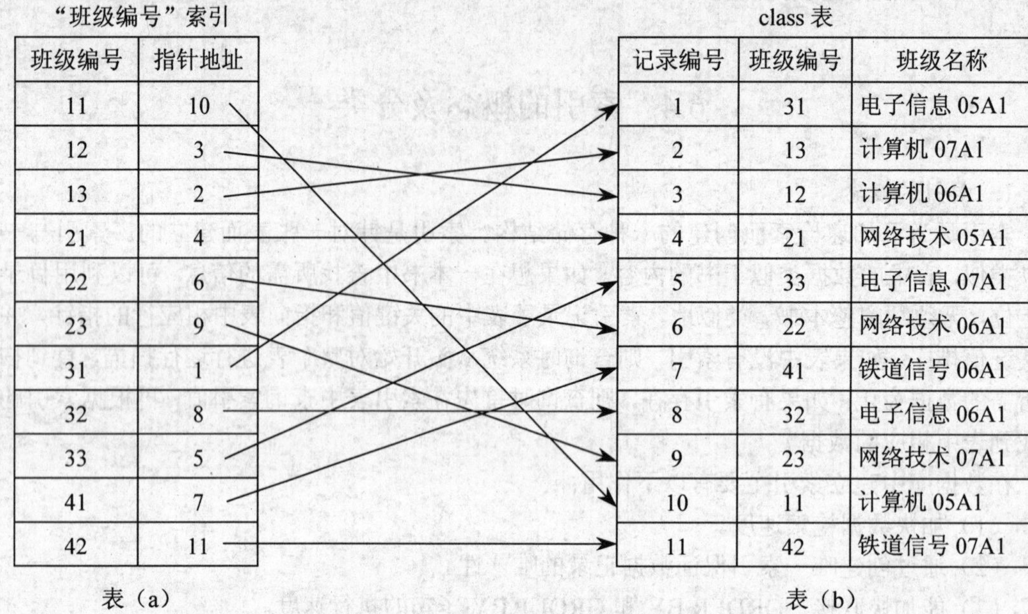

“班级编号”索引

班级编号	指针地址
11	10
12	3
13	2
21	4
22	6
23	9
31	1
32	8
33	5
41	7
42	11

表（a）

class 表

记录编号	班级编号	班级名称
1	31	电子信息 05A1
2	13	计算机 07A1
3	12	计算机 06A1
4	21	网络技术 05A1
5	33	电子信息 07A1
6	22	网络技术 06A1
7	41	铁道信号 06A1
8	32	电子信息 06A1
9	23	网络技术 07A1
10	11	计算机 05A1
11	42	铁道信号 07A1

表（b）

图 6-19　非聚集索引示例

为一个表创建索引，在默认情况下都是非聚集索引。在一个列上设置唯一性约束时，系统也将自动在该列上创建非聚集索引。

一个表中最多只能有一个聚集索引，但可以有一个或多个非聚集索引。如果在一个表中既要创建聚集索引，又要创建非聚集索引时，应先创建聚集索引，然后再创建非聚集索引，因为创建聚集索引时将改变数据记录的物理存放顺序。

（3）唯一索引（Unique Index）。聚集索引和非聚集索引是按照索引的结构划分的。按照索引实现的功能还可以划分为唯一索引和非唯一索引。一个唯一索引能够保证在创建索引的列或多列的组合上不包括重复的数据，聚集索引和非聚集索引都可以是唯一索引。

在创建主键约束和唯一约束的列上会自动创建唯一索引。

6.5　索引的实施

6.5.1　创建索引

在 SQL Server 2000 中创建索引有 3 种方法：使用企业管理器、使用创建索引向导和使用 T-SQL 语句中的 CREATE INDEX 命令。

1．使用企业管理器创建索引

使用企业管理器创建索引的步骤如下：

（1）打开企业管理器，展开相应的服务器和数据库，选择要创建索引的表（如 student 数据库中的 stu_info 表）并右击，在弹出的快捷菜单中选择“所有任务”→“管理索引”选项，弹出如图 6-20 所示的对话框。在该对话框中显示了当前表已有的索引，包含其名称、是否是聚集索引以及对应的字段。

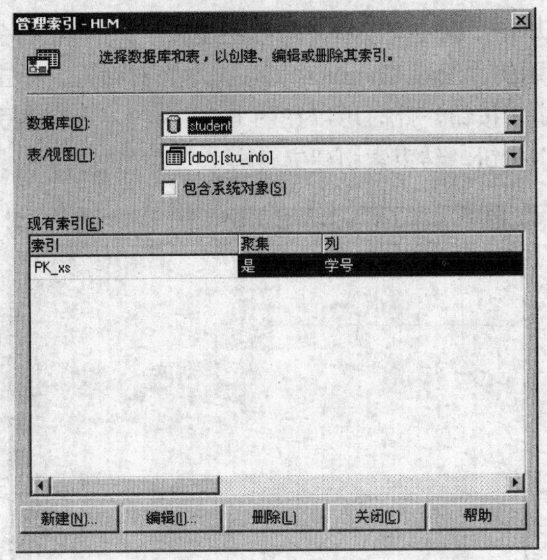

图 6-20　“管理索引”对话框

（2）如果要在当前表中增加一个新的索引，则单击“新建”按钮，弹出“新建索引”对话框，如图 6-21 所示。

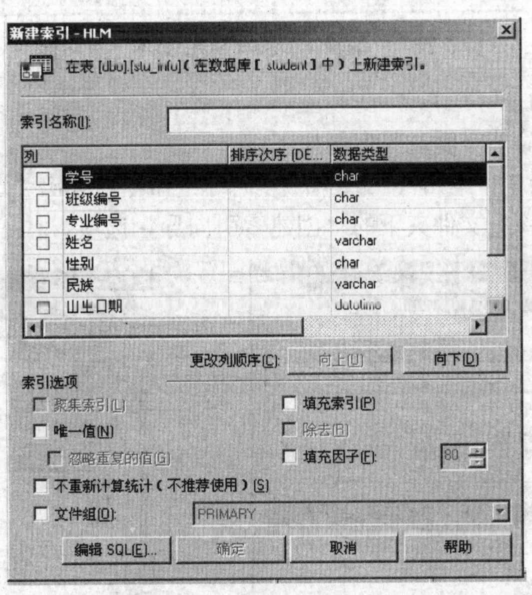

图 6-21　“新建索引”对话框

（3）在“索引名称”文本框中输入新建索引的名称，在字段列表中单击字段名左边的复选框以选择包含在索引中的字段，可以是一个字段或多个字段的组合；也可以设定索引的属性，如是否聚集索引、是否唯一索引等；还可指定填充度属性。这里输入的索引名称为 xm_index，选中“姓名”字段前的复选框，并选中该行“排序次序”列中的复选框，使索引按姓名字段的降序排列。

在“新建索引”对话框中，“聚集索引”复选框是灰色的，因为 stu_info 表已经在“学号”列上创建了一个 PK_xs 聚集索引。一个表中只能创建一个聚集索引，所以不能再创建聚集索引了。

（4）设置完成后，单击“确定”按钮，即可创建一个新的索引。也可以单击“编辑 SQL”按钮，弹出如图 6-22 所示的“编辑 Transact-SQL 脚本”对话框，单击“执行”按钮则创建一个新的索引。单击“确定”按钮，此时可以在图 6-23 中的“现有索引”列表框中看到刚刚建立的索引。单击“关闭”按钮，结束索引建立过程。

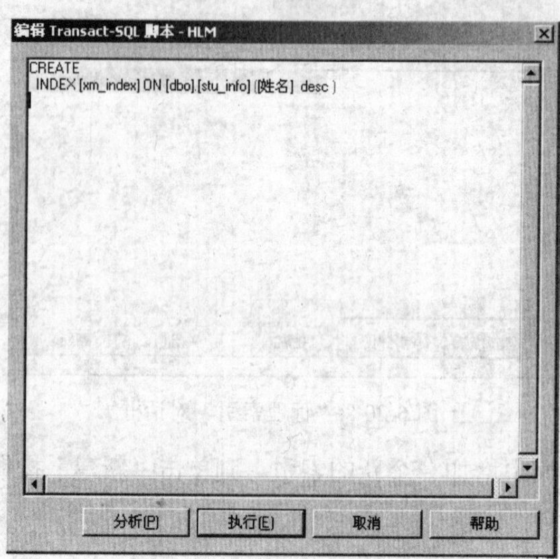

图 6-22 “编辑 Transact-SQL 脚本”对话框

2. 使用创建索引向导

使用向导创建索引简单方便，其步骤如下：

（1）在企业管理器中，单击“工具”→“向导”命令，弹出“选择向导”对话框，如图 6-24 所示。选择“数据库”文件夹下的“创建索引向导”选项。

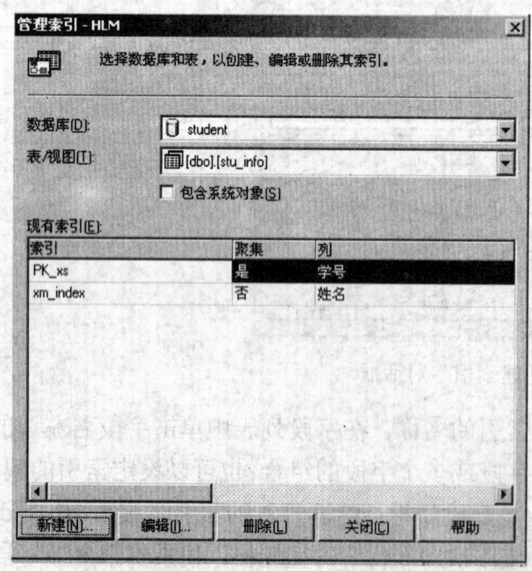

图 6-23 “管理索引”对话框

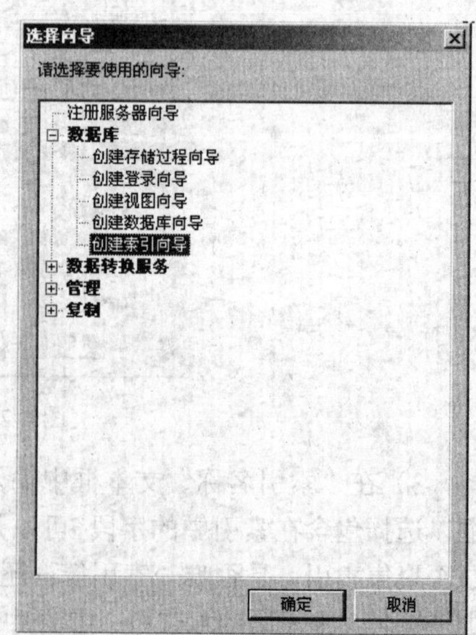

图 6-24 “选择向导”对话框

（2）单击“确定”按钮，出现欢迎使用向导对话框。单击“下一步”按钮，向导提示选择数据库和表，从“数据库名称”下拉列表框中选择数据库，从“对象名”中选择表。在此我们选择 student 数据库的 class 表。

（3）单击“下一步”按钮，弹出“当前的索引信息”对话框，如图 6-25 所示。在该对话框中显示了目前已存在的索引，其中 PK_class 是在建表时创建的，其他以_WA 开头的索引是系统建立的。

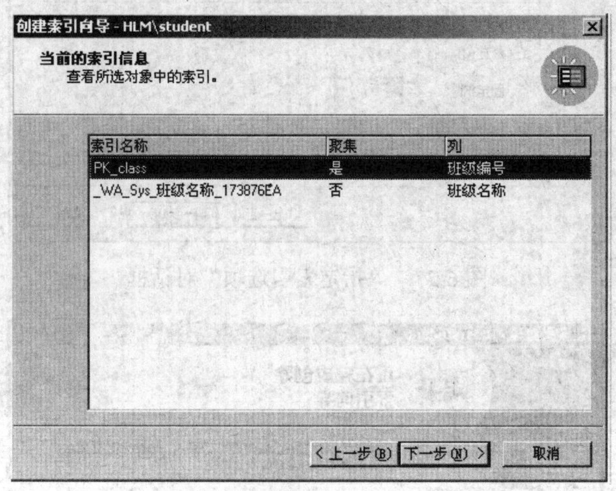

图 6-25　“当前的索引信息”对话框

（4）单击“下一步”按钮，弹出“选择列”对话框，如图 6-26 所示。从中选择需要创建索引的列，如“班级名称”。

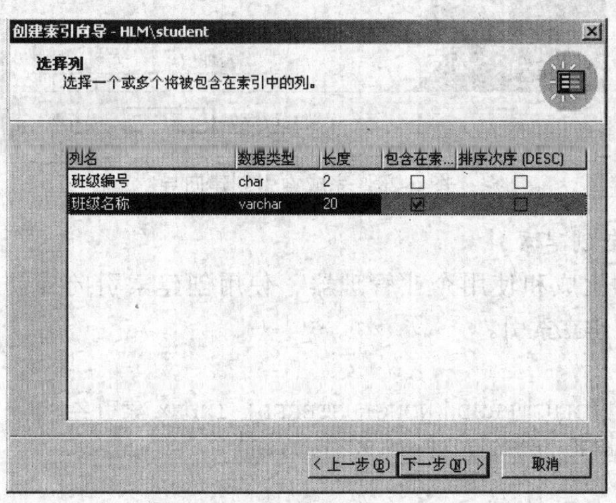

图 6-26　“选择列”对话框

（5）单击“下一步”按钮，弹出“指定索引选项”对话框，如图 6-27 所示。在这里设置索引的属性，可以设置聚集索引或唯一索引，还可以设置填充因子。

（6）单击“下一步”按钮，弹出如图 6-28 所示的对话框，其中显示了该索引的名称以及创建索引的列。可以在“名称”文本框中为新建索引重新指定一个名称，然后单击“完成”按钮，出现消息提示“创建索引成功”时单击“确定”按钮，即可完成索引的创建。

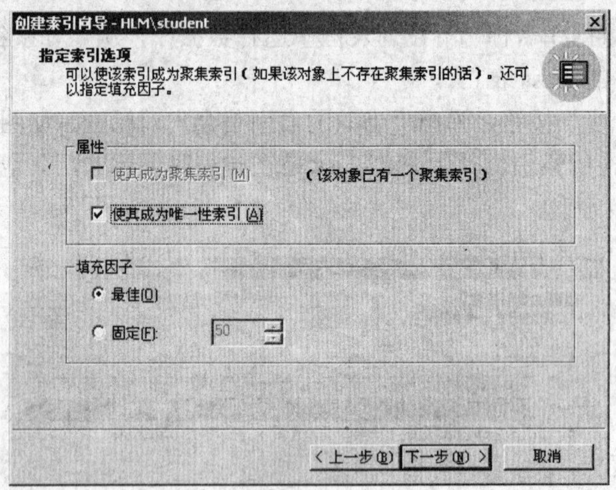

图 6-27 “指定索引选项”对话框

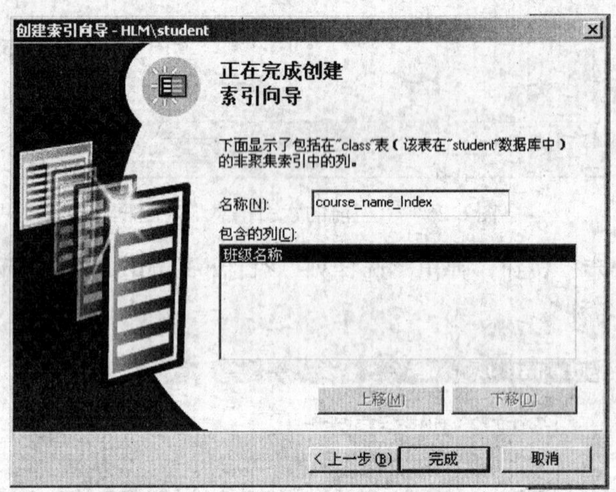

图 6-28 完成索引创建向导

3. 使用 SQL 语句创建索引

建立索引除自动生成和使用企业管理器、使用创建索引向导创建之外，还可以使用 CREATE INDEX 语句建立索引。

语法格式如下：

```
CREATE [UNIQUE][CLUSTERED|NONCLUSTERED] INDEX 索引名
    ON [表名|视图名](列名[ASC|DESC][,…,n])
```

参数含义：

（1）UNIQUE：表示为表或视图创建唯一索引，即不允许存在索引值相同的两行。在列包含重复值时，不能创建唯一索引。当省略 UNIQUE 选项时，创建的是非唯一索引。

（2）CLUSTERED | NONCLUSTERED：用于指定创建聚集索引还是非聚集索引。前者表示创建聚集索引，后者表示创建非聚集索引。省略此选项时，则创建的是非聚集索引。

（3）索引名：索引名在表或视图中必须唯一，但在数据库中不必唯一。

（4）列名：用于指定创建索引的列。通过指定多个列可以创建组合索引，但组合索引的所有列必须来自于同一个表。

（5）[ASC | DESC]：用来指定索引列的排序方式，ASC 是升序，DESC 是降序。如果省略则按升序排序。

【例 6-16】在 student 数据库的 course 表的“课程名称”列上创建一个唯一非聚集索引，索引名称为 course_name_index。

```
USE student
GO
/*判断是否存在同名索引，若存在，则删除之*/
IF EXISTS(SELECT name FROM sysindexes
        WHERE name='course_name_index')
DROP INDEX  course.course_name_index
GO
/*创建 course_name_index 索引*/
CREATE UNIQUE NONCLUSTERED INDEX course_name_index
     ON course(课程名称)
GO
```

以上 SQL 代码中，UNIQUE 关键字代表创建唯一索引，NONCLUSTERED 关键字代表创建非聚集索引，该关键字也可以省略。

【例 6-17】根据 course 表的“课程编号”列创建唯一聚集索引 course_id_index。因为指定了 CLUSTERED 子句，所以该索引将对磁盘上的数据进行物理排序。

```
USE student
GO
IF EXISTS(SELECT name FROM sysindexes
        WHERE name='course_id_index')
DROP INDEX  course.course_id_index
GO
CREATE UNIQUE CLUSTERED INDEX course_id_index
     ON course(课程编号)
GO
```

用户不能在一个表上创建多个聚集索引。如果之前用户为 course 表的“课程编号”列设置过主键约束，则系统会为其自动创建一个名为 PK_course 的唯一聚集索引。那么在执行本例代码时将显示如下信息：

不能在表'course'上创建多个聚集索引。请在创建新聚集索引前除去现有的聚集索引'PK_course'。

【例 6-18】为表 score 的“学号”列和“课程编号”列创建聚集索引 xh_kc_ind。要求“学号”列和“课程编号”列都按升序排列。

```
USE student
GO
IF EXISTS(SELECT name FROM sysindexes
        WHERE name='xh_kc_ind')
DROP INDEX  score.xh_kc_ind
GO
```

```
CREATE CLUSTERED INDEX  xh_kc_ind
    ON score(学号 ASC,课程编号 ASC)
GO
```

本例是根据“学号”列和“课程编号”列创建的复合索引，因为指定了 CLUSTERED 子句，所以该索引将对磁盘上的数据进行物理排序。记录行排序时首先按照“学号”列的升序排列，若学号相同，再按照“课程编号”列的升序排列。

6.5.2 查看索引

在表中创建索引后，可以根据实际情况查看表中的索引信息。使用企业管理器和系统存储过程 sp_helpindex 都可以查看到索引信息。

1. 使用企业管理器查看索引

用企业管理器查看索引的操作步骤如下：

（1）打开企业管理器，登录到要使用的服务器。选择相应的数据库，然后选中表（如 student 数据库中的 stu_info 表），右击，在弹出的快捷菜单中选择“所有任务”→“管理索引”选项，弹出“管理索引”对话框，如图 6-29 所示。

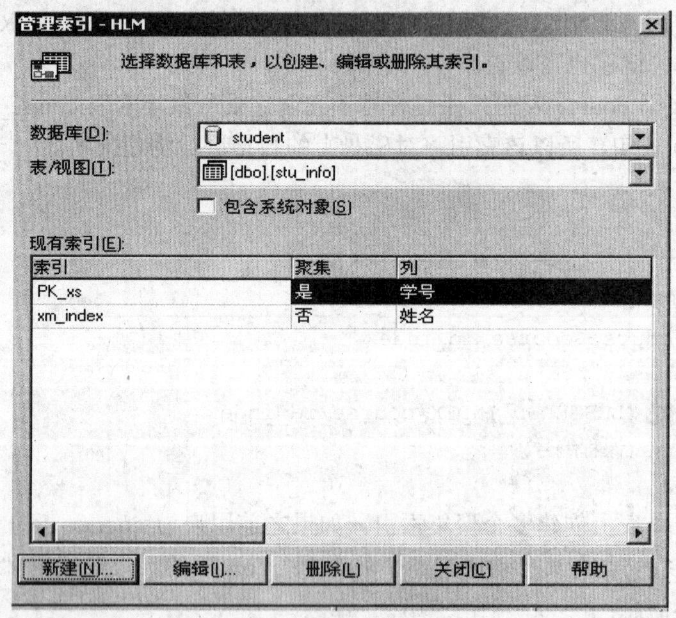

图 6-29 “管理索引”对话框

（2）在该对话框中可以查看表上所有的索引信息，其中显示了数据库名称和相应表的名称，在“现有索引”列表框中显示了相应表中存在的索引名称，同时还显示了相应的索引是否为聚集索引和索引的字段名称。

（3）还可以单击“编辑”按钮，对已存在的索引进行编辑修改。

（4）单击“关闭”按钮，关闭“管理索引”对话框。

2. 使用系统存储过程查看索引

系统存储过程 sp_helpindex 可以查看指定表上的索引信息。

语法格式为：

```
[EXEC]  sp_helpindex  表名
```

【例 6-19】查看 student 数据库中 stu_info 表上的索引信息。

```
USE student
GO
EXEC sp_helpindex stu_info
```

执行上述语句后，将显示索引表的索引名称、是否聚集索引及索引字段名称等信息，如图 6-30 所示。

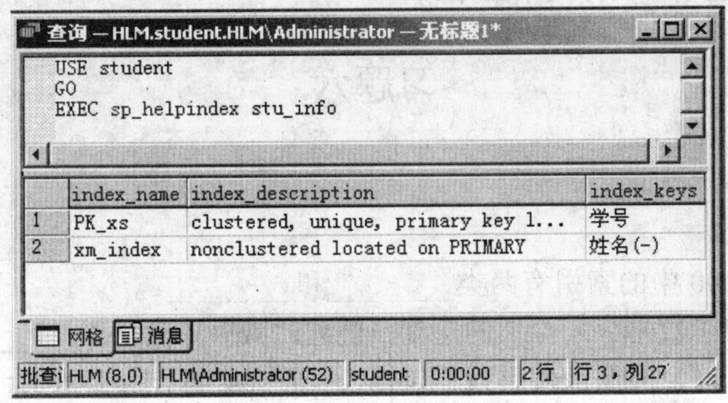

图 6-30　索引信息查询

6.5.3　删除索引

使用索引虽然可以提高查询效率，但是对一个表来说，如果索引过多，当修改表中的记录时会增加服务器维护索引的时间。当不再需要某个索引时，应该把它从表中删除。可以使用企业管理器或在查询分析器中执行 DROP INDEX 语句来删除数据库中相应表上的索引。

1. 使用企业管理器删除索引

在企业管理器中，选择要删除索引的表并右击，在弹出的快捷菜单中选择“所有任务”→“管理索引”选项，弹出“管理索引”对话框，“现有索引”列表框中选择要删除的索引，单击“删除”按钮，系统会弹出一个确认对话框，单击“是”按钮即可删除选择的索引。

2. 使用 SQL 命令删除索引

使用 DROP INDEX 语句可以删除表中的索引，语法格式如下：

```
DROP  INDEX  表.索引名[,…,n]
```

注意：DROP INDEX 不能删除由 CREATE TABLE 或 ALTER TABLE 语句创建的主键约束或唯一约束产生的索引，也不能删除系统表中的索引。

【例 6-20】删除 student 数据库中 stu_info 表上的 xm_index 索引。

```
USE student
GO
DROP INDEX stu_info.xm_index
GO
```

本章小结

视图是根据用户的需求而定义的从已有的表导出的表，它能够使用户集中精力于他所关心的数据上，而不必了解数据库的结构，简化了用户的数据查询操作，并且是一种安全保障机制。索引是一种特殊类型的数据库对象，它保存着数据表中一列或几列组合的排序结构。为数据表创建索引，可以大大提高数据的检索效率。通过本章的学习，要求掌握视图和索引的基本概念、基本操作，并能结合实际灵活应用。

习题六

一、填空题

1．SQL Server 2000 中的索引有两类________和________。

2．创建索引加快了数据________的速度，但同时减慢了数据________的速度。

3．创建唯一索引时，应保证索引列不包括________数据，并且没有两个或两个以上的空值。如果有这种数据，必须先将其删除，否则索引不能成功创建。

4．每个表上最多可以创建________个聚集索引，________个非聚集索引。为一个表建立的索引默认为________。

5．视图中的数据存储在________中，SQL Server________（能/不能）在不同的表上建立视图。

6．创建视图用________语句，修改视图用________语句，删除视图用________语句，查看视图中的定义数据用________语句，查看视图的基本信息用________存储过程，查看视图中的定义信息用________存储过程，查看视图的依赖关系用________存储过程。

7．创建视图时带________参数使视图的定义语句加密，带________参数对视图执行的修改操作必须遵守定义视图时 WHERE 子句指定的条件。

8．在使用 CREATE INDEX 语句创建聚集索引时，需要使用的关键字是________；建立唯一索引的关键字是________。

二、选择题

1．以下关于视图的叙述，不正确的是（　）。

A．可以加密视图的定义

B．可以在视图上创建视图

C．可以在视图上创建索引

D．将视图的基表从数据库中删除后，视图也一并删除

2．以下关于唯一索引的说法正确的是（　）和（　）。

A．唯一约束自动创建唯一索引

B．唯一索引和唯一约束可在企业管理器和同一窗口内设置

C．对字段施加 PRIMARY KEY 约束时还必须同时添加唯一索引才有效

D．唯一索引和唯一约束是一回事

3．下列（　　）类型的索引总要对数据进行排序。

A．聚集索引　　B．非聚集索引

C．组合索引　　D．唯一索引

4．建立索引的作用之一是（　　）。

A．节省存储空间　　B．便于管理

C．提高查询速度　　D．提高查询和更新的速度

三、简答题

1．什么样的列适合创建索引？索引是否越多越好？为什么？

2．聚集索引和非聚集索引有什么区别？在一个表中可以建立多个聚集索引吗？为什么？

3．哪些情况下系统会自动建立索引？

第7章　SQL Server 中的程序设计

SQL Server 中的编程语言就是 T-SQL 语言，这是一种非过程化的语言。不论是普通的客户/服务器应用程序，还是 Web 应用程序，都必须通过向服务器发送 T-SQL 语句才能实现与 SQL Server 的通信。用户可以根据自己的需求使用 T-SQL 语言定义过程，用于存储以后经常使用的操作。

函数可以由系统提供，也可以由用户创建。系统提供的函数称为内置函数，它为用户方便快捷地执行某些操作提供帮助；用户创建的函数称为用户自定义函数，它是用户根据自己的特殊需求而创建的，用来补充和扩展内置函数。

本章主要介绍批处理和脚本的基本概念、SQL 编程的基本知识、用户自定义函数的定义和使用。

7.1　程序中的批处理、脚本、注释

1. 批处理

批处理是一个或多个 T-SQL 语句的集合，从应用程序一次性发送到 SQL Server 执行。SQL Server 将批处理语句编译成一个可执行单元，此单元称为执行计划。执行计划中的语句每次执行一条。

建立批处理时，使用 GO 语句作为批处理的结束标记。在一个 GO 语句行中不能包含其他 T-SQL 语句，但可以使用注释文字。当编译器读取到 GO 语句时，它会把第一个 GO 之前的语句、两个 GO 之间的语句、最后一个 GO 之后的语句分别作为一个批处理，并将这些语句打包发送给服务器。GO 语句本身并不是 T-SQL 语句的组成部分，它只是一个用于表示批处理结束的前端指令。如果在一个批处理中包含任何语法错误，如引用了一个并不存在的对象，则整个批处理就不能被成功地编译和执行。如果一个批处理中的某句有执行错误，如违反了约束，它仅影响该语句的执行，并不影响批处理中其他语句的执行。

在 SQL Server 2000 中，可以利用 isql 实用程序、osql 实用程序及 isqlw 实用程序执行批处理。isql 实用程序和 osql 实用程序需要在 DOS 命令提示符下运行，这里不再介绍。isqlw 实用程序在查询分析器中执行。

建立批处理时，应注意以下几点：

（1）CREATE DEFAULT、CREATE PROCEDURE、CREATE RULE、CREATE TRIGGER 及 CREATE VIEW 语句不能与其他语句放在一个批处理中。

（2）不能在一个批处理中引用其他批处理中所定义的变量。

（3）把规则和默认绑定到表字段或用户自定义数据类型上后，不能立即在同一个批处理中使用它们。

（4）定义一个 CHECK 约束后，不能立即在同一个批处理中使用该约束。

（5）在修改表中的一个字段名后，不能立即在同一个批处理中引用新字段名。

（6）如果一个批处理中的第一条语句是执行某个存储过程的 EXECUTE 语句，则 EXECUTE 关键字可以省略；如果该语句不是第一条语句，则必须使用 EXECUTE 关键字或省写为 EXEC。

【例 7-1】利用查询分析器执行两个批处理，以显示 stu_info 表中的学生信息及记录个数。

```
USE student
GO
PRINT '学生表包含的信息如下：'
SELECT * FROM stu_info
PRINT '学生表记录个数为：'
SELECT COUNT(*) FROM stu_info
GO
```

该例子中包含两个批处理，前者仅包含一条语句，后者包含 4 条语句，其中 PRINT 语句用于显示 char 类型、varchar 类型或可自动转换为字符串类型的数据。运行结果如图 7-1 所示。

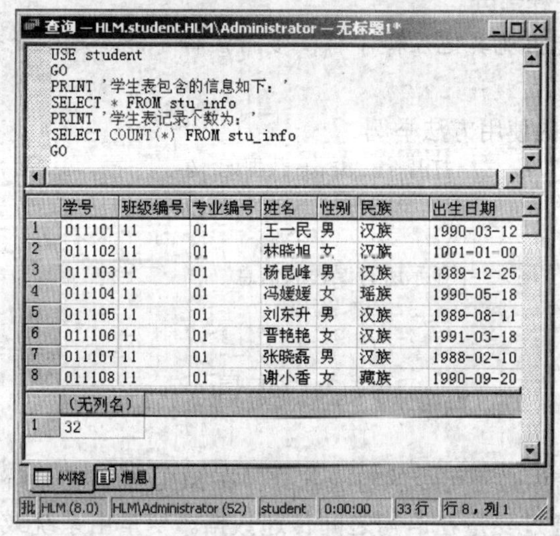

图 7-1　在查询分析器中执行批处理

2. 脚本

脚本是存储在文件中的一系列 SQL 语句，即一系列按顺序提交的批处理。

T-SQL 脚本中包含一个或多个批处理，GO 语句是批处理结束的标志。如果没有 GO 语句，则将它作为单个批处理执行。使用脚本可以将创建和维护数据库时的操作步骤保存为一个磁盘文件，该文件的扩展名为 sql。将 T-SQL 语句保存为脚本文件不仅可以建立起可重用的模块化代码，还可以在不同计算机之间传送 T-SQL 语句，使两台计算机执行同样的操作。

脚本可以在查询分析器中执行，也可以在 isql 或 osql 实用程序中执行。查询分析器是建立、编辑和使用脚本的一个最好的环境。在查询分析器中，不仅可以新建、保存、打开脚本文件，而且可以输入和修改 T-SQL 语句，还可以通过执行 T-SQL 语句来查看脚本的运行结果，从而检验脚本内容的正确性。

3. 注释

注释是指程序中用来说明程序内容的语句，它不能执行且不参与程序的编译。注释用于语句代码的说明或暂时禁用的部分语句。为程序加上注释不仅能增强程序的可读性，而且有助于以后的管理和维护，在程序中使用注释是一个程序员良好的编程习惯。SQL Server 支持两种形式的注释语句，即行内注释和块注释。

（1）行内注释。

如果整行都是注释而并非所要执行的程序行，则该行可用行内注释，语法格式为：

```
--注释文本
```

这些文本可以与要执行的代码处在同一行，也可以另起一行。从双连字符“--”开始到行尾均为注释。对于多行注释，必须在每个注释行的开始使用双连字符。

（2）块注释。

如果要给程序所加的注释文本较长，则可使用块注释，语法格式为：

```
/*注释文本*/
```

这些注释文本可以与要执行的代码处在同一行，也可以另起一行，甚至可以放在可执行代码内。对于多行注释，必须使用“/*”开始注释，使用“*/”结束注释，从“/*”到“*/”之间的全部内容均视为注释部分。

注意：注释行上不能出现其他注释字符；多行注释不能跨越批处理，整个注释必须包含在一个批处理内。

【例 7-2】注释语句的使用方法举例。

```
USE student              /*打开 student 数据库*/
GO
--执行一个 SELECT 语句
SELECT * FROM course   --显示所有课程的信息
GO
```

7.2 变量

变量是程序设计语言中必不可少的组成部分。在 SQL Server 系统中用变量保存程序运行过程的中间值，也可以通过变量在语句之间传递数据。变量由系统或用户定义并赋值。SQL Server 中的变量分为两种：局部变量和全局变量。其中局部变量的名称以一个@字符开始，由用户自己定义和赋值；全局变量的名称以两个@@字符开始，由系统定义和维护。

1. 局部变量

局部变量由用户定义，仅在声明它的批处理、存储过程或触发器中有效。局部变量常作为计数器计算或控制循环执行的次数，也可以用于保存由存储过程或代码返回的数据值。此外，还允许使用 TABLE 数据类型的局部变量来代替临时表。

（1）声明局部变量。

使用一个局部变量之前，必须使用 DECLARE 语句来声明这个局部变量，给它指定一个变量名和数据类型，对于数值变量，还需要指定其精度和小数位数。DECLARE 语句的语法格式如下：

```
DECLARE  @局部变量 数据类型[,…,n]
```

说明：

1）局部变量名总是以@符号开头，变量名最多可以包含 128 个字符。

2）变量名必须符合标识符命名规则。

3）变量的数据类型可以是系统数据类型，也可以是用户自定义数据类型，但不允许是 text、ntext 或 image 类型。

4）在一个 DECLARE 语句中可以定义多个局部变量，只需要用逗号“,”分隔即可。

5）系统固定长度的数据类型不需要指定长度。

【例 7-3】 声明 stu_no、stu_name、stu_score、stu_address、stu_birth 等局部变量。

```
DECLARE @stu_no  char(6)
DECLARE @stu_name  varchar(8), @stu_score decimal(5,1)
DECLARE @stu_address varchar(40)
DECLARE @stu_birth datetime
```

某些数据类型需要指定长度，如 char 类型；某些数据类型不需要指定长度，如 datetime 类型；某些数据类型还需要指定精度和小数位数，如 decimal 类型。

（2）给局部变量赋值。

所有局部变量在声明后均初始化为 NULL。在声明局部变量后，可以使用 SET 或 SELECT 语句对它进行赋值。

格式一：SET @局部变量=表达式

格式二：SELECT @局部变量=表达式[,…,n]

说明：

1）一个 SET 语句只能给一个变量赋值，而一个 SELECT 语句可以给多个变量赋值。

2）两种格式可以通用，建议首选 SET 语句，而不推荐使用 SELECT 语句。

3）表达式中可以包含 SELECT 语句子查询，但只能是聚合函数返回的单值，且必须用圆括号括起来。

4）SELECT 语句也可以直接使用查询的单值结果给局部变量赋值，如：

```
SELECT @局部变量名=表达式或字段名  FROM  表名  WHERE  条件
```

如果使用 SELECT 语句给一个局部变量赋值时这个语句返回了多个值，则这个局部变量将取 SELECT 语句所返回的最后一个值。

此外，使用 PRINT 语句和 SELECT 语句可以显示局部变量的值，格式为：

格式一：PRINT　表达式

格式二：SELECT　表达式[,…,n]

使用 PRINT 语句只能显示一个表达式的值，该表达式可以是一个字符串或数值，也可以是一个全局变量或局部变量。而 SELECT 语句可以显示多个表达式的值，之间用逗号“,”隔开即可。在一个程序脚本中，最好不要混用这两种输出方式。

【例 7-4】 声明两个局部变量，使用 SET 语句为其赋值，并在 SELECT 语句中使用局部变量，查询 stu_info 表中所有专业编号为 04、班级编号为 41 的学生的学号、班级编号、专业编号及姓名。

```
USE student
GO
DECLARE @spe_no char(2),@class_no char(2)
SET @spe_no='04'       /*一个 SET 语句只能给一个变量赋值*/
SET @class_no='41'
SELECT 学号,班级编号,专业编号,姓名
  FROM stu_info
```

```
WHERE 专业编号=@spe_no AND 班级编号=@class_no
GO
```

【例 7-5】在 stu_info 表中，将学号的后两位是 04 的学生的学号、姓名分别赋值给局部变量@stu_no 和@stu_name。

```
USE student
GO
DECLARE @stu_no varchar(6),@stu_name varchar(8)
SELECT @stu_no=学号,@stu_name=姓名
  FROM stu_info
  WHERE 学号 LIKE '[0-9][0-9][0-9][0-9]04'
SELECT @stu_no AS 学号,@stu_name AS 姓名
GO
```

在查询分析器中运行的结果如图 7-2 所示。

图 7-2　用 SELECT 语句给局部变量赋值

本例中第一条 SELECT 语句用于将查询结果赋值给局部变量@stu_no 和@stu_name，此时它并不显示结果。只有第二条 SELECT 语句才显示结果。如果查询出两条以上的记录，那么只有最后一条记录才会存入变量中；如果没有查到满足条件的记录，则变量保持原来的值。

【例 7-6】将 stu_info 表中学号为 044210 的学生的姓名赋值给局部变量@var1。

```
USE student
GO
DECLARE @var1 varchar(10)
SELECT @var1='袁敏'
SELECT @var1 AS '该学生的姓名为：'     --第一次显示@var1 的值
SELECT @var1=(SELECT 姓名 FROM stu_info WHERE 学号='044210')
SELECT @var1 AS '该学生的姓名为：'     --第二次显示@var1 的值
GO
```

本例中先给变量@var1 赋值为“袁敏”，在 stu_info 表中没有学号为 044210 的记录，因此子查询返回 NULL 值并将它赋给变量@var1。在查询分析器中运行的结果如图 7-3 所示。

（3）局部变量的作用域。

局部变量的作用域指可以引用该变量的范围，局部变量的作用域从声明它们的地方开始，到声明它们的批处理或存储过程的结尾。也就是说，局部变量只能在声明它的批处理、存储过程或触发器中使用，一旦这些批处理或存储过程结束，局部变量将自行清除。

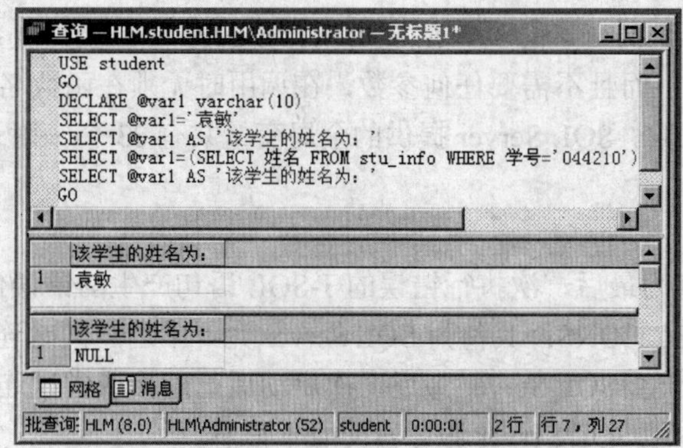

图 7-3　子查询返回空值并赋值给局部变量

【例 7-7】声明一个局部变量，把学生表 stu_info 中的记录数赋给局部变量，并输出结果。

```
USE student
GO
DECLARE @stucount  int   --声明局部变量
SELECT @stucount=count(*) from stu_info
--将查询结果存储到局部变量中
--输出字符串，convert()为转换函数
PRINT 'stu_info表中记录数为：'+convert(varchar(2),@stucount)
GO
--该批处理结束，局部变量@stucount自动清除
PRINT '如果继续引用该变量，将会出现声明局部变量的错误提示
GO
PRINT 'stu_info表中的记录数为：'+convert(varchar(2),@stucount)
GO
```

在查询分析器中运行的结果如图 7-4 所示。局部变量@stucount 只能在第二个批处理中使用，在第 4 个批处理中引用该变量时，出现“必须声明变量”的错误提示信息。PRINT 语句只能显示一个表达式的值，所以必须用转换函数将@stucount 的值转换为字符型。

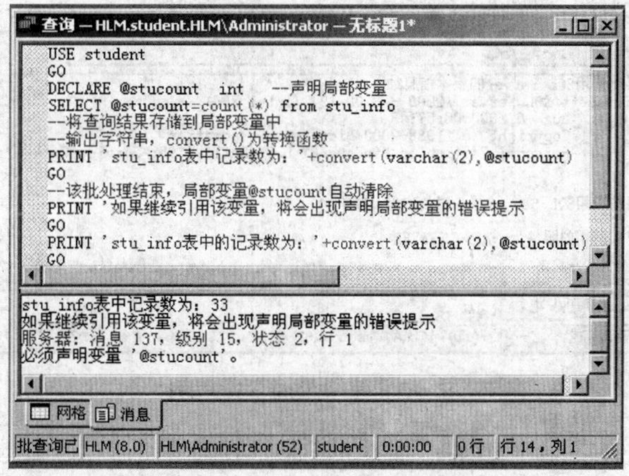

图 7-4　局部变量作用域示例

2. 全局变量

全局变量是 SQL Server 系统提供的有确定值的变量。用户不能定义全局变量，也不能修

改全局变量，只可使用全局变量的值。在 SQL Server 2000 中，全局变量是一组特殊的函数，它们的名称以@@开头，而且不需要任何参数，在调用时无须在函数名后面加上一对圆括号，这些函数也称为无参函数。SQL Server 提供的全局变量共有 33 个，附录中给出了它们的名称和用途。

例如：

@@ERROR：其值为最后一次执行错误的 T-SQL 语句产生的错误代码。

@@MAX_CONNECTIONS：其值为 SQL Server 允许多用户同时连接的最大数。

@@CONNECTIONS：SQL Server 最近一次启动后已连接或尝试连接的次数。

@@VERSION：本地 SQL Server 服务器的版本信息。

@@CURSOR_ROWS：得到已打开的游标中当前存在的记录行数。

@@FETCH_STATUS：得到游标的当前状态。

还有其他的全局变量或特殊函数，请参阅联机丛书。

【例 7-8】利用全局变量查看 SQL Server 的版本、当前所使用的 SQL Server 服务器名称及所使用的服务名称等信息。

```
PRINT '目前使用 SQL Server 的版本信息如下：'
PRINT @@VERSION    --显示版本信息
PRINT ''    --换行
--显示服务器名称
PRINT '目前所用 SQL Server 服务器名称为：'+@@SERVERNAME
PRINT ''    --换行
PRINT '目前所用的服务为：' +@@SERVICENAME
GO
```

在查询分析器中运行上述代码，结果如图 7-5 所示。

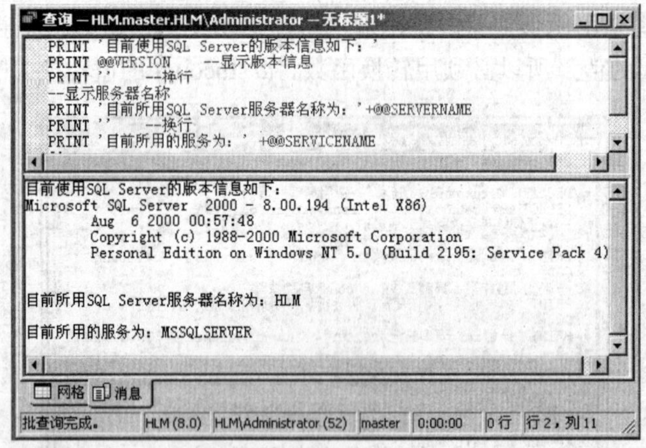

图 7-5　使用全局变量示例

7.3　流程控制语句

流程控制语句是用来控制程序执行和流程分支的命令，这些命令包括条件控制语句、无条件转移语句和循环语句。使用这些命令，可以使程序更具结构性和逻辑性，并可完成较复杂的操作。

7.3.1 IF…ELSE 语句

在程序中，经常需要根据特定条件指示 SQL Server 执行不同的操作和运算，也就是进行流程控制。SQL Server 利用 IF…ELSE 命令使程序有不同的条件分支，从而完成各种不同条件下的操作。

IF…ELSE 语句的语法格式为：

```
IF 布尔表达式
   语句块 1
[ELSE
   语句块 2]
```

说明：

（1）IF 语句执行时先判断布尔表达式的值（只能取 TRUE 或 FALSE）。若为真则执行语句块 1，为假则执行语句块 2，没有 ELSE 则直接执行后续语句。

（2）布尔表达式中可以包含 SELECT 子查询，但必须用圆括号括起来。

（3）语句块 1 和语句块 2 可以是单个的 SQL 语句，如果有两条以上语句，则必须放在 BEGIN…END 之间，构成一个语句块。

在 IF…ELSE 语句中，IF 和 ELSE 后面的子句都允许嵌套，嵌套层数不受限制。

注意：*如果在 IF…ELSE 语句的 IF 部分和 ELSE 部分都使用了 CREATE TABLE 语句或 SELECT INTO 语句，那么 CREATE TABLE 语句或 SELECT INTO 语句必须指向相同的表名。*

【例 7-9】统计班级编号为 11 的班级人数，如果人数超过 40，则显示“进行分班上课”，否则显示“单班上课”。

```
USE student
GO
DECLARE @record int
SELECT @record=COUNT(*) FROM stu_info WHERE 班级编号='11'
IF @record>40
  BEGIN
    PRINT '该班有'+LTRIM(STR(@record))+'人'
    PRINT '进行分班上课'
  END
ELSE
  BEGIN
    PRINT '该班有'+LTRIM(STR(@record))+'人'
    PRINT '单班上课'
  END
```

本例中由于 IF 和 ELSE 后面分别有两条语句，所以要用 BEGIN…END 将它们作为语句块处理。程序中使用了 PRINT 命令，它可以在查询分析器窗口的“消息”选项卡中显示用户的信息，其运行结果如图 7-6 所示。

7.3.2 CASE 表达式

CASE 表达式用于简化 SQL 表达式，它可以用在任何允许使用表达式的地方并根据条件的不同而返回不同的值。CASE 表达式不同于一个普通的 T-SQL 语句，它不能单独执行，而只能作为一个可以单独执行的语句的一部分来使用。CASE 表达式分为简单 CASE 表达式和搜索 CASE 表达式两种类型。

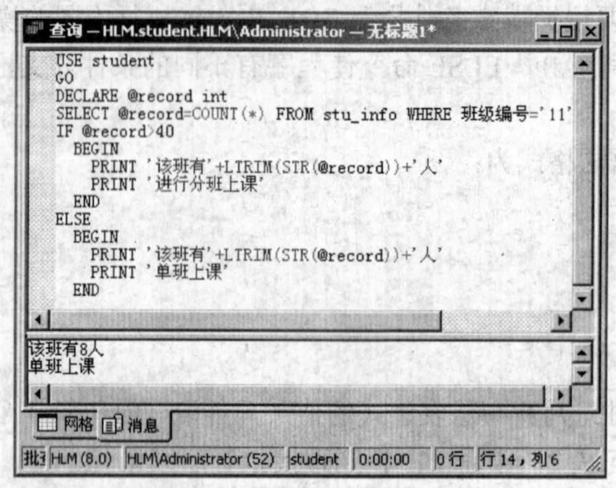

图 7-6 IF…ELSE 语句示例

1. 简单 CASE 表达式

简单 CASE 表达式将一个测试表达式与一组简单表达式的值进行比较，如果某个简单表达式与测试表达式的值相等，则返回相应结果表达式的值。

简单 CASE 表达式的语法格式如下：

```
CASE 测试表达式
    WHEN 测试值 1 THEN 结果表达式 1
    [WHEN 测试值 2 THEN 结果表达式 2
    […]]
    [ELSE 结果表达式 n]
END
```

说明：

（1）测试表达式用于条件判断，测试值用于与测试表达式做比较，测试表达式必须与测试值的数据类型相同。

（2）测试表达式可以是局部变量，也可以是表中的字段变量，还可以是用运算符连接起来的表达式。

（3）简单 CASE 表达式必须以 CASE 开头并以 END 结束，它能够将一个表达式和一系列的测试值进行比较，并返回符合条件的结果表达式。

（4）简单 CASE 表达式的执行过程是：用测试表达式的值依次与每一个 WHEN 子句的测试值做比较，直到找到第一个与测试表达式的值完全相同的测试值时，便将该 WHEN 子句指定的结果表达式返回。如果没有任何一个 WHEN 子句的测试值和测试表达式相同，SQL Server 将检查是否有 ELSE 子句存在，如果存在 ELSE 子句，便将 ELSE 子句之后的结果表达式返回；如果不存在 ELSE 子句，便返回一个 NULL 值。

注意：在一个简单 CASE 表达式中，一次只能有一个 WHEN 子句指定的结果表达式返回，若同时有多个测试值与测试表达式的值相同，则只有第一个与测试表达式值相同的 WHEN 子句指定的结果表达式返回。

【例 7-10】使用简单 CASE 表达式实现以下功能：查询 student 数据库的 stu_info 表中学生的基本信息，并将专业编号转换为专业名称输出。

```
USE student
GO
SELECT 姓名,性别,班级编号,专业名称=
CASE 专业编号
    WHEN '01' THEN '计算机'
    WHEN '02' THEN '网络技术'
    WHEN '03' THEN '电子技术'
    WHEN '04' THEN '铁道信号'
END
FROM stu_info
GO
```

本例中，在“专业名称”字段中含有 CASE 表达式时，执行时用表中的“专业编号”列值与 WHEN 子句后的值相比较，找出相匹配的表达式后输出相应的结果表达式。运行结果如图 7-7 所示。

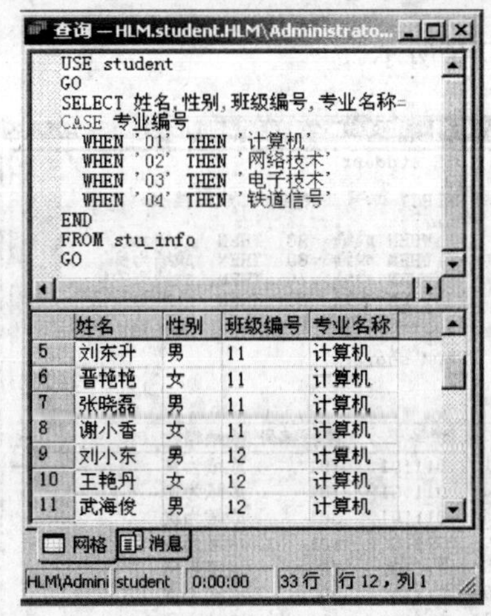

图 7-7　使用简单 CASE 表达式示例

2. 搜索 CASE 表达式

与简单 CASE 表达式相比较，在搜索 CASE 表达式中，CASE 关键字后没有任何表达式，在各个 WHEN 关键字后面则有布尔表达式。

搜索 CASE 表达式的语法格式如下：

```
CASE
    WHEN  布尔表达式 1 THEN 结果表达式 1
    [WHEN  布尔表达式 2  THEN 结果表达式 2
    […,n]]
    [ELSE 结果表达式 n]
END
```

执行搜索 CASE 表达式时，它将测试每个 WHEN 子句后的布尔表达式，如果结果为 TRUE，则返回相应的结果表达式，否则检查是否有 ELSE 子句存在，如果存在 ELSE 子句，便将 ELSE

子句之后的结果表达式返回；如果不存在 ELSE 子句，便返回一个 NULL 值。

注意：在一个搜索 CASE 表达式中，一次只能有一个 WHEN 子句的 THEN 指定的结果表达式返回，如果有多个比较结果为 TRUE，则只返回第一个为 TRUE 的结果表达式。

【例 7-11】使用搜索 CASE 表达式实现以下功能：查询 student 数据库的 score 表中学生的成绩信息，并根据成绩判别成绩档次。

```
USE student
GO
SELECT 学号,课程编号,成绩档次=
 CASE
   WHEN(成绩>=90) THEN '成绩为优'
   WHEN(成绩>=80) THEN '成绩为良'
   WHEN(成绩>=70) THEN '成绩为中'
   WHEN(成绩>=60) THEN '成绩为及格'
   ELSE '不及格'
 END
FROM score
GO
```

上述代码的运行结果如图 7-8 所示。

图 7-8 使用搜索 CASE 表达式示例

7.3.3 WHILE 语句

在程序中当需要多次重复处理某项工作时，就需要使用 WHILE 循环语句。WHILE 语句通过布尔表达式来设置一个循环条件，当条件为真时，重复执行一个 SQL 语句或语句块，否则退出循环，继续执行后面的语句。

WHILE 语句的语法格式为：

```
WHILE 布尔表达式
    BEGIN
    循环体 1
```

```
    [BREAK]/[CONTINUE]
    循环体 2
END
```

说明：

（1）布尔表达式参数取值为 TRUE 或 FALSE，用来设置循环执行的条件，以控制循环执行的次数。如果布尔表达式中包含一个 SELECT 语句，必须将该 SELECT 语句包含在一对小括号中。

（2）循环体：可以是单个的 T-SQL 语句，也可以是用 BEGIN 和 END 定义的语句块。

在执行循环体语句时，若遇到 BREAK 语句，则跳出此循环，执行 WHILE 后面的语句；若遇到 CONTINUE 语句，则不执行循环体 2 部分，重新进行条件判断。

（3）BREAK：可选命令，其作用是提前退出循环，并将控制权转移给循环之后的语句。当程序中有多层循环嵌套时，只能退出其所在的这层循环。

（4）CONTINUE：可选命令，结束本次循环，重新转到下次循环条件的判断。

语句的功能是：当条件表达式值为真（TRUE）时，执行构成循环体的 T-SQL 语句或语句块，再进行条件判断，重复上述操作，直至条件表达式的值为假（FALSE），退出循环体的执行。

【例 7-12】本例演示了 WHILE 语句的用法。求出满足 1+2+…+n<2000 的最大整数 n 的值。

```
DECLARE @i int ,@s int      --声明两个局部变量 i 和 s
SET @i=1
SET @s=0
WHILE  @i<=100              --当 i 的值大于 100 时，结束循环
 BEGIN
   SET @s=@s+@i
   IF  @s>2000              --当累加和大于 2000 时，提前结束循环
       BREAK
   SET @i=@i+1
 END
PRINT '满足 1+2+…+n<2000 的最大 n 值是：'+CONVERT(varchar,@i-1)
```

上述代码的运行结果如图 7-9 所示。

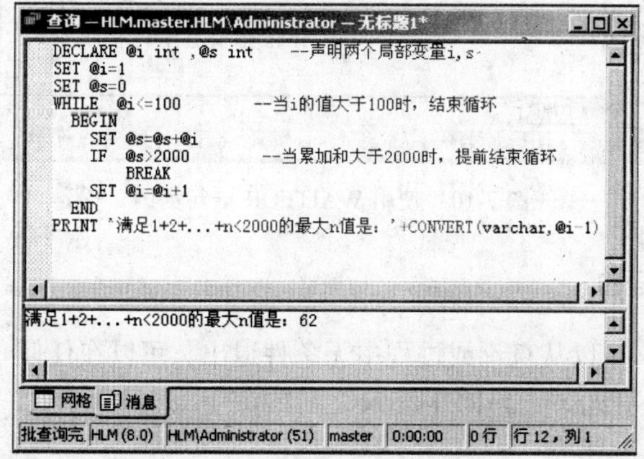

图 7-9　使用 WHILE 语句示例

7.3.4 WAITFOR 语句

WAITFOR 语句可以暂停执行程序一段时间之后再继续执行，也可以暂停执行程序到所指定的时刻后再继续执行。

WAITFOR 语句的语法格式为：

```
WAITFOR DELAY '时间'|TIME '时间'
```

说明：

（1）DELAY '时间'：用于指定 SQL Server 必须等待的时间，最长可达 24 小时。时间参数必须为可接受的 datetime 数据格式。在 datetime 数据中不允许有日期部分，即采用 hh:mm:ss 的格式。

（2）TIME '时间'：指定 SQL Server 等待到某一时刻。时间参数的指定同上。

注意：执行 WAITFOR 语句后，在到达指定的时间之前将无法使用与 SQL Server 的连接。

【例 7-13】演示 WAITFOR 语句的用法。

```
SELECT '执行 WAITFOR 语句之前，秒数为：'=DATEPART(SECOND,GETDATE()),
       '执行 WAITFOR 语句之前，时间为：'=GETDATE()
GO
WAITFOR DELAY '00:00:10' --延时 10 秒
SELECT '执行 WAITFOR 语句之后，秒数为：'=DATEPART(SECOND,GETDATE()),
       '执行 WAITFOR 语句之后，时间为：'=GETDATE()
```

上述代码中 DATEPART 函数返回代表指定日期中指定部分的整数，这里返回的是当前系统时间中的秒数。在查询分析器中执行上述代码，结果如图 7-10 所示。

图 7-10 使用 WAITFOR 语句示例

7.3.5 RETURN 语句

使用 RETURN 语句，可以从查询或过程中无条件退出。可以在任何时候用于从过程、批处理或语句块中退出，而不执行位于 RETURN 之后的语句。

语法格式为：

```
RETURN [整型表达式]
```

其中，“整型表达式”的值就是 RETURN 语句要返回的值。

说明：

（1）除非特别说明，所有系统存储过程返回 0 值表示成功，返回非 0 值则表示失败。

（2）当用于存储过程时，RETURN 不能返回空值。

【例 7-14】 查询指定学号的学生选修课程的总学分，若大于 0，则返回总学分；否则，将返回状态代码-1。

```
USE student
GO
--创建存储过程 myproc，@no 为形参
CREATE PROCEDURE myproc  @no varchar(6)
 AS
   DECLARE @credit int
   SELECT @credit=SUM(学分)
          FROM  score,course
          WHERE 学号=@no AND score.课程编号=course.课程编号
          GROUP BY 学号
   IF @credit>0
      RETURN @credit
   ELSE
      RETURN -1
```

执行存储过程 myproc 的代码如下：

```
DECLARE @sno varchar(6),@xf float
SET @sno='011101'
EXEC @xf=myproc @sno  --以实参@sno 调用存储过程 myproc
PRINT  '总学分是：'+STR(@xf,2)
```

执行结果为：

```
总学分是：10
```

7.4　函数

SQL Server 函数与其他程序设计语言中的函数相似，其形式包括函数名称，名称后面跟一对小括号，大部分函数的小括号里有参数，目的是为用户操作提供方便。一般情况下，在允许使用变量、字段和表达式的地方都可以使用函数。在使用函数时，只要提供正确的参数，就可以得到我们需要的结果。

函数可以由系统提供，也可以由用户创建。系统提供的函数称为内置函数，它为用户方便快捷地执行某些操作提供帮助；用户创建的函数称为用户自定义函数，它是用户根据自己的特殊需求而创建的，用来补充和扩展内置函数。

7.4.1　系统函数

SQL Server 2000 提供了数百个内置函数，用来帮助用户获得系统信息、进行数学计算、字符处理和转换数据类型等。通常将这些函数分为 3 类：标量函数、聚合函数和行集函数。本节只介绍标量函数，集合函数请参考 SELECT 查询，行集函数请参考 SQL Server 联机丛书。

标量函数的输入参数的类型是基本类型，返回值也是基本类型。标量函数返回单个数据，

只要在能够使用表达式的地方，就可以使用标量函数。标量函数主要包括字符串函数、数学函数、日期和时间函数、数据类型转换函数等。

1. 字符串函数

字符串函数方便用户对字符数据进行处理，它可以实现字符串的查找、转换等操作。常用的字符串函数有：

（1）ASCII。

语法格式：

```
ASCII(字符表达式)
```

功能：返回字符表达式最左端字符的 ASCII 代码值，返回值为整型。

（2）CHAR。

语法格式：

```
CHAR(整型表达式)
```

功能：将整型的 ASCII 代码转换为字符。整型表达式为介于 0～255 之间的整数，返回值为字符型。

【例 7-15】查看‘A’的 ASCII 码值及 ASCII 码值 98 所对应的字符。

```
SELECT ASCII('A'),CHAR(98)
```

执行结果为：65 和'b'。

（3）LEFT。

语法格式：

```
LEFT(字符串表达式,字符个数)
```

功能：返回从字符串左边开始指定个数的字符，返回值为 varchar 型。

【例 7-16】查询 stu_info 表中学号的前 4 位是 0111 的学生的信息。

```
USE student
GO
SELECT * FROM stu_info
   WHERE LEFT(学号,4)='0111'
```

（4）LTRIM。

语法格式：

```
LTRIM(字符串表达式)
```

功能：删除字符串表达式中的前置空格，并返回字符串，返回值为 varchar 型。

【例 7-17】使用 LTRIM 函数删除字符变量中的前置空格。

```
DECLARE @s1 varchar(20)
SET @s1='  今天真高兴！'
SELECT LTRIM(@s1)
```

（5）SUBSTRING。

语法格式：

```
SUBSTRING(表达式,起始位置,子串长度)
```

功能：返回表达式中指定的部分数据。表达式可以为字符串、二进制串、text、image 字段或表达式。如果表达式是字符类型和二进制类型，则返回值类型与表达式类型相同。

【例 7-18】使用 SUBSTRING 函数取子串。

```
DECLARE @mystr char(20)
```

```
SET @mystr='欢迎进入 SQL Server 程序设计'
SELECT SUBSTRING(@mystr,3,16)
```

执行上述代码，返回结果为“进入 SQL Server 程序设计”，即从字符串中第 3 个字符开始取 16 个字符。

（6）SPACE。

语法格式：

```
SPACE(整型表达式)
```

功能：返回指定个数空格组成的字符串，整型表达式表示空格个数，其值为正整数，若为负，则返回空字符串。

【例 7-19】显示表 stu_info 中学生的“姓”和“名”，它们之间用 3 个空格分隔。

```
USE student
GO
SELECT SUBSTRING(姓名,1,1)+SPACE(3)+SUBSTRING(姓名,2,LEN(姓名)-1)
  FROM stu_info
GO
```

（7）STR。

语法格式：

```
STR(float 型表达式[,总长度[,小数位数]])
```

功能：将数字数据转换为字符数据。总长度包括小数点、符号、数字或空格，默认值为 10，返回值为 char 型。

【例 7-20】把 float 型数据 123.45 转换为'123.45'、'123.5'、'123'形式的字符串。

```
SELECT STR(123.45,6,2),STR(123.45,5,1),STR(123.45,3,0)
GO
```

（8）REPLACE。

语法格式：

```
REPLACE(字符串表达式 1,字符串表达式 2,字符串表达式 3)
```

功能：用字符串表达式 3 替换字符串表达式 1 中的字符串表达式 2，并返回替换后的表达式，返回值为字符型。

【例 7-21】REPLACE 函数的使用。

```
SELECT REPLACE('aabaadefg','aa','11')
```

结果为：'11b11defg'

（9）LEN。

语法格式：

```
LEN(字符串表达式)
```

功能：返回给定字符串表达式的字符（不是字节）个数，其中不包含尾随空格。

【例 7-22】统计某个字符串中所包含的字符个数。

```
DECLARE @string  varchar(30)
SET @string='我们是 2007 级高职学生'
SELECT LEN(@string)
```

结果是 12，即 8 个汉字 4 个数字。

2. 数学函数

SQL Server 提供的数学函数能够在数值型表达式上进行数学运算，然后将结果或结果集返回给用户。能在数学函数中使用的数据类型包括 int、decimal、float、real、money、smallmoney、smallint、tinyint。默认情况下，对 float 类型数据的内置运算的精度为 6 个小数位。传递给数学函数的数字默认被解释为 decimal 类型，可以用 CAST 或 CONVERT 函数将传递的数字转换为其他类型的数据。

SQL Server 提供了 20 多个数学函数，下面对其常用的函数进行简单介绍。

（1）CEILING。

语法格式：

```
CEILING(数值表达式)
```

功能：返回大于或等于所给数值表达式的最小整数。

（2）FLOOR。

语法格式：

```
FLOOR(数值表达式)
```

功能：返回小于或等于所给数值表达式的最大整数。

（3）POWER。

语法格式：

```
POWER(数值表达式 1,数值表达式 2)
```

功能：返回给定表达式的指定次方的值。乘方运算函数返回值的数据类型与第一个参数的数据类型相同。

例如，在查询分析器中输入如下代码：

```
SELECT POWER(2,-3),POWER(2.0,-3),POWER(2.000,-3)
GO
```

执行代码得到如下结果：

```
  0       .1        .125
```

（4）SQRT。

语法格式：

```
SQRT(float 表达式)
```

功能：返回给定表达式的平方根，返回 float 型的值。

（5）RAND。

语法格式：

```
RAND([整型表达式])
```

功能：返回 0～1 之间的随机 float 值。整型表达式在这里是给出的种子值或起始值。

【例 7-23】通过 RAND 函数产生 4 个不同的随机数。

```
DECLARE @count smallint
SET @count=1
WHILE @count<5
  BEGIN
     SELECT RAND(@count) AS Rand_Num
     SET NOCOUNT ON
     SET @count=@count+1
     SET NOCOUNT OFF
  END
GO
```

（6）ROUND。

语法格式：

```
ROUND(数值表达式,整数)
```

功能：返回数值表达式四舍五入为指定精度的值。在这里，整数可以是正数或负数。正数表示要进行运算的位置在小数点后，负数表示要进行运算的位置在小数点前。

【例 7-24】分别计算 888.88 保留到小数点后 1 位、小数点位、小数点前 1 位、2 位。

```
SELECT ROUND(888.88,1),ROUND(888.88,0),ROUND(888.88,-1),ROUND(888.88,-2)
```

执行结果为：

```
888.90     889.00     890.00     900.00
```

3. 日期和时间函数

日期和时间函数用于处理 datetime 和 small datetime 类型的数据。对日期和时间输入值执行操作并返回一个字符串、数字值或日期和时间值。在使用各个日期和时间函数时，所指定的日期和时间表达式需要符合当时 SET DATEFORMAT()命令所指定的格式。下面介绍常用的日期和时间函数的用法。

（1）GETDATE。

语法格式：

```
GETDATE()
```

功能：返回当前系统的日期和时间，返回值类型为 datetime。

（2）DATEPART。

语法格式：

```
DATEPART(datepart,date)
```

功能：以整数形式返回给定的 datetime 型数据的指定日期部分。datepart 是要返回的日期部分，它可取的关键字如表 7-1 所示；date 是给定的日期时间数据。

表 7-1　datepart 参数可取的关键字

关键字含义	关键字	关键字含义	关键字
年	year 或 yy 或 yyyy	周、日	weekday 或 dw
季度	quarter 或 qq 或 q	小时	hour 或 hh
月	month 或 mm 或 m	分钟	minute 或 mi 或 n
日、年	day of year 或 dy 或 y	秒	second 或 ss 或 s
日	day 或 dd 或 d	毫秒	millisecond 或 ms
周	week 或 wk 或 ww		

（3）DATENAME。

语法格式：

```
DATENAME(datepart,date)
```

功能：以字符串形式返回给定的日期时间数据的指定日期部分。参数与 DATEPART 函数的参数相同。

【例 7-25】查看 2007-02-07 所在的年份、月份和季度。

```
SELECT DATEPART(month,'2007-02-07') AS 月份,
```

```
DATEPART(quarter,'2007-02-07') AS 季度
```

执行结果为：

```
月份        季度
----------- -----------
  2          1
```

（4）DAY。

语法格式：

```
DAY(date)
```

功能：返回指定日期的 DAY 部分的整数。

与其使用格式相似的还有 MONTH(date)和 YEAR(date)，它们分别返回指定日期的月份和年份。

（5）DATEADD。

语法格式：

```
DATEADD(datepart , number , date)
```

功能：在 date 给出的日期上加上 datepart 和 number 参数指定的时间间隔，返回新的 datetime 值。number 可取正值也可取负值。正值得到的是之后的日期，负值得到的是之前的日期。

【例 7-26】 查看当前时间加上 20 天、减去 20 天所得的日期。

```
SELECT DATEADD(day,20,GETDATE()) AS 当前时间加 20 天,
       DATEADD(day,-20,GETDATE()) AS 当前时间减 20 天
```

（6）DATEDIFF。

语法格式：

```
DATEDIFF(datepart,startdate,enddate)
```

功能：返回开始日期和结束日期在给定日期部分上的差值。

【例 7-27】 用日期函数计算 stu_info 表中学生的年龄。

程序代码如下：

```
USE student
GO
SELECT 学号,姓名,DATEDIFF(yy,出生日期,GETDATE()) AS 年龄
  FROM stu_info
GO
```

4. 转换函数

一般情况下，SQL Server 会自动处理某些数据类型的转换，这种转换称为隐性转换。但是，有些无法由 SQL Server 自动转换的或者是 SQL Server 自动转换的结果不符合预期结果的，就需要使用转换函数做显式转换。CAST 和 CONVERT 这两个函数都可以实现数据类型的转换，但 CONVERT 的功能更强一些。下面介绍这两个函数的使用方法。

（1）CAST 函数。

语法格式：

```
CAST(表达式 AS 数据类型)
```

其中的表达式是需要转换其数据类型的表达式，可以是任何有效的 SQL Server 表达式；数据类型则是转换后的数据类型，必须是 SQL Server 提供的系统数据类型，不能使用用户自定义的数据类型。

【例 7-28】在数据库 student 的表 stu_info 中，给定的是学生的出生日期，求出每位学生的年龄并输出。

```
USE student
GO
SELECT 学生年龄=姓名+'的年龄是'
      + CAST(DATEDIFF(yy,出生日期,GETDATE()) AS char(2))
   FROM stu_info
GO
```

（2）CONVERT 函数。

语法格式：

```
CONVERT(数据类型[(长度)],表达式[,style])
```

如果希望指定转换后数据的样式，则应使用 CONVERT 函数进行数据类型转换。其中格式中的表达式是要转换数据类型的表达式，可以是任何有效的 SQL Server 表达式；数据类型是转换后的数据类型，必须是 SQL Server 提供的系统数据类型，不能使用用户自定义的数据类型；长度是可选参数，用于指定 nchar、nvarchar、char、varchar 等字符串数据的长度；style 也是可选参数，用于指定将 datetime 或 smalldatetime 转换为字符串数据时所返回字符串的日期格式，也用于指定将 float、real 转换为字符串数据时所返回字符串的数字格式，或者用于指定将 money 或 smallmoney 转换为字符串数据所返回字符串的货币格式。style 参数的一些典型取值如表 7-2 所示。

表 7-2　style 参数的一些典型取值

style 参数的有效值		datetime 或 smalldatetime 转换为字符串数据时所返回字符串的日期格式
两位数年份	四位数年份	
8	108	hh:mm:ss
11	111	yy/mm/dd
-	120	yyyy-mm-dd hh:mm:ss
stlye 参数的有效值		float 或 real 转换为字符串数据时所返回字符串的数字格式
0（默认值）		最大为 6 位数，根据需要使用科学记数法
1		最大为 8 位数，始终使用科学记数法
2		最大为 16 位数，始终使用科学记数法
style 参数的有效值		money 或 smallmoney 转换为字符串数据时所返回字符串的货币格式
0（默认值）		小数点左侧每 3 位数字之间不以逗号分隔，小数点右侧取 2 位数，如 4235.98
1		小数点左侧每 3 位数字之间以逗号分隔，小数点右侧取 2 位数，如 3,510.92
2		小数点左侧每 3 位数字之间不以逗号分隔，小数点右侧取 4 位数，如 4235.9819

【例 7-29】演示 CONVERT 函数的用法。

```
SET DATEFORMAT mdy  --设置日期格式
DECLARE @dd datetime, @rr real, @mn money
SET @dd='8/20/2005 21:10:36 PM'
```

```
SET @rr=2688866
SET @mn=1524125.2415
--返回日期中的时间，即为 21:10:36
SELECT CONVERT(varchar(30), @dd,108)
--返回日期中的年月日，即为 2005/8/20
SELECT CONVERT(varchar(30), @dd,111)
--返回日期中的年月日与时间，即为 2005-8-20 21:10:36
SELECT CONVERT(varchar(30), @dd,120)
--返回 6 位数，必要时使用科学记数法，即为 2.68 887e+006
SELECT CONVERT(varchar(20), @rr,0)
--返回结果用科学记数法表示，即为 2.6 888 660e+006
SELECT CONVERT(varchar(20), @rr,1)
--返回结果用科学记数法表示，即为 2.688 866 000 000 000e+006
SELECT CONVERT(varchar(22), @rr,2)
--小数点左侧每 3 位数字之间不以逗号分隔，小数点右侧取 2 位数，即为 1 524 125.24
SELECT CONVERT(varchar(25), @mn,0)
--小数点左侧每 3 位数字之间以逗号分隔，小数点右侧取 2 位数，即为 1,524,125.24
SELECT CONVERT(varchar(25), @mn,1)
--小数点左侧每 3 位数字之间不以逗号分隔，小数点右侧取 4 位数，即为 1 524 125.2415
SELECT CONVERT(varchar(25),@mn,2)
```

7.4.2 用户自定义函数

函数是一条或多条 T-SQL 语句组成的代码段，用于实现一些常用的功能。编写好的函数可以重复使用。在 SQL Server 2000 中除了可以使用系统内置函数外，还允许用户创建自定义函数。用户自定义函数被保存在指定的数据库中。

根据用户自定义函数的返回值类型的不同，可将用户自定义函数分为 3 种：

- 标量函数：函数返回值为标量值，函数体中可以包括一条或多条 T-SQL 语句。
- 内嵌表值函数：函数返回值为 table 数据类型，函数体中只包含单条 SELECT 语句。
- 多语句表值函数：函数返回值为 table 数据类型，函数体中可以包含多条 T-SQL 语句。

用户自定义函数可以在企业管理器中创建，也可以使用 CREATE FUNCTION 语句创建；可以使用 ALTER FUNCTION 语句修改用户自定义函数，使用 DROP FUNCTION 语句删除用户自定义函数。

1. 标量函数

标量函数往往根据输入参数值的不同来获得不同的函数值。在标量函数中可以使用多个输入参数，而函数的返回值只能有一个。当需要在代码中的多个位置进行相同的数学计算时，标量函数十分有用。

标量函数的函数体可以包括一条或多条 T-SQL 语句。这些 T-SQL 语句以 BEGIN 开始，以 END 结束；用 RETURNS 子句定义该函数返回值的数据类型，用 RETURN 语句返回该函数的值。

（1）标量函数的定义。

```
CREATE FUNCTION[所有者名称.]函数名称
 ([{参数 1 [AS] 类型 1[=默认值]}[,…,n]])
```

```
RETURNS 返回值类型
[WITH ENCRYPTION]
[AS]
BEGIN
   函数体
   RETURN 标量表达式
END
```

说明：

1）CREATE FUNCTION 必须是批处理中的第一条语句。

2）函数名称必须符合标识符的规则，对其所有者来说，该名称在数据库中必须是唯一的。

3）参数名必须以@符号作为第一个字符，对于每个参数，必须指定数据类型，还可以根据需要设置默认值。

4）RETURNS 子句为用户自定义函数返回值指定数据类型。

5）WITH ENCRYPTION 是可选的，若指定了此选项，则创建的函数是被加密的，函数定义的文本将以加密的形式存储在 syscomments 表中，任何人都不能查看该函数的定义，包括函数的创建者和系统管理员。

6）函数体位于 BEGIN 和 END 之间，由一系列 T-SQL 语句组成；RETURN 语句用于返回一个标量值。

【例 7-30】 创建用户自定义函数 course_name，要求根据输入的课程编号求得该课程的名称。

```
USE student
GO
CREATE FUNCTION  course_name(@kcid char(3))
RETURNS  varchar(20)
AS
BEGIN
  DECLARE  @kcname  varchar(20)
  SET  @kcname=
(SELECT  课程名称
            FROM course
            WHERE 课程编号=@kcid
           )
  RETURN  @kcname
END
```

【例 7-31】 创建用户自定义函数 average，要求根据输入的学号求得该学生选修的各门课程的平均成绩。

```
USE student
GO
CREATE FUNCTION average(@stuno AS char(6))
RETURNS real
BEGIN
  DECLARE @aver real
  SELECT @aver=
       ( SELECT AVG(成绩)
         FROM score
```

```
            WHERE 学号=@stuno
            GROUP BY 学号
        )
    RETURN @aver
END
GO
```

（2）标量函数的调用。

当调用标量函数时，必须提供至少由两部分组成的名称（所有者.函数名），可以用以下两种方式调用标量函数。

1）在 SELECT 语句中调用。

调用形式：

```
所有者.函数名(实参 1,…,实参 n)
```

实参可以是常量，也可以是已赋值的局部变量或表达式。

【例 7-32】在 SELECT 语句中调用例 7-31 中定义的函数 average。

```
USE student
GO
DECLARE @sno char(6)
DECLARE @aver1 real
SELECT @sno='011201'       --给局部变量赋值
/*调用 average，并将返回值赋给局部变量*/
SELECT @aver1=dbo.average(@sno)
SELECT @aver1 AS '011201 同学的平均成绩'  --显示局部变量的值
GO
```

也可以写成如下形式，将函数调用后的返回值直接显示输出：

```
SELECT '011201 同学的平均成绩'=dbo.average('011201')
```

在查询分析器中运行的结果如图 7-11 所示。

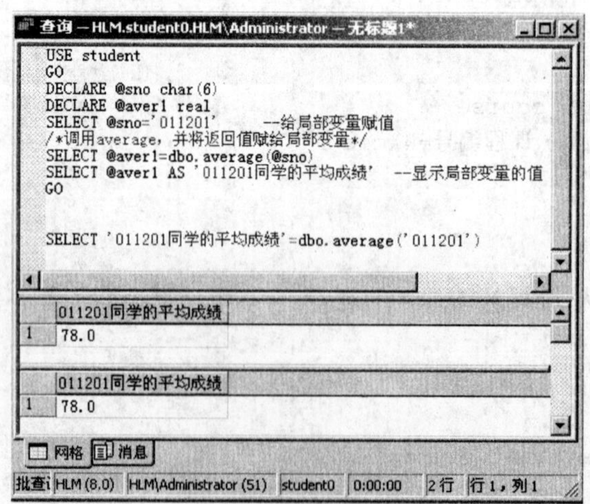

图 7-11 用 SELECT 调用标量函数示例

2）利用 EXEC 语句执行。

用 EXEC 语句调用用户自定义函数时，实参的标识次序与函数定义中的参数次序可以不同。

调用形式：

```
所有者.函数名　实参 1,…,实参 n
```

或

```
所有者.函数名　形参名 1=实参 1,…,形参名 n=实参 n
```

注意：前者实参顺序应与函数定义的形参顺序一致，后者实参顺序可以与函数定义的形参顺序不一致。如果函数的参数有默认值，则在调用该函数时必须指定 default 关键字才能获得默认值。

【例 7-33】 利用 EXEC 语句调用例 7-31 中定义的函数 average。

```
USE student
GO
DECLARE @sno char(6)
DECLARE @aver1 real
SELECT @sno='011201'      --给局部变量赋值
/*通过 EXEC 调用 average，并将返回值赋给局部变量*/
EXEC @aver1=dbo.average  @sno
SELECT @aver1 AS '011201 同学的平均成绩'
GO
```

在查询分析器中运行的结果如图 7-12 所示。

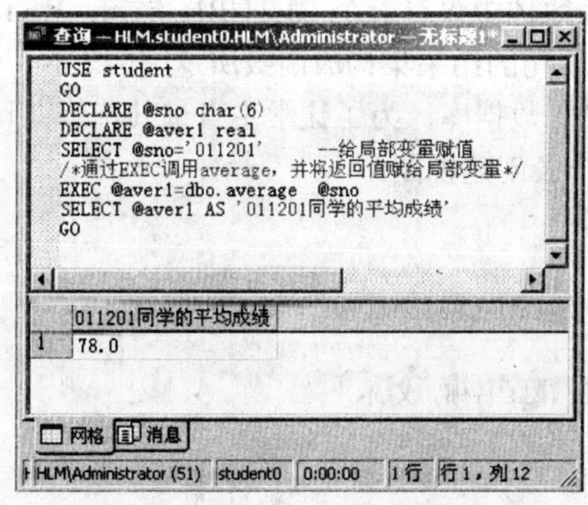

图 7-12　用 EXEC 调用标量函数示例

2. 内嵌表值函数

内嵌表值函数返回的结果是表，该表由单个 SELECT 语句形成。内嵌表值函数可用于实现参数化视图的功能。

例如，建立计算机专业学生视图的代码如下：

```
USE student
GO
CREATE VIEW jsj_stu
AS
  SELECT 学号,班级编号,姓名,性别,籍贯
    FROM stu_info
    WHERE 专业编号='01'
GO
```

通过使用 SELECT * FROM jsj_stu 查询语句，可以查看计算机专业学生的基本情况。若希望设计更为通用的程序，让用户能指定感兴趣的查询内容，可将 WHERE 专业编号='01'替换为 WHERE 专业编号=@para，@para 用于传递参数，但视图不支持在 WHERE 子句中指定搜索条件参数。为解决这一问题，可以使用内嵌表值函数，如下所示：

```
--内嵌表值函数的定义
CREATE FUNCTION xuesheng(@zyno char(2))
RETURNS table
AS RETURN
 (
   SELECT 学号,班级编号,姓名,性别,籍贯
   FROM stu_info
   WHERE 专业编号=@zyno
 )
--内嵌表值函数的调用
SELECT * FROM xuesheng('01')
GO
```

创建内嵌表值函数要遵从以下规则：

（1）RETURNS 子句仅包含关键字 table，表示此函数返回一个表。不必定义返回表的结构，因为它是由 RETURN 语句中 SELECT 的结果集的格式来设置的。

（2）内嵌表值函数的函数体中仅有一个 RETURN 语句，RETURN 语句在括号中包含单条 SELECT 语句。SELECT 语句的结果集构成函数所返回的表。

【例 7-34】对于 student 数据库，为了让学生查询其选修课程的成绩和学分，可以利用 stu_info、course 和 score 三个表创建视图。

```
USE student
GO
CREATE VIEW xs_score_view
AS
   SELECT a.学号,姓名,课程名称,成绩
   FROM stu_info a,course b,score c
   WHERE a.学号=c.学号 AND b.课程编号=c.课程编号
```

然后在此基础上创建如下内嵌表值函数 st_score，该函数可以根据输入的学号返回该学生选修课程的成绩和学分信息：

```
CREATE FUNCTION st_score(@stu_id char(6))
RETURNS table
AS
 RETURN
 ( SELECT * FROM xs_score_view
   WHERE xs_score_view.学号=@stu_id
 )
```

建立好内嵌表值函数后，就可以调用它了。内嵌表值函数只能通过 SELECT 语句调用，并且可以仅使用函数名，所有者名可以省略。

例如，调用函数 st_score 查询学号为 001101 的学生选修课程的成绩和学分，代码如下：

```
USE student
GO
```

```
SELECT * FROM st_score ('011101')
GO
```

3. 多语句表值函数

内嵌表值函数和多语句表值函数都返回表，二者的不同之处在于：内嵌表值函数没有函数体，返回的表是单个 SELECT 语句的结果集；多语句表值函数在 BEGIN…END 块中定义的函数体包含 T-SQL 语句，这些语句可生成行并将行插入到表中，最后返回表。

下面创建一个多语句表值函数来了解其创建和使用的方法。

【例 7-35】 在 student 数据库中创建一个多语句表值函数 chengji，该函数可以根据输入的课程名称返回选修该课程的学生姓名和成绩。

```
USE student
GO
CREATE FUNCTION chengji(@kcname  varchar(20)='网页设计')
RETURNS @chji  TABLE
(
  课程名称  varchar(20),
  姓名      varchar(8),
  成绩      tinyint
)
AS
BEGIN
  INSERT @chji
      SELECT 课程名称,姓名,成绩
      FROM  course AS a INNER JOIN score AS b
            ON a.课程编号=b.课程编号
            INNER JOIN stu_info AS c
            ON b.学号=c.学号
      WHERE 课程名称=@kcname
  RETURN
END
GO
```

注意：在多语句表值函数的函数体中，只能是一系列向表变量中插入记录行的 T-SQL 语句。

多语句表值函数的调用与内嵌表值函数的调用方法相同。只能通过 SELECT 语句调用，并且可以仅使用函数名，所有者名可以省略。

当 chengji 函数创建成功后，可以查询选修“网页设计”课程的学生姓名和成绩。

```
SELECT * FROM dbo.chengji('网页设计')
```

或

```
SELECT * FROM dbo.chengji(default)
```

4. 修改和删除自定义函数

用户自定义函数创建后，可以查看其信息，并且根据需要来修改它。如果用户自定义函数没有存在的必要时，可以将其删除。

（1）修改用户自定义函数。

修改用户自定义函数，可以在企业管理器中进行，也可以在查询分析器中执行 ALTER FUNCTION 语句来实现。

1）使用企业管理器修改用户自定义函数。

在企业管理器中，打开要删除函数所在的数据库，双击用户自定义函数图标，显示出用户建立的函数名称。右击要修改的函数，在弹出的快捷菜单中选择“属性”选项，弹出“用户定义函数属性”对话框，在“文本”框中修改用户自定义函数的文本。修改完毕后，单击“检查语法”按钮，语法检查通过后单击“确定”按钮，即可完成修改。

2）使用 SQL 命令修改用户自定义函数。

使用 ALTER FUNCTION 命令也可以修改用户自定义函数，其语法与 CREATE FUNCTION 的语法类似。只是将 CREATE 改为 ALTER。使用该语句对函数进行修改，不会更改权限，也不会影响相关的函数、存储过程或触发器。在用户自定义函数被加密的情况下，只能利用此语句对其进行修改。

【例 7-36】修改 student 数据库中的函数 average，使其根据输入的学号求得该学生选修的各门课程的最低成绩。

```
USE student
GO
ALTER FUNCTION average(@stuno AS char(6))
RETURNS real
BEGIN
  DECLARE @aver real
  SELECT @aver=
         ( SELECT MIN(成绩)
           FROM score
           WHERE 学号=@stuno
           GROUP BY 学号
         )
  RETURN @aver
END
GO
```

（2）删除用户自定义函数。

删除用户自定义函数，可以在企业管理器中进行，也可以在查询分析器中执行 DROP FUNCTION 语句来实现。

1）使用企业管理器删除用户自定义函数。

在企业管理器中，打开要删除函数所在的数据库，双击用户自定义函数图标，显示出用户建立的函数名称。选择要删除的函数并右击，在弹出的快捷菜单中选择“删除”选项，弹出“移出对象”对话框，单击“全部删除”按钮即可删除用户自定义函数。

2）使用 SQL 命令删除用户自定义函数。

使用 DROP FUNCTION 语句可以一次删除多个用户自定义函数，语法格式如下：

```
DROP FUNCTION [所有者名.]函数名[,…,n]
```

【例 7-37】删除 student 数据库中建立的 average 函数。

```
USE student
GO
DROP FUNCTION average
GO
```

本章小结

批处理是由一条或多条 T-SQL 语句组成的语句集，这些语句被应用程序作为一个整体提交给服务器，并在服务器端作为一个整体执行；批处理是 SQL Server 中的一个比较重要的概念，而且用 T-SQL 编程和调试时常常使用批处理，所以使用批处理时有些问题必须要注意。

熟练掌握和使用由 SQL Server 所提供的流程控制语句、变量和内置标量函数等对于提高 T-SQL 的编程能力会有很大的帮助，而熟练掌握用户自定义函数的创建及使用对于提高编程效率及满足业务上的要求具有一定的实用价值。

习题七

一、填空题

1．SQL Server 的注释有两种：________用于注释单行，________用于注释多行。

2．局部变量以________为变量名称开头，全局变量以________为变量名称开头。局部变量是由________定义的变量，而全局变量则是由________提供及________，用来保存一些系统信息。

3．SQL Server 2000 支持________、________和________3 种用户自定义函数，创建、修改和删除用户自定义函数分别使用________、________和________语句。

4．调用标量函数时，至少应使用函数的________和________两部分名称。

5．用 T-SQL 语句声明一个货币型局部变量 mymon 的语句为________，对该变量赋值 500 的语句为________，或者为________。

6．语句 SELECT ROUND(231.56, 2)+DATEDIFF(DAY,'2007/3/4','2007/3/23')的运行结果是在列名下面显示________。

7．有以下语句：

```
DECLARE  @mystr  char(20)
SET @mystr='我们的明天会更好！'
```

则表达式 substring(@mystr,4,6)的结果为________。

8．CASE 表达式用于________，它可以用在________地方并根据条件的不同而返回________。CASE 表达式不能单独执行，而只能作为________来使用。CASE 表达式分为________和________两种类型。

9．局部变量的作用域是________，从________开始，到________结束。

二、选择题

1．以下除（　　）外都是用户获取 SQL Server 系统信息的主要途径。

A．全局变量　　B．系统函数

C．游标　　D．系统存储过程

2．下列标识符可以作为局部变量使用的是（　　）。

A．[Myvar] B．My var

C．@Myvar D．@My var

3．下列语句执行的结果是显示字符串（ ）。

```
DECLARE @var1 char(20), @var2 char(20)
    SET @var1='中国'
    SET @var2=@var1+'是一个伟大的国家'
    SELECT @var2
```

A．中国是一个伟大的国家 B．中国　　是一个伟大的国家

C．是一个伟大的国家 D．中国

4．下列（ ）语句可以用来通知 SQL Server 等待 15 秒，然后再开始执行操作。

A．WAITFOR '00:00:15' DELAY B．WAITFOR DELAY BY '00:00:15'

C．WAITFOR DELAY '00:00:15' D．WAITFOR '00:00:15'

5．SQL Server 提供的单行注释语句是使用（ ）开始的一行内容。

A．/* B．-- C．{ D．/

6．表达式'123'+'456'的结果是（ ）。

A．'579' B．579 C．'123456' D．'123'

7．不属于 SQL Server 2000 系统全局变量的是（ ）。

A．@@ERROR B．@@CONNECTIONS

C．@@FETCH_STATUS D．@@RECORDS

8．下列语句中包含（ ）个批处理。

```
USE master
GO
SELECT * FROM sysfiles
GO
```

A．1 B．2 C．3 D．4

9．表达式 DATEPART(yy,'2004-3-13')+2 的结果是（ ）。

A．'2004-3-15' B．2004 C．'2006' D．2006

10．阅读下面的 T-SQL 语句，对变量赋值时存在错误的是（ ）。

A．DECLARE @var1 int,@var2 money
SELECT @var1=100,@var2=$2.21

B．DECLARE @var1 int,@var2 money
SELECT @var1=$200.20,@var2=100

C．DECLARE @var1 int,@var2 money
SET @var1=100,@var2=$2.21

D．DECLARE @var1 int,@var2 money
SET @var1=100.20
SET @var2=$2.21

三、简答题

1．什么是批处理？批处理的结束标志是什么？

2．什么是脚本？脚本文件的扩展名是什么？执行脚本有几种方法？

3．创建一个标量函数，用来统计某个学生选修的所有课程的总学分。

4．创建一个内嵌表值函数，用来查询某个学生所有选修课程的成绩。

第 8 章　游标、事务与锁

在实际应用中，特别是交互式联机应用中，使用 SELECT 语句返回的结果集不能作为一个单元来有效地处理。应用程序需要一种机制以便每次处理一条或多条记录，游标就提供了这种机制。事务和锁可以有效地提供多任务、多用户环境下的联机数据访问控制，能够提高数据库的安全性、完整性，对维护数据的一致性非常重要。掌握游标、事务与锁的相关知识并灵活应用，对高效、安全地访问数据库十分重要。

8.1　游标

游标可以看做一种特殊的指针，它与某个查询结果相联系，可以指向结果集的任何位置，以便对指定位置的数据进行处理，SQL Server 通过游标提供了对一个结果集进行逐行处理的功能。游标主要用在 T-SQL 脚本程序、存储过程和触发器中，使用游标，可以对 SELECT 语句返回的结果集进行逐行逐字段处理。

游标的使用过程包括：

（1）声明游标：即创建游标，向系统申请游标所需的内存。

（2）打开游标：用游标定义中的选择结果集填充游标。

（3）读取数据：从游标中提取记录并分离数据。

（4）关闭游标：清空游标内的数据。

（5）释放游标：对不再需要的游标，释放分配给它的内存。

8.1.1　声明游标

游标必须先声明后使用。声明游标通过 DECLARE CURSOR 语句来实现。DECLARE CURSOR 语句有两种语法格式，即基于 SQL-92 标准的语法和使用 T-SQL 扩展的语法。T-SQL 扩展的语法较复杂，这里以基于 SQL-92 标准的语法为例进行简单介绍。

基于 SQL-92 标准的 DECLARE CURSOR 语句的语法格式为：

```
DECLARE 游标名 [INSENSITIVE] [SCROLL] CURSOR
FOR SELECT 语句
[FOR { READ ONLY | UPDATE  [OF 字段名 [,…,n] ] } ]
```

参数含义：

（1）INSENSITIVE：指定游标为静态游标。该关键字表示定义游标时自动在 tempdb 数据库中创建一个临时表，用于存储由该游标使用的数据。对游标的所有请求都从这个临时表中得到应答，因此在对该游标进行提取操作时返回的数据中并不反映对基表所做的修改，并且该游标不允许修改。如果省略 INSENSITIVE 关键字，则任何用户对基表提交的删除和更新都反映在后面的提取（FETCH）中。

（2）SCROLL：指定游标为滚动游标，它可以前后滚动，可以使用所有的提取选项（FIRST、

LAST、PRIOR、NEXT、RELATIVE 和 ABSOLUTE）选取数据行。如果未指定 SCROLL 关键字，则为只进游标，只能使用 NEXT 选项提取数据行。

（3）SELECT 语句：由该查询生成与游标相关联的结果集。SELECT 语句中不允许使用 COMPUTE、COMPUTE BY 和 INTO 关键字。

（4）READ ONLY：说明声明的游标是只读的，不能通过该游标更新数据。在 UPDATE 或 DELETE 语句中的 WHERE CURRENT OF 子句中不能引用游标。

（5）UPDATE [OF 字段名 [,…,n]]：用于定义在该游标内可以更新的基本表字段。如果省略字段名列表，则表示可以更新所有字段。

【例 8-1】声明一个名为 Cur_Class 的只读游标，该游标从 class 表中检索所有班级的信息。

```
USE student
GO
DECLARE Cur_Class CURSOR
FOR
SELECT * FROM class
FOR READ ONLY
```

本例中在游标名和 CURSOR 之间未指定 SCROLL 关键字，故此游标为只进游标。

【例 8-2】声明一个名为 Cur_Class_Update 的更新游标。

```
USE student
GO
DECLARE Cur_Class_Update CURSOR
FOR
SELECT * FROM class
ORDER BY 班级编号
FOR UPDATE
```

8.1.2 打开游标

声明一个游标后，游标中并没有任何数据，因此无法使用，只有将游标打开后才可以使用该游标处理记录结果集。打开游标使用 OPEN 语句，其语法格式为：

```
OPEN [GLOBAL] 游标名
```

其中 GLOBAL 参数表示要打开的是全局游标。如果全局游标和局部游标使用了相同的名称，则指定 GLOBAL 时表示全局游标，否则表示局部游标。

OPEN 语句打开游标，实际上是通过执行在 DECLARE CURSOR 语句中指定的 SELECT 查询语句填充游标（即生成与游标相关联的结果集）。当游标打开成功后，游标指针指向结果集的第一行之前。

打开一个游标以后，可以使用全局变量@@ERROR 来判断打开操作是否成功。如果@@ERROR 值为 0，表示游标打开成功；否则表示打开失败。当游标打开成功之后，可以使用全局变量@@CURSOR_ROWS 来获取游标结果集中的记录行数。全局变量@@CURSOR_ROWS 有 4 种可能的取值：

- n：表示该游标所定义的数据已完全从表中读入，n 为全部的数据行。
- -m：表示该游标所定义的数据未完全从表中读入，m 为目前游标数据子集内的数据行。
- 0：表示无符合条件的数据或该游标已被关闭或释放。

- -1：表示该游标为动态的，数据行经常变动无法确定。

【例 8-3】使用游标查看数据库 student 中 stu_info 表中的记录个数。

```
USE student
GO
DECLARE  Cur_Stu  SCROLL CURSOR    --声明游标
FOR
SELECT * FROM stu_info
OPEN Cur_Stu             --打开游标
IF @@ERROR=0
  BEGIN
    PRINT '游标打开成功'
    IF @@CURSOR_ROWS>0
    PRINT '游标结果集内的记录数为：'+CONVERT(varchar(3), @@CURSOR_ROWS)
  END
CLOSE Cur_Stu            --关闭游标
DEALLOCATE Cur_Stu       --释放游标
```

在查询分析器中输入并执行上述代码，结果如图 8-1 所示。

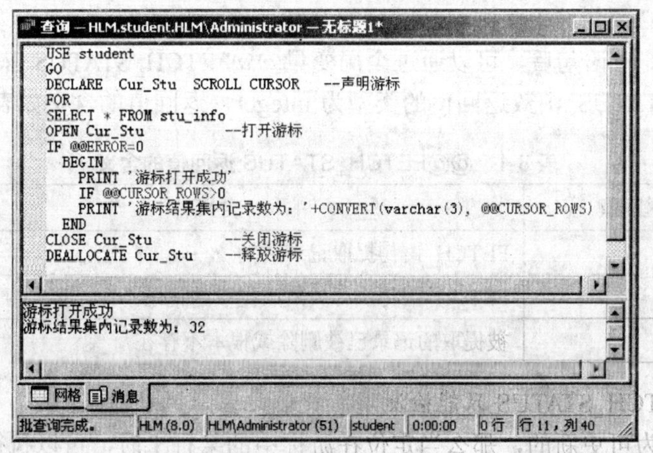

图 8-1　使用游标示例

8.1.3　读取游标

声明一个游标并且游标成功打开后，就可以使用 FETCH 语句从游标结果集中逐行地读取数据了。FETCH 语句的语法格式为：

```
FETCH  [ NEXT | PRIOR | FIRST | LAST
         |ABSOLUTE{n|@nvar}|RELATIVE{n|@nvar}]
FROM  [GLOBAL] 游标名
[ INTO  @变量名 [,…,n] ]
```

参数含义：

（1）NEXT：返回紧跟当前行之后的结果行，并且当前行递增为结果行。如果 FETCH NEXT 为对游标的第一次提取操作，则返回结果集中的第一行。NEXT 为默认的游标提取选项。

（2）PRIOR：返回紧临当前行前面的结果行，并且当前行递减为结果行。如果 FETCH PRIOR 为对游标的第一次提取操作，则没有行返回并且游标置于第一行之前。

（3）FIRST：返回游标中的第一行并将其作为当前行。

（4）LAST：返回游标中的最后一行并将其作为当前行。

（5）ABSOLUTE{n | @nvar}：如果 n 或@nvar 为正数，则返回从游标头开始的第 n 行记录，并将返回的行变成新的当前行；如果 n 或@nvar 为负数，则返回游标尾之前的第 n 行记录，并将返回的行变成新的当前行；如果 n 或@nvar 为 0，则没有行返回。n 必须为整型常量，@nvar 必须为 smallint、tinyint 或 int 数据类型。

（6）RELATIVE{n | @nvar}：如果 n 或@nvar 为正数，则返回当前行之后的第 n 行记录并将返回的行变成新的当前行；如果 n 或@nvar 为负数，则返回当前行之前的第 n 行记录并将返回的行变成新的当前行；如果 n 或@nvar 为 0，返回当前行记录。如果对游标的第一次提取操作时将 FETCH RELATIVE 的 n 或@nvar 指定为负数或 0，则没有行返回。参数 n、@nvar 的类型同 ABSOLUTE。

（7）GLOBAL：指定游标为全局游标。

（8）INTO @变量名[,…,n]：指定将提取记录中的列数据存入对应的局部变量中。变量名列表的个数、类型必须与结果集中记录的列的个数、类型相匹配。

执行一个 FETCH 语句后，可以通过全局变量@@FETCH_STATUS 来检测游标的当前状态。@@FETCH_STATUS 函数返回值的类型为 integer，返回值的含义如表 8-1 所示。

表 8-1 @@FETCH_STATUS 返回值的含义

返回值	含义
0	FETCH 语句提取记录成功
-1	FETCH 语句执行失败或提取的记录不在结果集内
-2	被提取的记录已被删除或根本不存在

注意：@@FETCH_STATUS 只能检测游标提取记录后的状态。

如果游标定义为可更新的，那么当定位在游标中的某行上时，可以执行更新或删除操作。更新或删除针对在游标中建立当前行的基表，这称为定位更新。可以使用 UPDATE 或 DELETE 语句中的 WHERE CURRENT OF cursor_name 子句执行定位更新。

【例 8-4】从游标 Cur_Stu 中读取数据，查看游标位置的变化。

```
USE student
GO
DECLARE  Cur_Stu  SCROLL CURSOR          --声明游标
FOR  SELECT * FROM stu_info
OPEN Cur_Stu                             --打开游标
FETCH FIRST FROM Cur_Stu                 --指向第一条记录
FETCH NEXT FROM Cur_Stu                  --指向第二条记录
FETCH PRIOR FROM Cur_Stu                 --指向第一条记录
FETCH ABSOLUTE  5 FROM Cur_Stu           --指向第五条记录
FETCH RELATIVE 5 FROM Cur_Stu            --指向第十条记录
FETCH RELATIVE -5 FROM Cur_Stu           --指向第五条记录
FETCH LAST FROM Cur_Stu                  --指向最后一条记录
```

在查询分析器中输入并执行上述代码，结果如图 8-2 所示。

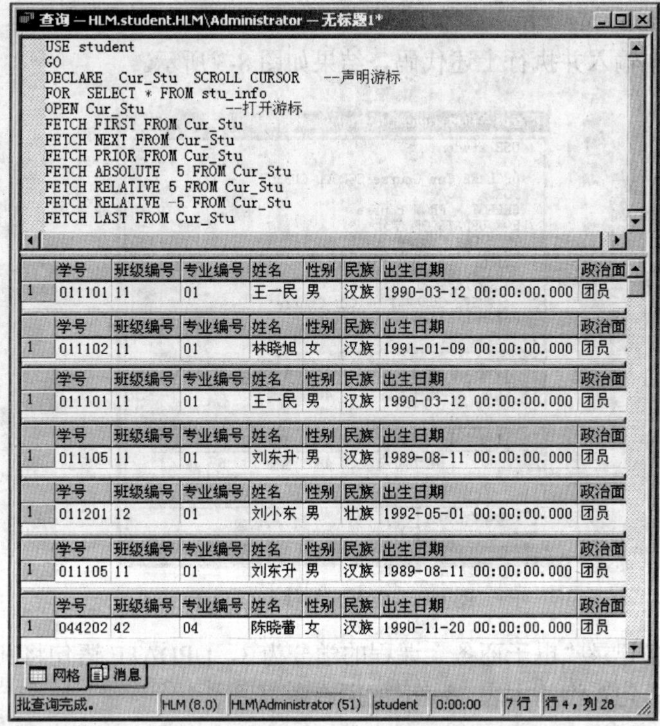

图 8-2　从游标中读取数据

8.1.4　通过游标修改数据

通过游标可以实现更及时和更准确的定位更新。在某些时候，当使用游标读取某条记录数据后，可能需要修改或删除该数据，如果此时另外执行 UPDATE 或 DELETE 命令，需要在 WHERE 子句中重新给出行筛选条件才能修改到该记录数据。为了避免这样的麻烦，可以在游标声明中加上 FOR UPDATE 子句，这样就可以在 UPDATE 或 DELETE 命令中使用 WHERE CURRENT OF 子句直接修改或删除当前游标所指的行数据，而不必重新给定选取条件。当改变游标中的数据时，这种变化会自动影响到游标的基本表。

注意：当游标声明中有 INSENSITIVE 选项或 STATIC 选项时，游标内的数据无法被修改。通过游标所做的更新和删除操作总是基于游标当前位置上的记录行的。

【例 8-5】定义游标 Cur_Course，然后打开游标，修改游标内的数据。

```
USE student
GO
DECLARE Cur_Course SCROLL CURSOR
FOR
SELECT * FROM course
FOR UPDATE OF 学分
OPEN Cur_Course
FETCH LAST FROM Cur_Course
UPDATE course
```

```
    SET 学分=4
    WHERE CURRENT OF Cur_Course
FETCH LAST FROM Cur_Course
```

在查询分析器中输入并执行上述代码，结果如图 8-3 所示。

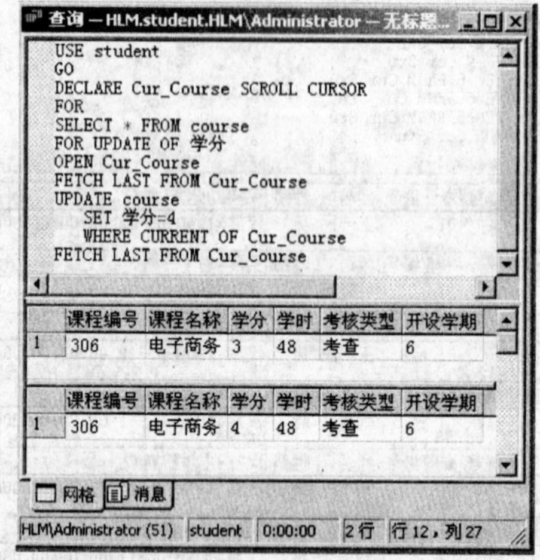

图 8-3 例 8-5 的执行结果 1

游标内最后一条记录“电子商务”课程的学分为 3，UPDATE 语句将其修改为 4。在查询分析器中输入如下语句查询基本表 course 的所有数据：

```
SELECT * FROM course
```

其执行结果如图 8-4 所示。由此看到，通过游标的修改影响到了基本表。

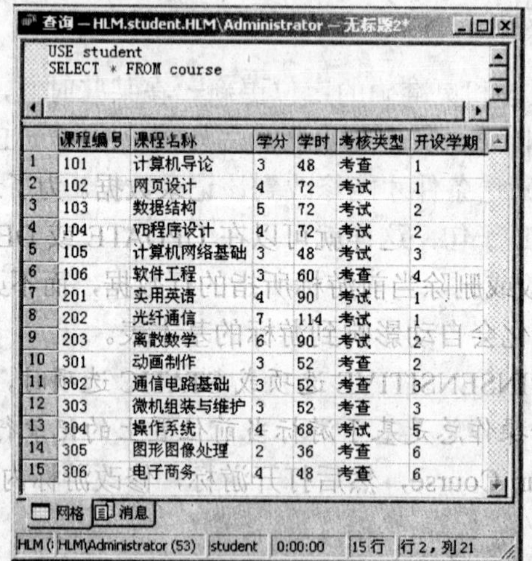

图 8-4 例 8-5 的执行结果 2

若输入下面的语句：

```
FETCH FIRST FROM Cur_Course
DELETE  FROM course
   WHERE CURRENT OF Cur_Course
SELECT * FROM course
```

则执行结果如图 8-5 所示。从 SELECT 语句的查询结果可以看到，从游标内提取的第一条记录“计算机导论”通过游标用 DELETE 语句删除了。

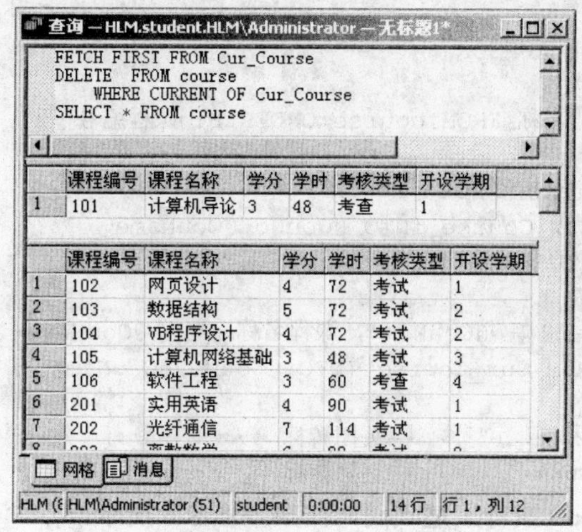

图 8-5　查询删除数据后的基本表

8.1.5　关闭游标

对游标操作结束后，必须关闭游标以释放当前的结果集，并解除定位于该游标记录行上的游标锁定。使用 CLOSE 语句关闭游标以后，该游标的数据结构仍然存储在系统中，但不允许进行提取和定位更新，直到使用 OPEN 语句重新打开游标。

CLOSE 语句必须在一个打开的游标上执行，而不允许在一个仅仅声明的游标或一个已经关闭的游标上执行。CLOSE 语句的语法格式为：

```
CLOSE  [GLOBAL] 游标名
```

其中，游标名为一个已经打开的游标的名称，参数 GLOBAL 表示游标为全局游标。

如关闭游标 Cur_Class 的语句为：

```
CLOSE  Cur_Class
```

8.1.6　删除游标

如果一个游标不再使用时，应及时将其删除以释放所占用的资源。游标被删除之后无法用 OPEN 语句重新打开，必须使用 DECLARE 语句重新声明游标。删除游标使用 DEALLOCATE 语句，其语法格式为：

```
DEALLOCATE  [GLOBAL] 游标名
```

如删除游标 Cur_Class 的语句为：

```
DEALLOCATE  Cur_Class
```

【例 8-6】一个完整的游标使用示例。

该例演示了使用游标的不同语句（DECLARE、OPEN、FETCH、CLOSE、DEALLOCATE）来对表 course 进行循环处理的过程。在循环中每次执行 FETCH 操作时都要引用全局变量@@FETCH_STATUS。当记录指针指向记录集的尾端时，全局变量@@FETCH_STATUS 的值为-1。这样循环 WHILE @@FETCH_STATUS=0 的条件就不成立，从而结束循环操作。

```
USE student
GO
DECLARE @CouNo varchar(3),@CouName varchar(20)  --定义变量
--声明游标
DECLARE Cur_Course CURSOR
FOR
SELECT 课程编号,课程名称 FROM course ORDER BY 课程编号
OPEN Cur_Course                          --打开游标
--用 FETCH 将第一条记录的值存入变量
FETCH NEXT FROM Cur_Course INTO @CouNo,@CouName
WHILE @@FETCH_STATUS=0
  BEGIN
     PRINT '课程编号:' + @CouNo+'，课程名称：' + @CouName
     FETCH NEXT FROM Cur_Course INTO @CouNo,@CouName
  END
CLOSE Cur_Course                --关闭游标
DEALLOCATE Cur_Course           --删除游标
```

在查询分析器中输入并执行上述代码，结果如图 8-6 所示。

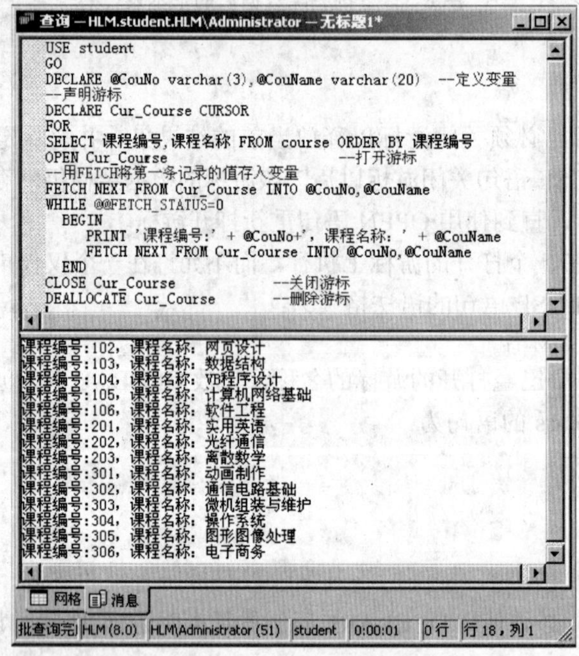

图 8-6 例 8-6 的执行结果

8.2 事务与锁

8.2.1 事务概述

1. 事务的概念

下面通过一个日常生活中常见的例子引入事务的概念。

【例 8-7】从“杨百万”账户转给“邱发财”账户 8 万元。

```
CREATE TABLE accounts(账号  char(6),账户 varchar(20),存款余额 money)
INSERT accounts VALUES('100001','杨百万',1000000)
INSERT accounts VALUES('100002','邱发财',500)
SELECT * FROM accounts
UPDATE  accounts SET 存款余额=存款余额-80000 WHERE 账号='100001'
UPDATE  accounts SET 存款余额=存款余额+80000 WHERE 账号='100002'
SELECT * FROM accounts
```

运行结果如图 8-7 所示。

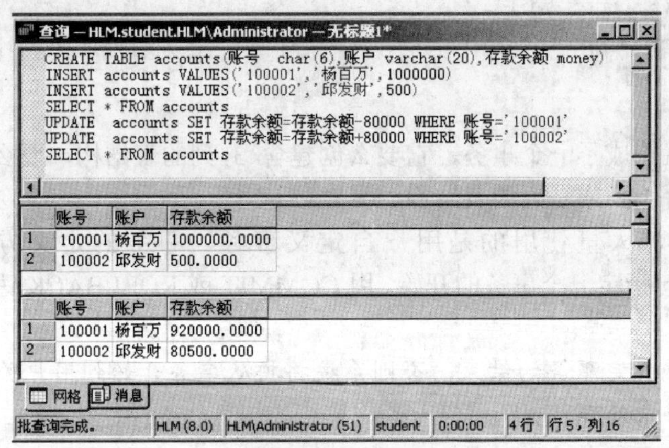

图 8-7　银行转账

假设在执行完第一条 UPDATE 语句的时候，计算机突然停电或崩溃，那么杨百万的钱去哪里了？邱发财收到钱没有？这时，我们希望：上述两条 UPDATE 语句要么全部执行，要么全部取消。事务就是处理这类问题的机制。

事务（Transaction）是 SQL Server 中的一个逻辑工作单元，它由一系列 T-SQL 语句组成。事务中的操作语句作为一个不可分割的整体，要么都正常执行，如果其中任意一条语句执行失败被取消，则这些语句的执行都被取消。SQL Server 2000 利用事务机制保证数据修改的一致性，并且在系统出错时确保数据的可恢复性。

2. 事务的 ACID 属性

事务作为一个逻辑工作单元有 4 个属性：原子性、一致性、隔离性和持久性，即 ACID 属性。

（1）原子性（Atomicity）：事务作为工作的最小单位，即原子单位，其所进行的操作要么全部执行，要么全部不执行（又称全部回滚）。

（2）一致性（Consistency）：事务在完成后，必须使所有的数据都保持一致性状态。在相关数据库中，所有约束和规则都必须应用于事务的修改，以保持所有数据的完整性。事务结束时，所有的内部数据结构都必须是正确的。即事务的执行结果必须是使数据库从一个一致性状态变到另一个一致性状态，即数据库中的数据满足完整性约束条件。

（3）隔离性（Isolation）：由并发事务所做的修改必须与任何其他并发事务的修改隔离。保证事务查看数据时数据所处的状态只能是另一个并发事务修改它之前的状态或者是另一个事务修改它之后的状态，而不能查看中间状态数据。

（4）持久性（Durability）：事务一旦成功提交，其提交结果对于系统的影响是永久的。

3. 事务的类型

SQL Server 的事务可分为两类：系统提供的事务和用户自定义的事务。

系统提供的事务是指在执行某些 T-SQL 语句时，一条语句就构成了一个事务，这些语句是：CREATE、ALTER TABLE、SELECT、DELETE、OPEN、TRUNCATE TABLE、INSERT、UPDATE、FETCH、GRANT、REVOKE 和 DROP。

例如，执行如下的创建表语句：

```
CREATE TABLE score
( 学号 char(6) not null,
  课程编号 char(3) not null,
  成绩 tinyint
)
```

这条语句本身就构成了一个事务，它要么创建含 3 列的表结构，要么对数据库没有任何影响，而不会创建含 1 列或 2 列的表结构。

在实际应用中，大量使用的是用户自定义事务。事务的定义方法是：用 BEGIN TRANSACTION 语句指定一个事务的开始，用 COMMIT 或 ROLLBACK 语句表明一个事务的结束。

注意：必须明确指定事务的结束，否则系统将把从事务开始到用户关闭连接之前所有的操作都作为一个事务来处理。

8.2.2 事务控制语句

1. 开始事务语句

该语句标记一个事务的起始点，语法格式为：

```
BEGIN TRAN[SACTION]  [事务名| @事务变量名
  [WITH  MARK ['描述字符串'] ] ]
```

参数含义：

（1）事务名：可选项，可以为一个事务指定名称，该名称应该符合标识符的命名规则，其长度不能超过 32。

（2）@事务变量名：可选项，存储事务名的事务变量名称，其命名应符合标识符的命名规则，变量的数据类型可以为 char、varchar、nchar 或 nvarchar。

（3）WITH MARK ['描述字符串']：可选项，为事务在日志中执行一个以“描述字符串”为标识的标记。使用 WITH MARK 子句的事务必须指定事务名。

SQL Server 服务器中有一个全局变量@@TRANCOUNT 对事务进行跟踪，BEGIN TRANSACTION 语句将使该变量的值增 1。

2. 提交事务语句

该语句结束一个用户自定义的事务，保证对数据的修改已经成功地写入数据库。其语法格式为：

```
COMMIT [TRAN [SACTION] [事务名 | @事务变量名] ]
```

语法说明同 BEGIN TRANSACTION 语句。

与 BEGIN TRANSACTION 语句相反，COMMIT TRANSACTION 语句的执行使全局变量

@@TRANCOUNT 的值减 1。

3. 回滚事务语句

ROLLBACK TRANSACTION 语句回滚一个事务到事务的开始处或某个保存点。其语法格式为：

```
ROLLBACK TRAN[SACTION ] [事务名| @事务变量名| 保存点名| @保存点变量名]]
```

参数含义：

（1）保存点名：保存事务语句 SAVE TRANSACTION 中定义的保存点名称。保存点名称应该符合标识符命名规则。应用在回滚一部分事务的场合。

（2）@保存点变量名：由用户定义的用来保存保存点名称的变量名，数据类型可以为 char、varchar、nchar 或 nvarchar。

ROLLBACK TRANSACTION 将回滚自事务的起点或某个保存点以后所做的一切修改，并释放由事务控制的资源。如果事务回滚到开始点，则全局变量@@TRANCOUNT 的值减 1；如果只回滚到指定保存点，则@@TRANCOUNT 的值不变。

4. 保存事务断点语句

事务回滚对系统资源开销较大，如果能够预见事务执行时极少有错误发生，可以使用保存点机制。它提供了回滚部分事务的能力，从而在执行回滚语句时可以不必回滚到事务的开始点。

SAVE TRANSACTION 用于在事务中设置一个保存点。其语法格式为：

```
SAVE  TRAN [SACTION]  保存点名 | @保存点变量
```

【例 8-8】定义一个事务，向成绩表 score 中插入 3 条记录，并提交完成。

（1）在查询分析器中执行如下命令：

```
USE student
GO
--开始事务
BEGIN TRANSACTION
INSERT INTO score(学号,课程编号,成绩) VALUES ('011108','301',85)
INSERT INTO score(学号,课程编号,成绩) VALUES ('011108','302',90)
INSERT INTO score(学号,课程编号,成绩) VALUES ('011108','303',88)
--提交事务
ROLLBACK TRANSACTION
```

（2）验证结果，在查询分析器中执行如下命令：

```
SELECT * FROM score WHERE 学号='011108'
```

可以发现以上 3 条记录确实已成功添加到表 score 中。

（3）为了方便后面的测试，应将刚添加的学号='011108'的记录删除：

```
DELETE FROM score WHERE 学号='011108'
```

【例 8-9】定义一个事务，向成绩表 score 中插入 3 条记录，若事务中有任一条语句出错，则取消整个事务，否则提交事务。

（1）在查询分析器中运行如下命令：

```
USE student
SET XACT_ABORT ON   --当事务中有任一条语句出错时，取消整个事务
BEGIN TRANSACTION
INSERT INTO score(学号,课程编号,成绩) VALUES ('011108','301',85)
INSERT INTO score(学号,课程编号,成绩) VALUES ('011108','502',90)
```

```
INSERT INTO score(学号,课程编号,成绩) VALUES ('011108','303',88)
IF @@error=0
COMMIT TRANSACTION
ElSE
    ROLLBACK TRANSACTION
GO
```

（2）验证结果，在查询分析器中执行如下命令：

```
SELECT * FROM score WHERE 学号='011108'
```

可以发现以上 3 条记录确实没有添加到表 score 中，这是因为：第 2 条插入语句的“课程编号”字段不在 course 表中，导致这条插入语句出错，因而取消了整个事务的执行。

【例 8-10】定义一个事务，向 student 数据库的 course 表中插入一条记录，然后设置保存点，再删除该记录行后回滚事务到保存点。

```
USE student
BEGIN TRANSACTION
INSERT course
  VALUES('204','铁道概论',2,36,'考查',2)
GO
SAVE TRAN  My_sav
DELETE FROM course
  WHERE 课程编号='204'
ROLLBACK  TRAN  My_sav
COMMIT TRAN
GO
```

执行语句 SELECT * FROM course 后，会发现新插入的记录行并没有被删除，因为事务中使用 ROLLBACK 语句将操作回滚到保存点 My_sav，即删除前的状态。

8.2.3 锁定与并发控制

1. 锁定概述

当用户对数据并发访问时，为了确保事务的完整性和数据库的一致性，需要使用锁定，它是实现数据库并发控制的主要手段。锁定可以防止用户读取正在由其他用户更改的数据，并可以防止多个用户同时更改相同的数据。如果不使用锁定，则数据库中的数据可能在逻辑上不正确，并且对数据的查询可能会产生意想不到的结果。具体地说，锁定可以防止丢失更新、脏读、不可重复读和幻像读。

（1）丢失更新。

指当两个或多个事务选择同一行，然后基于最初选定的值更新该行时，由于每个事务都不知道其他事务的存在，因此最后的更新将重写由其他事务所做的更新，这将导致数据丢失。

例如，事务 T1 和事务 T2 同时从 course 表中取课程编号为 101 的记录，该记录学分字段的值为 3，如果事务 T1 先将学分的值更改为 4，而后事务 T2 又将学分的值更改为 5，则学分的最后值为 5，从而导致 T1 的修改丢失。

（2）脏读。

指一个事务正在访问数据，而其他事务正在更新该数据但尚未提交，此时就会发生脏读问题，即第一个事务所读取的数据是“脏”（不正确）数据，它可能会引起错误。

例如事务 T1 取 course 表中课程编号为 101 的记录，该记录学分字段的值为 3，如果事务 T1 将学分的值更改为 4 但还未提交确认，这时事务 T2 读取该记录的学分值为 4。之后事务 T1 执行了 ROLLBACK，即撤消了 T1 对学分的更改，学分仍为 3，但事务 T2 已将“脏”数据学分=4 读出了。

（3）不可重复读。

当一个事务多次访问同一行而且每次读取不同的数据时，会发生不可重复读问题。不可重复读与脏读有相似之处，因为该事务也是正在读取其他事务正在更改的数据。当一个事务访问数据时，另外的事务也访问该数据库并对其进行修改，因此就发生了由于第二个事务对数据的修改而导致第一个事务两次读到的数据不一致的情况，这就是不可重复读。

例如事务 T1 和事务 T2 都取 course 表中课程编号为 101 的记录，该记录学分字段的值为 3，如果事务 T1 将学分的值更改为 4 并提交确认，而事务 T2 再次读到的学分值为 4。

（4）幻像读。

当一个事务对某行执行插入或删除操作，而该行属于某个事务正在读取的行的范围时，会发生幻像读问题。事务第一次读的行范围显示出其中一行已不存在于第二次读或后续读中，因为该行已被其他事务删除。同样，由于其他事务的插入操作，事务的第二次或后续读显示有一行已不存在于原始读中。

例如事务 T1 取 course 表中课程编号为 101～105 的多条记录，读取之后，另一事务 T2 将课程编号为 103 的记录删除，这时事务 T1 中读到的数据仍包含课程编号为 103 的记录。

锁定可以防止上述这些问题，它使并发的事务串行化，使各事务都按某种次序来进行，免除了相互干扰。执行锁定，即当一个事务访问数据库时，将拒绝其他事务的访问请求，从而避免产生不正确的结果。

2. 锁模式

SQL Server 使用不同的锁模式锁定资源，这些锁模式确定了并发事务访问资源的方式。下面介绍几种常用的锁模式。

（1）共享锁。

用于所有的只读数据操作，如 SELECT 语句，它允许多个并发事务读取一个资源，但是任何其他事务都不能修改锁定的数据。默认情况下，一旦已经读取数据，便立即释放资源上的共享锁，除非将事务隔离级别设置为可重复读或更高级别，或者在事务生存周期内用锁定提示保留共享锁。

（2）更新锁。

用于可更新的资源中，是为了防止死锁而设立的。

更新锁可以防止通常形式的死锁。一般更新模式由一个事务组成，此事务读取记录，获取资源（页或行）的共享锁，然后修改行，此操作要求锁转换为排他锁。如果两个事务获得了资源上的共享锁，然后试图同时更新数据，则其中一个事务将尝试把锁转换为排他锁。共享模式到排他锁的转换必须等待一段时间，因为一个事务的排他锁与其他事务的共享锁不兼容，这就是锁等待。第二个事务试图获取排他锁以进行更新。由于两个事务都要转换为排他锁，并且每个事务都等待另一个事务释放共享锁，因此会发生死锁。

若要避免这种潜在的死锁问题，请使用更新锁。一次只有一个事务可以获得资源的更新锁。如果事务修改资源，则更新锁转换为排他锁；否则，锁转换为共享锁。

（3）排他锁。

排他锁可以防止并发事务对资源进行访问。其他事务不能读取或修改排他锁锁定的数据。例如执行数据更新语句（INSERT、UPDATE 或 DELETE）时，SQL Server 会自动使用排他锁，确保不会同时对同一资源进行多重更新。

【例 8-11】使用 sp_lock 系统存储过程显示 SQL Server 中当前持有的所有锁的信息。

```
USE master
GO
EXEC sp_lock
GO
```

运行结果如图 8-8 所示。

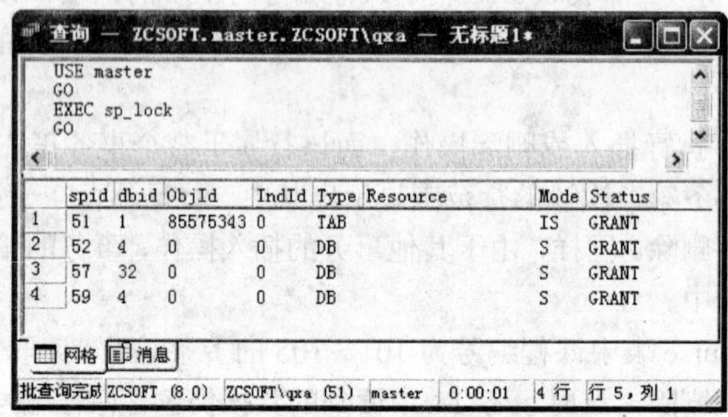

图 8-8 SQL Server 中当前持有的所有锁的信息

3. 死锁

锁定机制的引入能解决并发用户的数据一致性问题，但由此会引起事务间的死锁问题。产生死锁的主要原因是由于两个或更多个事务竞争资源而直接或间接地相互等待而造成的。

死锁会造成资源的大量浪费，甚至会使系统崩溃。对于死锁，SQL Server 2000 自动进行定期搜索，并根据各会话的死锁优先级结束一个代价最低的事务，然后将中断的事务回滚，同时向应用程序返回 1025 号错误信息。

虽然不能完全避免死锁，但可以使死锁的数量减至最少。防止死锁的途径就是不能让满足死锁条件的情况发生。为此，用户需要遵循以下原则：

（1）尽量避免并发地执行涉及修改数据的语句。

（2）要求每个事务一次就将所有要使用的数据全部加锁，否则就不予执行。

（3）预先规定一个封锁顺序，所有的事务都必须按这个顺序对数据进行封锁。例如，不同的过程在事务内部对对象的更新执行顺序应尽量保持一致。

（4）每个事务的执行时间不可太长，对程序段长的事务可考虑将其分割为几个事务。

本章小结

本章主要介绍了游标、事务及锁的含义，并通过实例讲解了游标在处理 select 结果集中的多种应用方法以及采用事务和锁来保障数据访问安全和数据一致性的方法。通过本章的实例，应能够掌握游标的基本使用方法，以及事务的开始、提交、回滚等功能的使用方法。

习题八

一、填空题

1．定义游标用________语句，打开游标用________语句，提取数据用________语句，关闭游标用________语句，删除游标用________语句。

2．反映 FETCH 语句执行情况的一个全局变量是________，若其返回值为________表示 FETCH 语句执行成功。

3．判断游标是否到记录集末尾的全局变量是________。

4．事务具有________、________、________和持久性 4 个属性。

5．SQL Server 2000 中常用的锁模式有共享锁、________、________等。

6．锁是防止其他事务访问指定的________、实现________的一种主要手段。

二、简答题

1．简述游标的作用。

2．简述事务的概念及事务的属性。

3．简述常见的锁模式。

第 9 章　存储过程与触发器

存储过程和触发器是 SQL Server 2000 的重要组成部分，它们的使用对数据库的开发和管理作用巨大。存储过程由一组预先编译好的 SQL 语句组成，将其放在服务器上，由用户通过指定存储过程的名字来执行它。触发器是一种特殊类型的存储过程，它不能被用户显式地调用，而是当用户对数据进行操作（包括对数据的 UPDATE、INSERT 或 DELETE 操作）时自动执行。

本章主要介绍存储过程和触发器的基本概念及其创建、执行、修改和删除等操作的方法。

9.1　存储过程的概念、作用和类型

1. 存储过程的概念

在开发 SQL Server 应用程序的过程中，T-SQL 语言是应用程序与 SQL Server 数据库之间使用的主要编程接口。应用程序与 SQL Server 数据库交互执行某些操作有两种方法：一种是存储在本地的应用程序向 SQL Server 发送 T-SQL 命令，并对返回的数据进行处理；另一种是在 SQL Server 中定义某个过程，其中包含一系列的操作，以后每次应用程序只需调用该过程即可完成指定操作。这种在 SQL Server 数据库中定义的过程被称为存储过程。

存储过程是一组能够完成特定功能的 SQL 语句集，经编译后存储在数据库中。用户通过指定存储过程的名字并给出参数（如果该存储过程带参数）来执行它。

2. 存储过程的作用

存储过程是一种数据库对象，并且在创建时被编译和优化，调用一次后，相关信息就保存在内存中，下次调用时可以直接执行。

存储过程的特点主要有：

（1）存储过程执行速度快。如果一个客户应用程序要访问 SQL Server 服务器上的数据，首先需要将有关查询语句从客户端发送到服务器，然后由服务器将结果返回给客户端。由于存储过程直接保存在服务器中，客户端只需发送一条调用该存储过程的命令，避免了大量命令代码的传送，这样不仅减少了网络流量，也提高了运行速度。存储过程执行一次后，其执行规划就驻留在高速缓冲存储器中。在以后的操作中，只需从高速缓冲存储器中调用已编译好的二进制代码执行，提高了系统性能。

（2）可作为安全机制使用。管理员可以不授予用户访问存储过程中涉及的表的权限，而只授予执行存储过程的权限。这样，既可以保证用户通过存储过程操纵数据库中的数据，又可以保证用户不能直接访问存储过程中涉及的表。用户通过存储过程来访问表所能进行的操作是有限制的，从而保证了表中数据的安全性。

（3）能实现模块化程序设计。存储过程是根据实际功能的需要创建的一个程序模块，并被存储在数据库中。以后用户要完成该功能，只要在程序中直接调用该存储过程即可，而无须再编写重复的程序代码。存储过程可由数据库编程方面的专门人员创建，并可独立于程序源代

码而进行修改和扩展。

（4）能自动完成需要预先执行的任务。存储过程可以在系统启动时自动执行，而不必在系统启动后再进行手工操作，这样大大方便了用户的使用。通过存储过程可以完成一些需要预先执行的任务。当然，这种存储过程必须由系统管理员在 master 数据库中创建。

3. *存储过程的类型*

在 SQL Server 中存储过程分为 3 类：系统存储过程、扩展存储过程和用户存储过程。

（1）系统存储过程。系统存储过程是 SQL Server 系统提供的存储过程，可以作为命令执行各种操作。系统存储过程定义在系统数据库 master 中，并以 sp_为前缀，主要用来从系统表中获取信息，从而为系统管理员管理 SQL Server 提供帮助，为用户查看数据库对象提供方便。比如常用的系统存储过程 sp_help，为检索数据库对象的信息提供了方便、快捷的方法。

尽管系统存储过程被放在 master 数据库中，但是在其他数据库中也可以对其进行调用，而且在调用时不必在存储过程前加数据库名。

（2）扩展存储过程。扩展存储过程是以动态链接库（DLL）形式存在的外部程序。它们用于扩展 SQL Server 的功能，其前缀是 sp_或 xp_。若前缀是 sp_，则该扩展存储过程在 master 数据库之外也可直接调用；否则，必须在扩展存储过程前面加上 master.dbo.前缀。

（3）用户存储过程。用户存储过程是由用户根据实际问题的需要所创建的存储过程。在命名时一般不要以 sp_或 xp_开头，以区别于系统存储过程和扩展存储过程。

9.2　无参数存储过程的创建、执行、修改和删除

用户定义的存储过程只能在当前数据库中创建。存储过程创建后其过程名存储在 sysobjects 系统表中，存储过程的定义文本存储在 syscomments 系统表中。可以在创建时对它加密使其定义文本在系统表中也不能明文显示。

1. *存储过程的创建*

在 SQL Server 中通常可以使用两种方法创建存储过程：一种是使用企业管理器创建存储过程；另一种是使用查询分析器执行 SQL 命令创建存储过程。

（1）使用企业管理器创建存储过程。

下面来举例说明如何使用企业管理器创建存储过程。

【例 9-1】在 student 数据库中，创建一个存储过程 stu_requery01，该存储过程的功能是查询“计算机 05A1”班学生的姓名、性别、年龄和籍贯信息。

操作步骤如下：

1）打开企业管理器，展开控制台目录，依次展开服务器组、服务器、数据库节点。

2）单击相应的数据库（这里我们选择 student 数据库），在控制台树窗格中选中“存储过程”。这时右侧窗格中显示已有的存储过程，“类型”列显示“系统”的为系统存储过程，显示“用户”的为用户创建的存储过程。

3）在“存储过程”图标上右击，从弹出的快捷菜单中选择“新建存储过程”选项，弹出“存储过程属性”对话框，并给出一个通用模板，如图 9-1 所示。

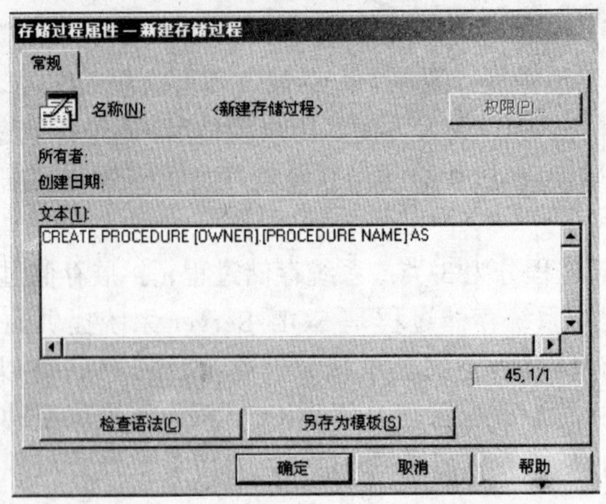

图 9-1 “存储过程属性”对话框

4）在“文本”文本框中首先输入所有者和存储过程的名称，例如将所有者 OWNER 替换为 DBO，将 PROCEDURE NAME 替换为 stu_requery01。在“文本”文本框的第二行输入创建存储过程的正文，根据题意输入如下语句：

```
SELECT 姓名,性别,YEAR(GETDATE())-YEAR(出生日期) AS 年龄
FROM stu_info,class
WHERE stu_info.班级编号=class.班级编号
     and 班级名称='计算机 05A1'
```

5）输入完毕，单击“检查语法”按钮，进行语法检查，若语法检查成功，系统会弹出提示信息框，提示“语法检查成功”，如图 9-2 所示；若语法不正确，可直接在文本框中进行修改，然后重新检查语法，直到语法检查成功为止。

图 9-2 语法检查成功提示信息

6）单击“存储过程属性”对话框中的“确定”按钮，即可保存所创建的存储过程并关闭该对话框。

由此可知，在企业管理器中直接创建存储过程，只是利用系统提供的一个编辑环境输入代码，除了自动产生 CREATE PROCEDURE 等几个关键字外，与在查询分析器中输入代码创建存储过程区别不大。

（2）使用 SQL 语句创建存储过程。

在查询分析器中，用 SQL 语句创建存储过程的语法格式如下：

```
CREATE PROCEDURE 存储过程名
[ WITH {RECOMPILE | ENCRYPTION | RECOMPILE, ENCRYPTION}]
AS
SQL 语句 [,…,n]
```

参数含义：

1）存储过程名：用户创建的存储过程的名称，它必须符合标识符的命名规则且对于数据库及其所有者必须唯一。

2）WITH 子句：指定一些选项。RECOMPILE 表明 SQL Server 不保存存储过程的计划，该过程将在每次运行时重新编译；ENCRYPTION 表明 SQL Server 加密 syscomments 系统表中包含 CREATE PROCEDURE 语句文本的条目。

3）SQL 语句：在存储过程中要执行的 T-SQL 语句。

注意：CREATE PROCEDURE 语句必须是批处理中的第一条语句。

【例 9-2】在 student 数据库中，创建一个存储过程 stu_grade，该存储过程的功能是查询“刘小东”各门课程的成绩，并要求加密文本条目。

```
USE student
GO
CREATE PROCEDURE stu_grade
WITH ENCRYPTION
AS
SELECT 姓名,课程名称,成绩
FROM stu_info,course,score
WHERE stu_info.学号=score.学号 and course.课程编号=score.课程编号
     and 姓名='刘小东'
GO
```

2. 查看存储过程

（1）使用企业管理器查看存储过程。

1）打开企业管理器，展开控制台目录，依次展开服务器组、服务器、数据库节点。

2）单击相应的数据库（这里我们选择 student 数据库），选择“存储过程”节点。这时右侧窗格列表中将显示当前数据库中所有的存储过程。

3）选中需要查看的存储过程，如 stu_requery01，双击；或者右击，从弹出的快捷菜单中选择“属性”选项，弹出“存储过程属性”对话框，如图 9-3 所示。

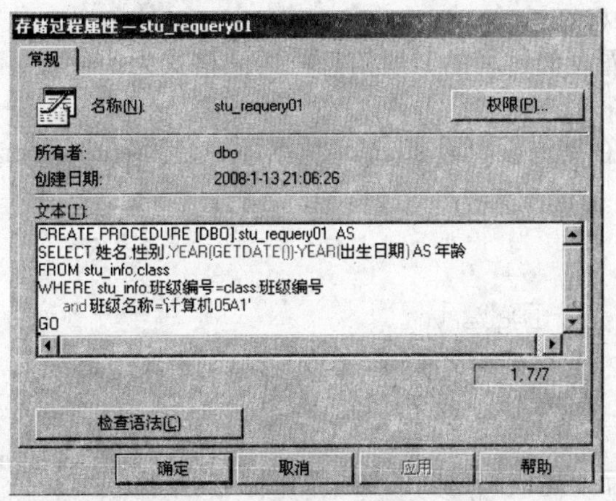

图 9-3　查看存储过程的定义

（2）使用查询分析器查看存储过程。

1）打开查询分析器，登录到要使用的服务器。

2）在对象浏览器窗格中选择相应的数据库，在该数据库树下打开存储过程文件夹，这时将显示已有的存储过程及其参数和相关性，如图 9-4 所示。

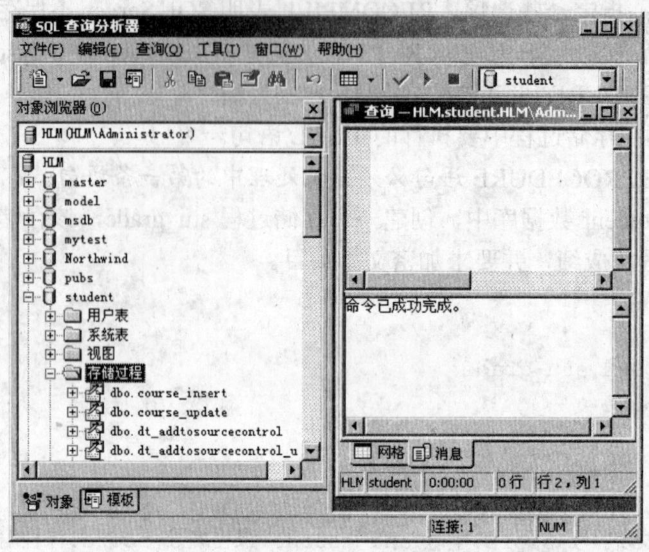

图 9-4 在查询分析器中查看存储过程的定义

3）选中已有的用户存储过程并右击，从弹出的快捷菜单中选择“编辑”选项，可以查看和编辑用户存储过程的代码等。

（3）使用系统存储过程查看存储过程的信息。

在 SQL Server 中，根据不同的需要，可以使用 sp_helptext、sp_depends、sp_help 等系统存储过程来查看存储过程的不同信息。每个系统存储过程的具体作用和语法如下：

1）使用 sp_helptext 查看存储过程的文本信息，语法格式为：

```
sp_helptext 存储过程名
```

2）使用 sp_depends 查看存储过程的相关性，语法格式为：

```
sp_depends 存储过程名
```

3）使用 sp_help 查看存储过程的一般信息，语法格式为：

```
sp_help 存储过程名
```

【例 9-3】使用系统存储过程查看 student 数据库中名为 stu_requery01 的存储过程的定义、相关性以及一般信息。

```
USE student
GO
EXEC sp_helptext stu_requery01
EXEC sp_depends stu_requery01
EXEC sp_help stu_requery01
GO
```

在查询分析器中执行上述代码返回的结果如图 9-5 所示。

由于例 9-2 在创建存储过程时使用了 WITH ENCRYPTION 选项，所以使用系统存储过程 sp_helptext 无法看到所定义的存储过程文本，且在查询分析器的消息选项卡中显示“对象备注已加密。”，如图 9-6 所示。

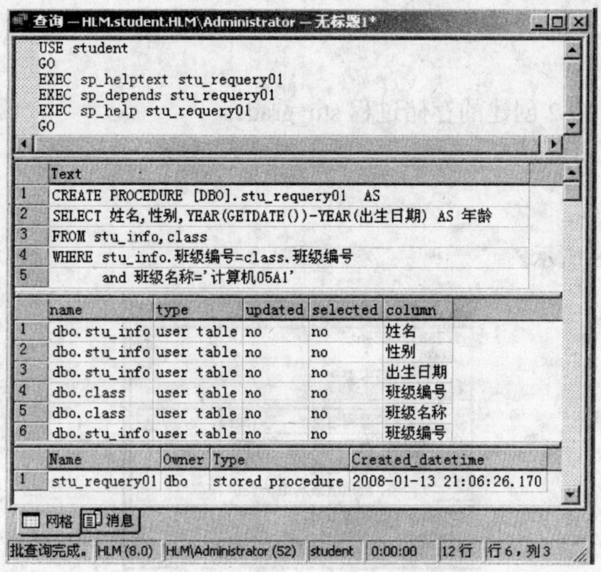

图 9-5　在查询分析器中查看存储过程

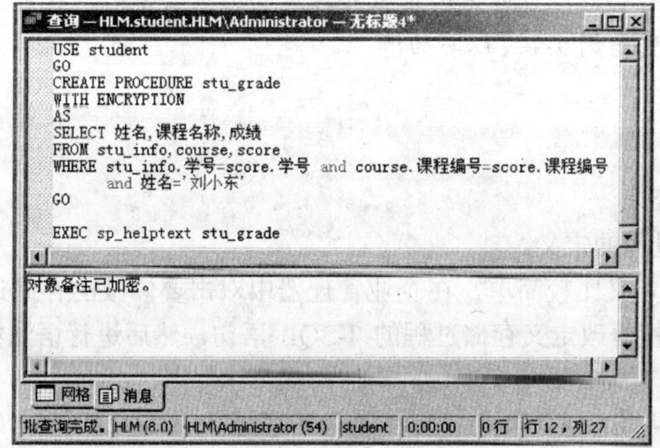

图 9-6　使用 WITH ENCRYPTION 选项加密文本

如果在企业管理器中双击加密的存储过程试图打开该文本，系统将提示出错信息，如图 9-7 所示。

图 9-7　在企业管理器中双击加密的存储过程系统提示错误

3. 存储过程的执行

对于创建的无参数的存储过程，执行起来很简单。在查询分析器中使用 EXECUTE（或简写为 EXEC）命令即可执行存储过程，常用的语法格式为：

```
EXECUTE　存储过程名
```

或

```
EXEC  存储过程名
```

【例 9-4】执行例 9-2 创建的存储过程 stu_grade。

```
USE student
GO
EXECUTE stu_grade
```

执行结果如图 9-8 所示。

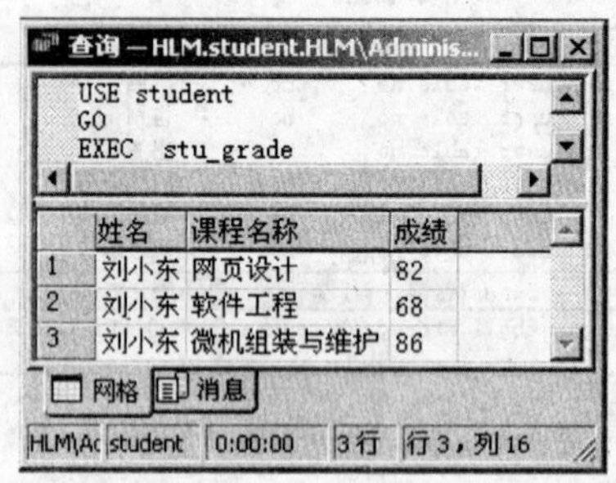

图 9-8　存储过程 stu_grade 的执行结果

注意：如果该执行存储过程的语句是批处理中的第一条语句，也可以直接使用“存储过程名”执行该存储过程。例 9-4 可以写为：

```
USE student
GO
stu_grade
```

4. 存储过程的修改

（1）修改存储过程的定义。

修改存储过程的定义比较简单，在企业管理器中双击要修改的存储过程，在“存储过程属性”对话框中，直接修改定义存储过程的 T-SQL 语句，然后进行语法检查，单击“确定”按钮即可。如果利用 T-SQL 语句实现，其语法格式为：

```
ALTER PROCEDURE 存储过程名
  [ WITH {RECOMPILE | ENCRYPTION | RECOMPILE, ENCRYPTION}]
 AS
SQL 语句[,…,n]
```

其语法类似创建存储过程的语法，只是将关键字 CREATE 改为 ALTER。在用户存储过程被加密的情况下，只能利用此语句对存储过程进行修改。

【例 9-5】修改存储过程 stu_requery01，使该存储过程返回“网络技术 06A1”班学生的姓名、性别、年龄和籍贯信息。

```
USE student
GO
ALTER PROCEDURE stu_requery01
as
SELECT 姓名,性别,YEAR(GETDATE())-YEAR(出生日期) AS 年龄
FROM stu_info,class
WHERE stu_info.班级编号=class.班级编号
     and 班级名称='网络技术 06A1'
GO
```

（2）重新命名用户存储过程。

用户存储过程可以更改名字，方法有以下两种：

1）使用企业管理器修改。在企业管理器中，选择要修改的存储过程并右击，在弹出的快捷菜单中选择“重命名”选项，即可修改存储过程的名字。

2）使用系统存储过程 sp_rename 修改。

语法格式为：

```
sp_rename <原存储过程名称>,<新存储过程名称>
```

【例 9-6】将存储过程 stu_grade 更名为 stu_score。

```
USE student
GO
sp_rename stu_grade,stu_score
GO
```

5. 存储过程的删除

当存储过程不再需要时，可以使用企业管理器或 DROP PROCEDURE 语句将其从数据库中删除。

（1）使用企业管理器删除存储过程。在企业管理器中选择对应数据库中要删除的存储过程并右击，从弹出的快捷菜单中选择“删除”选项，弹出“除去对象”对话框（如图 9-9 所示），单击“全部除去”按钮，即完成了存储过程的删除。

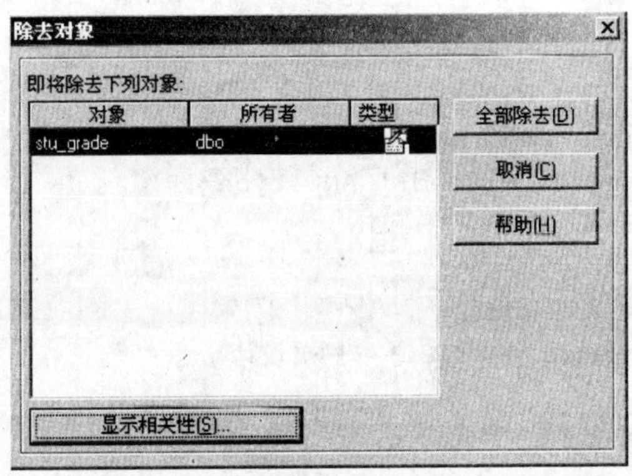

图 9-9　“除去对象”对话框

（2）使用 DROP PROCEDURE 语句删除存储过程。

语法格式为：

```
DROP PROCEDURE 存储过程名 [,…,n]
```

功能：从当前数据库中删除一个或多个存储过程，存储过程名之间用逗号分隔。

【例 9-7】删除 student 数据库中的 stu_grade 存储过程。

```
USE student
GO
DROP PROCEDURE stu_grade
GO
```

删除存储过程前，必须确认该存储过程没有任何依赖关系。可以使用 sp_depends 存储过程来查看是否有对象依赖于该存储过程。例如：

```
EXEC sp_depends stu_grade
```

9.3 带参数存储过程的创建和执行

在存储过程中使用参数，可以扩展存储过程的功能。存储过程通过参数与调用它的程序通信。在程序中调用存储过程时，可以通过输入参数将数据传给存储过程，存储过程可以通过输出参数和返回值将数据返回给调用它的程序。

存储过程的参数在创建时应在 CREATE PROCEDURE 和 AS 关键字之间定义，每个参数都要指定参数名和数据类型。参数名必须以@符号为前缀。用户可以为参数指定默认值，如果调用存储过程时不为输入参数传入数据，系统就会将默认值传给输入参数。如果是输出参数，应用 OUTPUT 关键字描述，各个参数定义之间用逗号隔开。

具体语法如下：

```
@参数名 数据类型[=default][OUTPUT]
```

1. 带输入参数的存储过程的实现

例 9-2 中 stu_grade 这个存储过程只能对“刘小东”这个特定的学生进行查询，要使这个存储过程更加实用，学生的姓名就应该是可变的，这样存储过程才能返回任何指定学生的各门课程的成绩信息。下面通过在 stu_grade 存储过程中使用输入参数的方法来增加其通用性。

【例 9-8】创建存储过程 stu_grade02，用于查询某个学生某门课程的成绩。默认课程为“网页设计”。

```
USE student
GO
IF EXISTS(SELECT name FROM sysobjects
       WHERE name='stu_grade02' AND type='P')
DROP PROC stu_grade02
GO
CREATE PROCEDURE stu_grade02
@xm varchar(8),@kcmc varchar(20)='网页设计'
AS
SELECT 姓名,课程名称,成绩
FROM stu_info,course,score
WHERE stu_info.学号=score.学号 and course.课程编号=score.课程编号
     and 姓名=@xm and  课程名称=@kcmc
GO
```

对于本例带输入参数且其中有默认值的存储过程 stu_grade02，在执行时需要向它传递实参，或指定其中的参数采用默认值。有多种执行方式，下面列出了一部分：

```
EXECUTE stu_grade02 '刘欢欢','网页设计'
EXECUTE stu_grade02 '刘欢欢',default      /*第二个参数采用默认值*/
EXECUTE stu_grade02 '刘欢欢'              /*按形参位置顺序，default 也可省略*/
EXECUTE stu_grade02 @xm='刘欢欢',@kcmc='网页设计'
EXECUTE stu_grade02 @kcmc='网页设计',@xm='刘欢欢'
                    /*因为指定了形参名，实参值不必以定义时的顺序给出*/
EXECUTE stu_grade02 @kcmc=default,@xm='刘欢欢'
                    /*@kcmc 参数采用默认值*/
```

通过查询分析器运行，结果如图 9-10 所示。

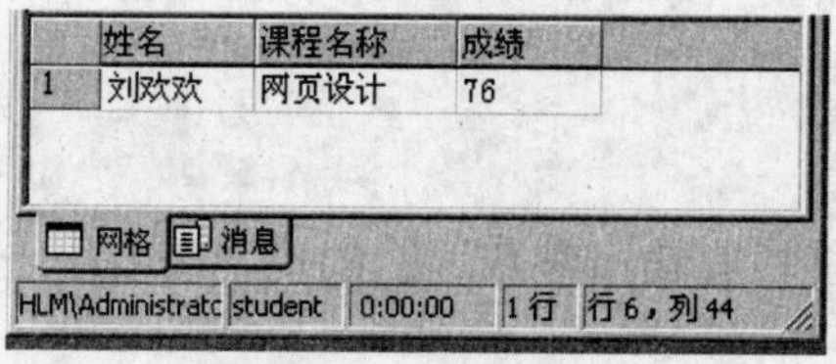

	姓名	课程名称	成绩
1	刘欢欢	网页设计	76

网格　消息

HLM\Administratc　student　0:00:00　1 行　行 6，列 44

图 9-10　例 9-8 的运行结果

在存储过程的输入参数中也可以使用通配符。如果没有提供参数，则使用预设的默认值。

【例 9-9】创建存储过程 stu_course，用于从 3 个表的联接中返回指定学生的学号、姓名、所选课程名称及该课程的成绩。默认参数为姓刘的学生。

```
USE student
GO
IF EXISTS(SELECT name FROM sysobjects
      WHERE name='stu_course' AND type='P')
DROP PROC stu_course
GO
CREATE PROCEDURE stu_course
@xm varchar(8)='刘%'
AS
SELECT a.学号,姓名,课程名称,成绩
  FROM stu_info a ,course b,score c
  WHERE a.学号=c.学号  and b.课程编号=c.课程编号
     and 姓名 LIKE @xm
GO
```

存储过程 stu_course 也可以有多种执行形式，下面列出了一部分：

```
EXECUTE stu_course              /*参数使用默认值*/
EXECUTE stu_course '王%'        /*传递给@xm 的实参为'王%'*/
EXECUTE stu_course '[土张]%'
```

2. 带输出参数的存储过程的实现

通过定义输出参数，可以从存储过程中返回一个或多个值。定义输出参数需要在参数定义后加 OUTPUT 关键字。

【例 9-10】创建存储过程 stu_grade03，用于查询某个学生所修课程的总学分。当输入一个学生的姓名时，该存储过程将统计出该学生所有选修课程的总学分。

```
USE student
GO
IF EXISTS(SELECT name FROM sysobjects
      WHERE name='stu_grade03' AND type='P')
DROP PROC stu_grade03
GO
CREATE PROCEDURE stu_grade03
@xm varchar(8),@total tinyint OUTPUT
AS
SELECT @total=SUM(学分)
```

```
FROM stu_info,course,score
WHERE stu_info.学号=score.学号 and course.课程编号=score.课程编号
    and 姓名=@xm
GROUP BY stu_info.学号
GO
```

运行该存储过程时为了能接收输出参数返回的值，需要用一个局部变量作为参数传递，并要加上 OUTPUT 关键字。

在查询分析器中使用以下语句执行存储过程 stu_grade03，运行结果如图 9-11 所示。

```
USE student
GO
DECLARE @score_total int
EXECUTE stu_grade03 '刘小东',@score_total OUTPUT
SELECT '刘小东所选课程的总学分为：',@score_total
GO
```

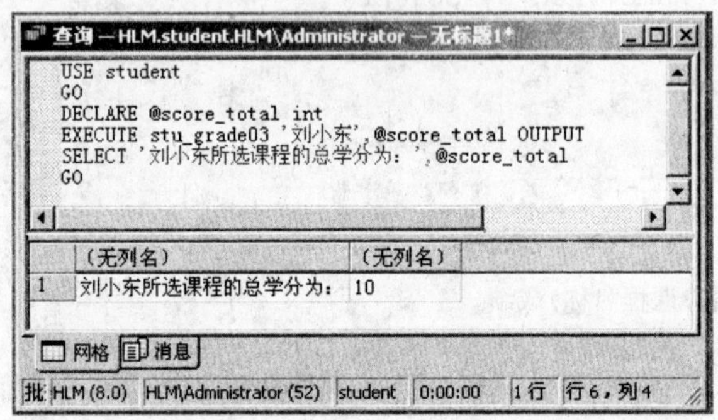

图 9-11 例 9-10 的运行结果

注意：OUTPUT 变量必须在定义存储过程和使用该存储过程时都进行定义。定义时的参数名和调用时的变量名不一定要相同，不过数据类型和参数位置必须匹配。

3. 带返回值的存储过程的实现

在存储过程中除了可以返回输出参数之外，还可以有返回值，用来显示存储过程的执行情况。存储过程在执行后都会返回一个整数值。一般情况下，返回值为 0 表示存储过程执行成功，否则表示出现异常。也可以用 RETURN 语句来指定一个返回值。

【例 9-11】创建存储过程 select_course，根据指定的学号查询其是否选修课程，并将其值返回。

```
USE student
GO
IF EXISTS(SELECT name FROM sysobjects
        WHERE name='select_course' AND type='P')
DROP PROC select_course
GO
CREATE PROCEDURE select_course
@xh char(6)
AS
DECLARE @course_count int
```

```
SELECT @course_count=count(*)
FROM score
WHERE 学号=@xh
RETURN @course_count
```

调用存储过程并获得返回值：

```
DECLARE @courses int
EXEC @courses=select_course '011101'
IF @courses>0
  PRINT '该学生选课门数为：'+CAST(@courses AS char)
ELSE
  PRINT '该学生未选课！'
```

在上面的 PRINT 语句中将局部变量@courses 由原来的 int 类型转换为 char 类型后与前面的字符串连接形成整个输出字符串。

执行结果为：

```
该学生选课门数为：3
```

9.4　触发器的概念、作用和类型

1. 触发器的概念

触发器是一类特殊的存储过程，不同于前面介绍过的存储过程，它不能被显式地调用，也不能被传送和接受参数。触发器与表的关系密切，用于保护表中的数据。当对表进行插入记录、删除记录和修改记录等操作时，触发器会自动被激活执行，从而防止对数据的不正确操作。

2. 触发器的作用

触发器与表的关系密切，主要用于维护数据库表中的数据完整性。

（1）触发器可以强制实现比 CHECK 约束更为复杂的约束条件。在触发器中可以使用 T-SQL 语言的数据操作语句和程序流程控制语句进行复杂的逻辑处理，可以实现仅靠约束表达式无法实现的复杂的数据完整性操作。

（2）触发器可以评估数据修改前后的表状态，并根据其差异采取对策。如取消插入或修改数据、显示用户定义错误信息等。

（3）通过触发器可以实现多个表间数据的一致。与 CHECK 约束不同，触发器可以用其他表中的列。

（4）SQL Server 将触发器和触发它的语句作为可在触发器内回滚的单个事务对待，如果检测到严重错误（如磁盘空间不足），整个事务即自动回滚。

3. 触发器的类型

一般情况下，对表数据的操作有插入、修改和删除，因而维护数据的触发器也可分为 3 种类型：INSERT 触发器、DELETE 触发器和 UPDATE 触发器，它们分别在对应语句执行前或执行后被激活。SQL Server 也允许一个触发器同时被以上三者中的两个或全部操作激活。

按照触发器被触发的时机可以分为两种类型：AFTER 触发器和 INSTEAD OF 触发器。

AFTER 触发器又称为后触发器，该类触发器是在引起触发器执行的语句成功完成之后执行。如果语句因错误（如违反约束或语法错误）而执行失败，触发器将不会执行。此类触发器只能定义在表上，不能创建在视图上。可以为每个触发操作（INSERT、UPDATE 或 DELETE）

创建多个 AFTER 触发器，使用 sp_settriggerorder 定义哪个 AFTER 触发器最先触发，哪个最后触发。除第一个和最后一个触发器外，所有其他 AFTER 触发器的激发顺序不确定，并且无法控制。

INSTEAD OF 触发器又称为替代触发器，当引起触发器执行的语句停止执行时，该类触发器代替触发操作执行。该类触发器既可在表上定义，也可在视图上定义。对于每个触发操作（INSERT、UPDATE 或 DELETE），只能定义一个 INSTEAD OF 触发器。

4. 触发器中使用的特殊表

触发器在表上定义。执行触发器时，系统创建了两个特殊的临时表：inserted 表和 deleted 表。它们存在于内存中而不是数据库中，这两个表的结构总是与被触发器作用的表的结构相同。它们由系统来维护，用户不能对其进行修改，但可以从表中获取数据。触发器执行完成后，与该触发器相关的这两个表也会被删除。

（1）inserted 表：保存插入到表中的记录。当向表中插入数据时，INSERT 触发器激活执行，新的记录插入到激活触发器的表中，同时也插入到 inserted 表中。

（2）deleted 表：保存已从表中删除的记录。当触发一个 DELETE 触发器时，被删除的记录存放到 deleted 表中。

修改一条记录等于插入一条新记录，同时删除旧的记录。所以对定义了 UPDATE 触发器的表进行修改时，表中的原记录移到 deleted 表中，修改过的记录插入到表中，同时也插入到 inserted 表中。

inserted 和 deleted 临时表的查询方法与数据库表的查询方法相同。在触发器中可通过检查 inserted 表、deleted 表及被修改的表获知相应语句的作用结果，也可通过临时表恢复原表中的数据。

9.5 触发器的实施

9.5.1 创建触发器

触发器可以在企业管理器中创建，也可以在查询分析器中用 SQL 语句创建。在创建触发器前，必须注意以下几点：

（1）CREATE TRIGGER 语句必须是批处理中的第一条语句，并且只能应用到一个表中。

（2）触发器只能在当前数据库中创建，但触发器可以引用其他数据库的对象。

（3）触发器不能在临时表或系统表上创建，可以引用临时表，但不能引用系统表。

（4）创建触发器的权限默认是分配给表的所有者，而且不能再授权给其他用户。

（5）尽管 TRUNCATE TABLE 语句类似于没有 WHERE 子句（用于删除行）的 DELETE 语句，但由于该语句不被记入日志，所以它不会引发 DELETE 触发器。

在创建触发器时，必须指明在哪一个表上定义触发器以及触发器的名称、触发时机、激活触发器的修改语句（INSERT、UPDATE 或 DELETE）。

1. 使用 SQL 语句创建触发器

常用语法格式为：

```
CREATE TRIGGER 触发器名 ON 表名|视图名
```

```
[WITH ENCRYPTION]
{  { FOR|AFTER | INSTEAD OF }
   { [DELETE][,][INSERT][,][UPDATE] }
AS
SQL 语句
}
```

参数含义：

（1）触发器名：要创建的触发器名称，它必须符合标识符的命名规则且在当前数据库中必须唯一。

（2）表名|视图名：绑定触发器的表或视图，即其上要创建触发器的表或视图。

（3）WITH ENCRYPTION：用于对 syscomments 系统表中含 CREATE TRIGGER 语句的文本进行加密。

（4）AFTER：用于说明触发器在指定操作都成功执行后触发。AFTER 是默认设置。此类型触发器不能在视图上定义。

（5）INSTEAD OF：指定用触发器中的操作代替触发语句的操作。

（6）FOR：是在 SQL Server 2000 以前版本中使用的关键字，现在的作用等同于 AFTER。

（7）DELETE、INSERT、UPDATE：用于指定在表或视图上执行何种操作时将激活触发器。必须至少指定一个选项。若指定的选项多于一个，需要用逗号分隔开。

（8）SQL 语句：触发器被触发后将执行的语句。

【例 9-12】（使用 INSTEAD OF 触发器）在 student 数据库的 course 表上创建一个 DELETE 触发器 CourseDelete，当在 course 表中删除记录时激活触发器，显示不允许删除表中数据的提示信息。

```
USE student
GO
IF EXISTS(SELECT name FROM sysobjects
        WHERE name='CourseDelete' AND type='TR')
DROP TRIGGER CourseDelete
GO
CREATE TRIGGER CourseDelete ON course
INSTEAD OF DELETE
AS
  PRINT 'instead of 触发器开始执行......'
  PRINT '本表中的数据不允许删除！'
GO
```

创建触发器之后，在查询分析器中输入以下语句：

```
DELETE FROM course WHERE 课程编号='102'
```

运行结果如图 9-12 所示。由图中“消息”选项卡显示的信息可知，DELETE 语句确实激活了 CourseDelete 触发器。

如果把 course 表打开，可以看到课程编号='102'的记录仍然存在于表中。由此可知，INSTEAD OF 触发器替代了 DELETE 语句的执行。

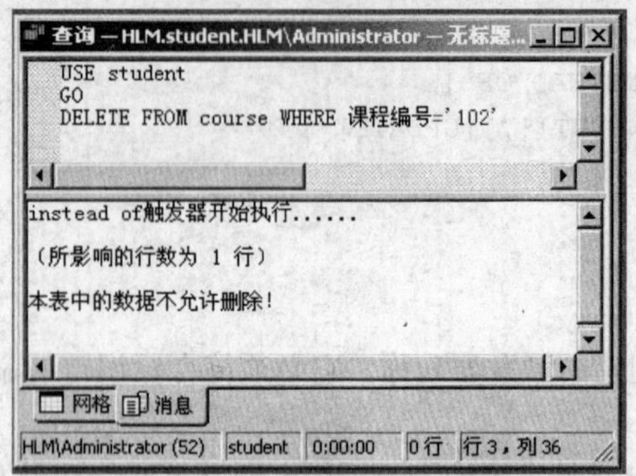

图 9-12 例 9-12 的运行结果

【例 9-13】（使用 AFTER 触发器）在 student 数据库中创建一个触发器 check_trig，当向 score 表插入一记录时，检查该记录的学号在 stu_info 表中是否存在，检查课程编号在 course 表中是否存在，若有一项为否，则不允许插入记录。

```
USE student
GO
IF EXISTS(SELECT name FROM sysobjects
      WHERE name='check_trig' AND type='TR')
DROP TRIGGER check_trig
GO
CREATE TRIGGER check_trig ON score
FOR INSERT
AS
IF EXISTS(SELECT * FROM inserted a
   WHERE a.学号 NOT IN ( SELECT b.学号 FROM stu_info b) OR
        a.课程编号 NOT IN ( SELECT c.课程编号 FROM course c)
        )
  BEGIN
    RAISERROR( '违背数据的一致性！',16,1)
    ROLLBACK TRANSACTION
  END
```

本例采用 AFTER 触发器，在插入语句执行完毕后才被激活。如果新插入的记录对应的学号在 stu_info 表中不存在，或课程编号在 course 表中不存在，则为了取消刚完成的操作，程序中使用 ROLLBACK TRANSACTION 语句取消事务。

在 SQL Server 2000 中，除了用 PRINT 语句发送消息外，还常用 RAISERROR 语句发送消息。RAISERROR 语句比 PRINT 语句的功能更强，它的主要作用是将错误信息显示在屏幕上，同时也可以记录在 SQL Server 2000 错误日志和操作系统应用程序日志中。

RAISERROR 语句的基本语法格式为：

```
RAISERROR({用户自定义错误号|消息字符串},{,严重等级,状态})
```

其中：

（1）用户自定义错误号：是在 sysmessages 系统表中的用户自定义错误信息的错误号，任何用户自定义的错误号都应大于 50000，小于 50000 的错误号保留给 SQL Server 系统错误用。

（2）消息字符串：在 RAISERROR 语句中以字符串形式直接给出的错误信息。

（3）严重等级：用大于 0 的整数表示。严重等级为 0～18 的错误可被任何用户引发，严重等级为 19～25 的错误只能由系统管理员引发。

（4）状态：代表发生错误时的状态信息，可以是 1～127 之间的任意整数。

用 RAISERROR 指定用户定义的错误信息时，使用大于 50000 的错误信息号以及从 0 到 18 的严重等级。

【例 9-14】（使用 UPDATE 触发器）在 student 数据库的 speciality 表上创建一个触发器 update_speciality，当用户修改“专业编号”字段时提示用户不能修改此字段。

```
USE student
GO
IF EXISTS(SELECT name FROM sysobjects
      WHERE name='update_speciality' AND type='TR')
DROP TRIGGER update_speciality
GO
CREATE TRIGGER update_speciality ON speciality
FOR UPDATE
AS
 IF UPDATE(专业编号)
   BEGIN
      RAISERROR( '违背数据的一致性，不能修改专业编号！',16,1)
      ROLLBACK TRANSACTION
   END
```

IF UPDATE(列名)用于测试在指定列上进行的 INSERT 或 UPDATE 操作，不能用于 DELETE 操作。IF UPDATE(列名)可以实现当指定列被更新时激活触发器。

2. 使用企业管理器创建触发器

用企业管理器创建触发器的步骤如下：

（1）打开企业管理器，登录到要使用的服务器。

（2）展开要创建触发器的表所在的数据库，选中该表并右击，在弹出的快捷菜单中选择“所有任务”→“管理触发器”选项，弹出“触发器属性”对话框，如图 9-13 所示。

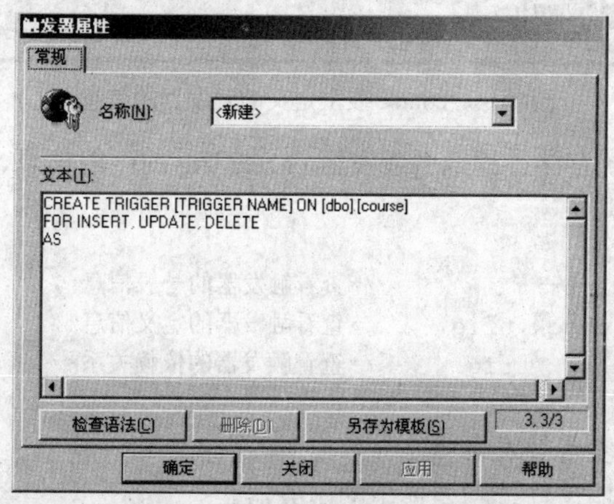

图 9-13　“触发器属性”对话框

（3）在“名称”下拉列表框中选择“新建”，在“文本”文本框中输入触发器文本。

（4）单击“检查语法”按钮，检查语法是否正确。

（5）单击“确定”按钮，保存触发器。

9.5.2 查看触发器

触发器创建好后，其名称保存在系统表 sysobjects 中，其源代码保存在 syscomments 中。如果需要查看触发器信息，既可以使用系统存储过程，也可以使用企业管理器。

1. 使用系统存储过程查看触发器信息

触发器是特殊的存储过程，查看存储过程的系统存储过程都可以用于触发器。可以使用 sp_help 查看触发器的一般信息，如名称、所有者、类型和创建时间，使用 sp_helptext 查看未加密的触发器的定义信息，使用 sp_depends 查看触发器的依赖关系。除此之外，SQL Server 还提供了一个专门用于查看表的触发器信息的系统存储过程 sp_helptrigger，其语法格式如下：

```
sp_helptrigger 表名,[type]
```

其中，type 是触发器类型的取值范围，包括 INSERT、UPDATE 和 DELETE。如果不设置 type 的值，则返回定义在该表上的所有触发器的信息。

【例 9-15】查看表 course 上定义的触发器的信息。

```
USE student
GO
EXEC sp_helptrigger course
GO
```

在查询分析器中运行上面的程序，将在其结果窗口中返回 course 表上所定义的触发器的信息，从中可以了解当前表中触发器的名称、所有者以及触发条件，如图 9-14 所示。

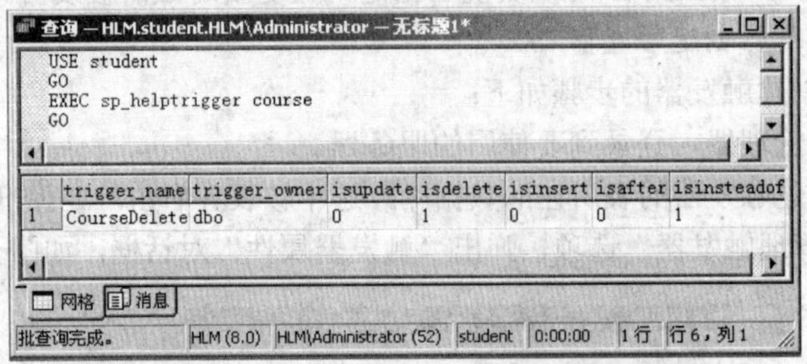

图 9-14 course 表上定义的触发器的信息

【例 9-16】使用系统存储过程查看触发器 check_trig 的一般信息、定义信息以及相关性。

```
USE student
GO
EXEC sp_help check_trig          /*查看触发器的一般信息*/
EXEC sp_helptext check_trig      /*查看触发器的定义信息*/
EXEC sp_depends check_trig       /*查看触发器的依赖关系*/
GO
```

2. 使用企业管理器查看触发器信息

（1）打开企业管理器，登录到要使用的服务器。

（2）选择相应的数据库，然后选中表并右击，在弹出的快捷菜单中选择“所有任务”→“管理触发器”选项，如图 9-15 所示，弹出“触发器属性”对话框，如图 9-16 所示。

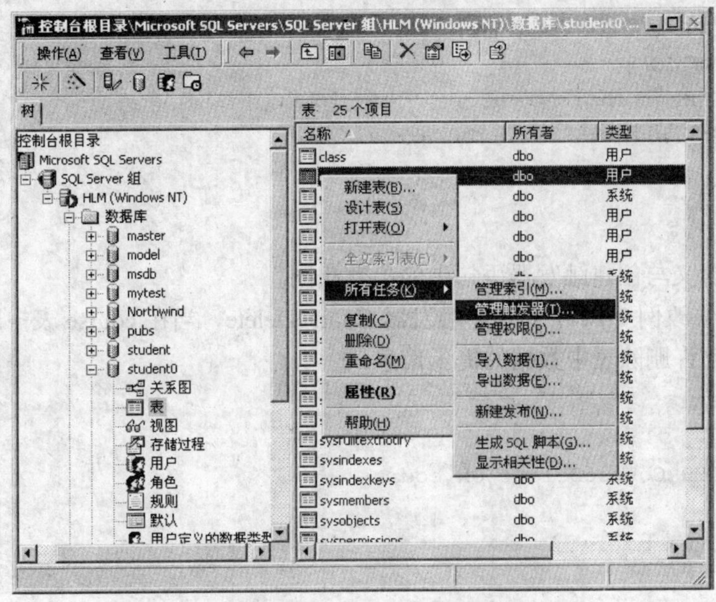

图 9-15　右键快捷菜单

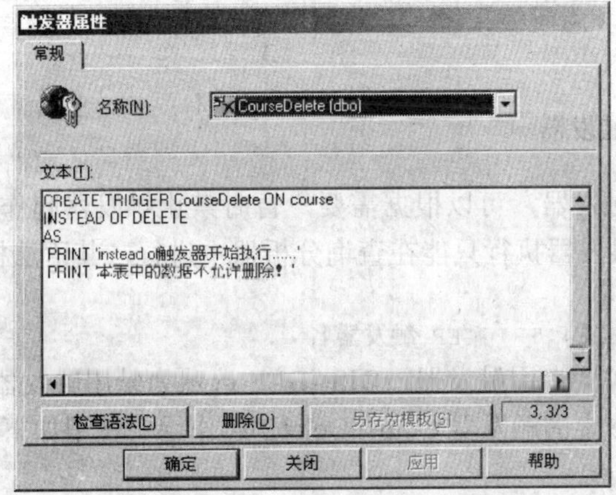

图 9-16　“触发器属性”对话框

（3）可以从“名称”下拉列表框中查看当前表的所有触发器的名称及其所有者。当需要查看触发器的定义信息时，只要选择该触发器名称，其文本内容就显示在“文本”文本框中。

9.5.3　修改触发器

1. 使用企业管理器修改触发器

用企业管理器修改触发器正文的操作步骤与创建触发器的相似，只不过在打开“触发器属性”对话框后，从“名称”下拉列表框中选择要修改的触发器，然后对“文本”文本框中的 SQL 语句直接进行修改。使用“检查语法”按钮来验证语法是否正确。最后，单击“确定”按钮，完成触发器的修改。

2. 使用 SQL 语句修改触发器

语法格式为：

```
ALTER TRIGGER 触发器名 ON 表名|视图名
[WITH ENCRYPTION]
{ { FOR|AFTER | INSTEAD OF }
  { [DELETE][,][INSERT][,][UPDATE] }
AS
    SQL 语句
}
```

其中的参数含义与创建触发器语句中的参数相同。

【例 9-17】修改例 9-12 中创建的触发器 CourseDelete，当在 course 表中删除记录时激活触发器，显示不允许删除表中数据的提示信息。

```
USE student
GO
ALTER TRIGGER CourseDelete ON course
FOR DELETE
AS
  BEGIN
    RAISERROR( 'instead of 触发器开始执行......',16,1)
    RAISERROR('本表中的数据不允许删除！',16,2)
    ROLLBACK TRANSACTION
  END
```

9.5.4 禁止或启用触发器

针对某个表创建的触发器，可以根据需要，暂时禁止触发器起作用，以后需要时再启用它。禁止触发器或启用触发器执行只能在查询分析器中进行，其语法格式为：

```
ALTER TABLE 表名
{ENABLE | DISABLE} TRIGGER 触发器名
```

其中，ENABLE 选项为启用触发器，DISABLE 选项为禁用触发器。

例如，禁止表 course 上的触发器 CourseDelete 起作用，使用如下命令：

```
ALTER TABLE course
DISABLE TRIGGER CourseDelete
```

当需要重新启用触发器时，可以使用如下命令：

```
ALTER TABLE course
ENABLE TRIGGER CourseDelete
```

9.5.5 删除触发器

当不再需要某个触发器时，可以将其删除。触发器所在的表以及表中的数据不受影响。如果删除表，则表中所有的触发器将被自动删除。只有触发器的所有者才有权删除触发器。

1. 使用 SQL 命令删除触发器

语法格式：

```
DROP  TRIGGER 触发器名[,…,n]
```

功能：从当前数据库中删除一个或多个触发器。

【例 9-18】删除 student 数据库中的 update_speciality 触发器。

```
USE student
GO
DROP TRIGGER update_speciality
GO
```

2．使用企业管理器删除触发器

用企业管理器删除触发器的操作步骤与修改触发器的相似，在“名称”下拉列表框中选择要删除的触发器后单击“删除”按钮，即可删除该触发器。

本章小结

存储过程是存储在服务器上的一组预编译 SQL 语句的集合，触发器可看成特殊的存储过程。存储过程可以由用户直接调用执行，但触发器不能直接调用，只能通过某些操作触发。存储过程和触发器在数据库开发过程中，在对数据库的维护和管理等任务中，特别是在维护数据完整性等方面具有不可替代的作用。本章通过大量实例说明了存储过程和触发器的使用方法。

习题九

一、填空题

1．触发器可以分为________、________和________3 种。

2．系统存储过程创建和保存在________数据库中，都以________为名称的前缀，可以在任何数据库中使用系统存储过程。

3．在调用存储过程时，可以通过________参数将数据传给存储过程，存储过程也可以通过________参数和________将数据返回给所调用的程序。

4．SQL Server 2000 中在触发语句执行后激活的触发器为________触发器，可以取代触发语句操作的触发器为________触发器。

5．执行 INSERT 操作插入的记录同时被插入到临时表________中，执行 DELETE 操作删除的记录同时插入到临时表________中，执行 UPDATE 操作修改数据后________。

6．要使当前数据库中的 order 表上的 OrderInsert 触发器无效，其命令为________。

7．有一表 table1，要求只有字段 F1 中的数据被添加或修改时才能激活该表中的触发器，实现此功能的条件语句是________。

二、选择题

1．以下关于存储过程的说法不正确的是（　）。

A．存储过程是存放在服务器上的预先编译好的单条或多条 SQL 语句

B．存储过程能够传递或者接收参数

C．可以通过存储过程的名称来调用执行存储过程

D．存储过程在每一次执行时都要进行语法检查和编译

2．以下关于触发器的说法正确的是（　）。

A．在创建数据库新表时可自动激活触发器

B．触发器能够传递或者接收参数

C．可以通过使用触发器的名称来调用执行触发器

D．使用触发器可以帮助保证数据的完整性和一致性

3．触发器是一个（ ）对象，它定义在特定的（ ）上。

A．字段 B．记录 C．表 D．数据库

4．定义一个存储过程查询某同学某门课程的成绩和学分，存储过程的首部如下：

create procedure student_info @name char(8),@kc_name char(16)

则下列执行方式中，不正确的是（ ）。

A．execute student_info '李明','操作系统'

B．exec student_info @kc_name='操作系统',@name='李明'

C．exec student_info @name='李明',@kc_name='操作系统'

D．execute student_info '操作系统','李明'

5．SQL Server 2000 中不能定义一个触发器同时为（ ）触发器。

A．INSERT 和 DELETE B．INSTEAD OF 和 AFTER

C．INSERT 和 UPDATE D．DELETE 和 UPDATE

6．使用 EXECUTE 语句来执行存储过程时，在（ ）情况下可以省略该关键字。

A．EXECUTE 语句如果是批处理中的第一条语句时

B．EXECUTE 语句在 DECLARE 语句之后

C．EXECUTE 语句在 GO 语句之后

D．任何时候

三、操作题

1．创建一个存储过程，用学生学号作为入口参数查询该学生选修的所有课程。

2．在表 stu_info 上创建一个触发器 stu_delete，当删除学生记录时同步删除 score 表中对应学生的成绩记录。

第 10 章　SQL Server 2000 中的安全管理

数据的安全性管理是数据库服务器应实现的重要功能之一。数据的安全性是指保护数据以防止因使用不当而造成数据的泄密和破坏。为了实现数据的安全性，SQL Server 提供了内置的安全性和数据保护措施。SQL Server 用检查口令等手段来检查用户身份，合法的用户才能进入数据库系统；用检查用户权限的手段来检查用户是否有权访问服务器上的数据，这种管理容易而有效。

本章主要介绍 SQL Server 2000 的安全机制、登录账户管理、数据库用户管理、权限管理及角色管理等方面的内容，以实现 SQL Server 2000 的安全管理。

10.1　SQL Server 2000 的安全机制

为了实现数据的安全性，SQL Server 数据库服务器采用了很复杂的数据保护措施，其安全管理体现在以下两个方面：

（1）对用户登录进行身份验证。当用户登录 SQL Server 数据库系统时，系统对该用户的账户和口令进行验证，包括确认用户账户是否有效以及能否访问数据库系统。

（2）对用户的操作进行权限控制。

当用户通过身份验证登录到 SQL Server 上后，只能对数据库中的数据在允许的权限内进行操作。也就是说，一个用户如果要对某一数据库进行操作，必须满足以下 3 个条件：

1）登录 SQL Server 服务器时必须通过身份验证。

2）必须是该数据库的用户或者是某一数据库角色的成员。

3）必须有执行相应操作的权限。

我们可以想象 SQL Server 是一幢大楼，该大楼内有很多房间，每个房间代表一个数据库。每个房间里面还有很多的资料。那么，登录名相当于该大楼的钥匙，有了该大楼的钥匙，你只能进入大楼，但不能进入特定的房间。每个房间的钥匙相当于用户名，有了这个用户名你才能够访问该房间。房间中资料的访问权限是按照用户名的权限不同而定的。

10.1.1　身份验证

SQL Server 支持两种不同的身份验证模式，即 Windows 身份验证模式和 SQL Server 身份验证模式。

1．Windows 身份验证模式

在该验证模式下，用户使用已登录到的 Windows 操作系统的账号和密码来连接 SQL Server 数据库，同时 SQL Server 到 Windows 操作系统中验证账号和密码的正确性。在这种方式下，用户不必提供登录名和密码让 SQL Server 验证。

SQL Server 数据库系统通常运行在 Windows NT 服务器平台或基于 Windows NT 框架的 Windows 2000 上，而 Windows NT 作为网络操作系统，本身就具备管理登录、验证用户合法性的能力，所以 Windows 身份验证模式正是利用这一用户安全性和账户管理的机制，允许 SQL Server 也可以使用 Windows NT 的用户名和密码。在该模式下，用户只要通过 Windows 的验证就可以连接到 SQL Server。

2. SQL Server 身份验证

在该验证模式下，SQL Server 服务器要对登录的用户进行身份验证。

当用户用指定的登录名称和密码从非信任连接进行连接时，SQL Server 通过检查是否已设置 SQL Server 登录名，以及指定的密码是否与以前记录的密码匹配，自己进行身份验证。如果 SQL Server 未设置登录名，则身份验证将失败，而且用户收到错误信息。

10.1.2 权限控制

当验证了用户的身份并允许其登录到 SQL Server 实例之后，在用户访问的每个数据库中都要求设置单独的用户账户，该账户所能访问的资源与其拥有的权限紧密相关。这样做的目的是防止一个登录用户连接到 SQL Server 以后，对服务器上的所有数据库进行访问。例如，在一个服务器上有 teacher 数据库和 student 数据库，如果一个登录用户只在 student 数据库中创建了用户账户，则这个登录用户只能访问 student 数据库，而不能访问 teacher 数据库。

权限是用户账户的属性，用来完成特定的操作。SQL Server 有 3 种不同类型的权限：对象权限、语句权限和隐含权限。对象权限是用来控制一个用户是如何与一个对象进行交互操作的，特别是这个用户能否进行查询、删除、插入和修改一个表中的行，或能否执行一个存储过程。语句权限适用于创建和删除对象、备份和恢复数据库。隐含权限是指由 SQL Server 预定义的服务器角色、数据库所有者（DBO）和数据库对象所有者所拥有的权限，隐含权限相当于内置权限，并不需要明确地授予这些权限。

用户获得对数据库的访问权限后，SQL Server 就可以接收并执行命令。用户在数据库中进行的所有活动都是通过 T-SQL 语句传到 SQL Server 中的。当 SQL Server 接收到这些语句时，将确定该用户是否具有在数据库中执行该语句的权限。如果用户没有执行该语句的权限或者没有访问该语句所使用对象的权限，则 SQL Server 向用户返回一个权限错误信息。

关于权限的具体控制，详见 10.4 节权限管理部分。

10.2 登录账户管理

管理员可以从 Windows 用户或组中创建登录账户或者创建一个新的 SQL Server 登录账户。在创建登录账户的过程中，管理员可以为每个账户指定一个默认数据库，账户在每次连接到 SQL Server 服务器上时默认访问该数据库。

在安装 SQL Server 2000 以后，系统默认创建 3 个登录账户：

（1）sa：SQL Server 的系统管理员登录账户，该账户拥有系统和数据库的所有权限，可以执行服务器范围内的所有操作。

（2）BUILTIN\Administrators：SQL Server 为每个 Windows NT Server/2000 中的 Administrators 组的账户提供的默认登录账户，它们在 SQL Server 中拥有系统和数据库的所有权限。

（3）域名\Administrator：SQL Server 为 Windows NT Server/2000 中的 Administrator 账户

提供的登录账户，它在 SQL Server 中拥有系统和数据库的所有权限。

10.2.1　SQL Server 登录账户的建立与删除

在 Windows NT 或 Windows 2000 环境下，如果要使用 SQL Server 账户登录 SQL Server，首先应将 SQL Server 的验证模式设置为混合模式，然后再建立 SQL Server 登录账户。

SQL Server 登录账户的建立有两种方法：一种是使用企业管理器来创建；另一种是使用 T-SQL 语句来创建，下面通过例子来说明这两种方法的使用。

1. 使用企业管理器建立与删除 SQL Server 登录账户

【例 10-1】使用企业管理器来创建 SQL Server 身份验证的登录账户 user_01。

（1）启动企业管理器，展开服务器组和服务器。

（2）展开“安全性”，在“登录”上右击，从弹出的快捷菜单中选择“新建登录”选项，弹出“SQL Server 登录属性”对话框，如图 10-1 所示。

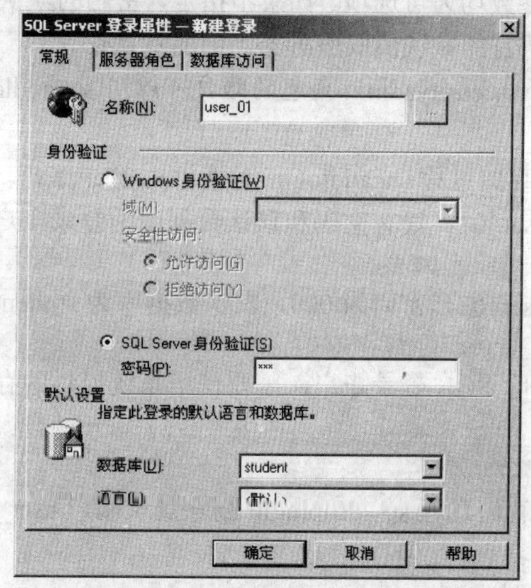

图 10-1　“SQL Server 登录属性”对话框

（3）在“名称”文本框中输入要创建的 SQL Server 登录账户的名称，这里输入 user_01。在“身份验证”区域中，选择“SQL Server 身份验证”单选项并输入密码 000，然后在“默认设置”区域中选择“数据库”下拉列表框中的某个数据库，如 student，表示该登录账户默认登录 student 数据库。

（4）单击“确定”按钮，弹出如图 10-2 所示的“确认密码”对话框。

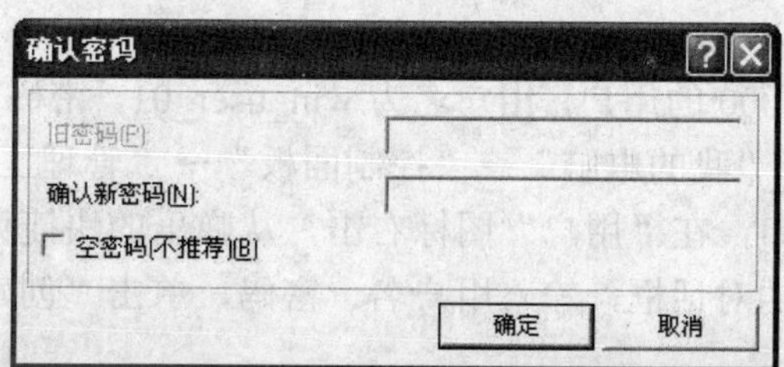

图 10-2　“确认密码”对话框

（5）再次输入密码 000，单击“确定”按钮即可完成该登录账户的创建。

【例 10-2】使用企业管理器删除登录账户 user_01。

（1）启动企业管理器，展开服务器组和服务器。

（2）展开“安全性”，单击“登录”节点。在详细信息窗格中选择要删除的登录账户 user_01，右击，从弹出的快捷菜单中选择“删除”选项；或者直接按 Delete 键。

（3）在弹出的对话框中单击“是”按钮确认删除。

2. 使用 T-SQL 语句建立与删除 SQL Server 登录账户

使用 T-SQL 语句创建 SQL 登录账户，需要使用系统提供的存储过程 sp_addlogin，其语法格式为：

```
sp_addlogin '登录账户'[,'密码'][,'默认数据库'][,'默认语言']
```

其中登录账户和密码可以包含 1～128 个字符，可以是字母、数字和汉字，但不可以含有反斜线（\）、保留字（如 sa、public、null）等。

除登录账户外，其余参数均为可选项。如果不指定，密码的默认值为 null，默认数据库的默认设置为 master，默认语言的默认值取服务器当前的默认语言。

注意：只有 sysadmin 和 securityadmin 角色的账户可以用 sp_addlogin 语句创建 SQL Server 身份验证的登录账户。

【例 10-3】使用系统存储过程 sp_addlogin 创建 SQL 登录账户。

（1）创建登录名为 user_01，没有密码和默认数据库的登录账户。

```
EXEC  sp_addlogin  'user_01'
```

（2）创建登录名为 user_02，密码为 000，默认数据库为 student 的登录账户。

```
EXEC  sp_addlogin  'user_02', '000', 'student'
```

使用 T-SQL 命令来删除 SQL 登录账户，需要使用系统提供的存储过程 sp_droplogin，其语法格式为：

```
sp_droplogin  '登录账户'
```

【例 10-4】使用系统存储过程 sp_ droplogin 删除登录账户 user_01 和 user_02。

```
EXEC  sp_droplogin  'user_01'
EXEC  sp_droplogin  'user_02'
```

10.2.2　Windows 登录账户的建立和删除

Windows 登录账户的建立与 SQL Server 登录账户的建立非常类似，也有两种方法：一种是使用企业管理器来创建；另一种是使用 T-SQL 命令来创建。

1. 使用企业管理器建立与删除 Windows 登录账户

【例 10-5】使用企业管理器来创建 Windows 身份验证的登录账户 win_user_01。

操作步骤如下（在此以 Windows 2000 为例）：

（1）创建 Windows 2000 的用户，用户名为 win_user_01，密码为 000。以管理员身份登录到 Windows 2000，选择“我的电脑”→“控制面板”→“管理工具”→“计算机管理”，打开如图 10-3 所示的窗口，在“用户”图标右击，从弹出的快捷菜单中选择“新用户”选项，弹出如图 10-4 所示的对话框，输入用户名、密码，单击“创建”按钮，然后单击“关闭”按钮。

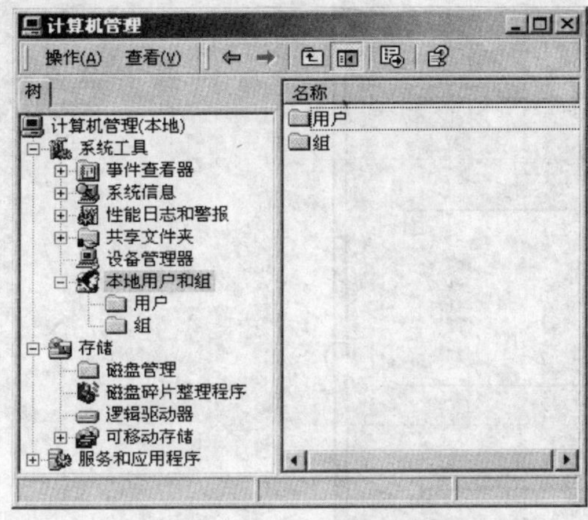

图 10-3　“计算机管理”窗口

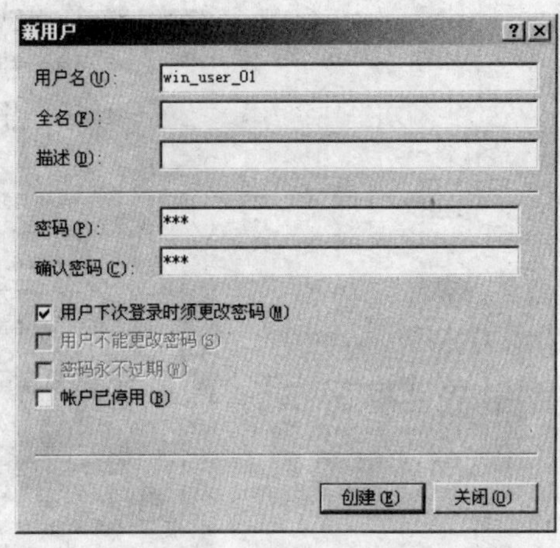

图 10-4　“新用户”对话框

（2）将 Windows NT 网络账号加入到 SQL Server 中。启动企业管理器，展开服务器组和服务器；展开“安全性”，在“登录”图标上右击，从弹出的快捷菜单中选择“新建登录”选项，弹出如图 10-5 所示的对话框；单击“名称”文本框旁边的 按钮，弹出如图 10-6 所示的对话框；在“名称”列表框中找到名为 win_user_01 的用户并选中，然后单击“添加”按钮。

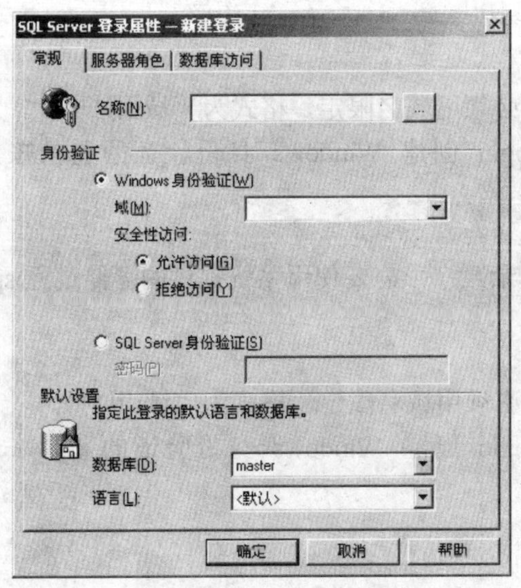

图 10-5　“SQL Server 登录属性”对话框

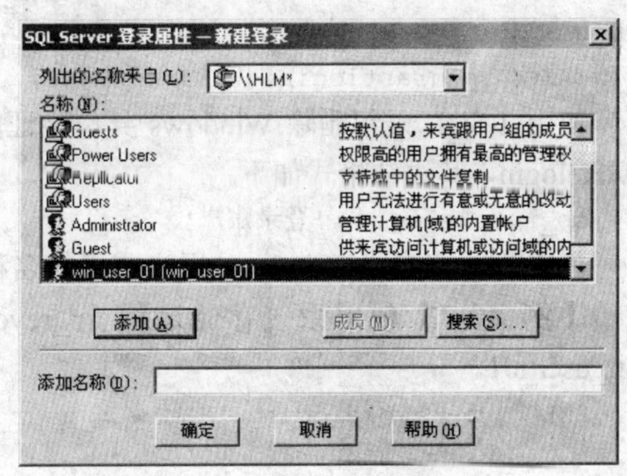

图 10-6　选择 Windows 用户

（3）单击“确定”按钮，弹出如图 10-7 所示的对话框。注意“名称”文本框中显示为 HLM\win_user_01，其中 HLM 代表机器名称（机器不同，可能会显示不同），然后是“\”，最后是 Windows 下创建的用户名 win_user_01。当然也可以参照此格式直接输入 Windows 下的用户名。

（4）单击“确定”按钮完成。

使用企业管理器删除 Windows 身份验证的登录与删除 SQL Server 身份验证的登录相同，在此不再赘述。

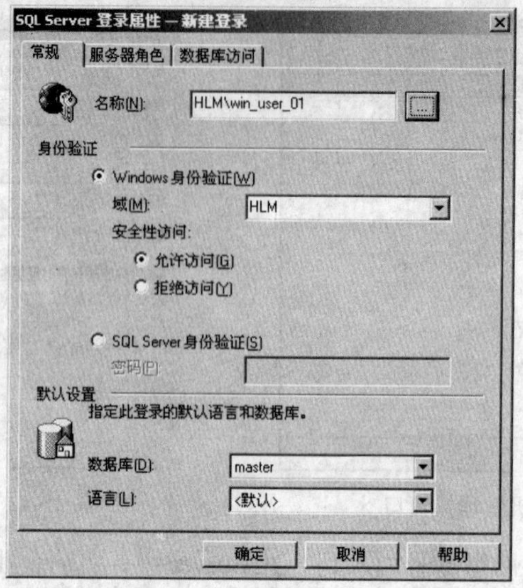

图 10-7 “新建登录”对话框

2. 使用 T-SQL 语句建立与删除 Windows 登录账户

使用 T-SQL 语句创建 Windows 身份验证的登录账户，需要使用系统提供的存储过程 sp_grantlogin，其语法格式为：

```
sp_grantlogin '登录账户'
```

其中'登录账户'为 Windows 用户或组的名称，必须用域名限定，格式为“域\用户”。

【例 10-6】 使用系统存储过程 sp_ grantlogin 创建 Windows 身份验证的登录账户 win_user_01。

```
EXEC  sp_grantlogin  'HLM\win_user_01'
```

使用 T-SQL 语句删除 Windows 身份验证的登录账户，需要使用系统提供的存储过程 sp_ revokelogin，其语法格式如下：

```
sp_revokelogin  '登录账户'
```

其中'登录账户'为 Windows 用户或组的名称，必须用域名限定，格式为“域\用户”。

【例 10-7】 使用系统存储过程 sp_revokelogin 删除 Windows 身份验证的登录账户 win_user_01。

```
EXEC  sp_revokelogin  'HLM\win_user_01'
```

10.3 数据库用户管理

当用户通过身份验证，以某个登录账户连接到 SQL Server 后，还必须取得相应数据库的“访问许可”，才能使用该数据库。这种用户访问数据库权限的设置是通过数据库用户账户来实现的。

在 SQL Server 中有两种账户：一种是登录服务器的登录账户，一种是访问数据库的数据库用户账户。登录账户与用户账户是两个不同的概念。一个合法的登录账户只表明该账户通过了 Windows 认证或 SQL Server 认证，运行该账户进入 SQL Server，但不表明可以对数据库数据和数据对象进行某种操作。所以一个登录账户总是与一个或多个数据库用户账户相关联后，才可以访问数据库，获得存在价值。数据库用户账户用来指出哪些用户可以访问数据库。在每个数据库中都有一个数据库用户列表，用户对数据的访问权限以及对数据库对象的所有关系都是通过用户账户来控制的。用户账户总是基于数据库的，即在两个不同的数据库中可以有相同的用户账户。

1. 数据库用户的创建与删除

数据库用户的创建与删除也有两种方法：一种是使用企业管理器来创建；另一种是使用 T-SQL 语句来创建，下面通过例子来说明这两种方法的使用。

（1）使用企业管理器创建和删除数据库用户。

【例 10-8】使用企业管理器在 student 数据库上创建数据库用户 stu_user_01。

1）在企业管理器中展开服务器组和服务器，然后将要加入用户的数据库 student 展开，在“用户”上右击，从弹出的快捷菜单中选择“新建数据库用户”选项，弹出如图 10-8 所示的“新建用户”对话框。

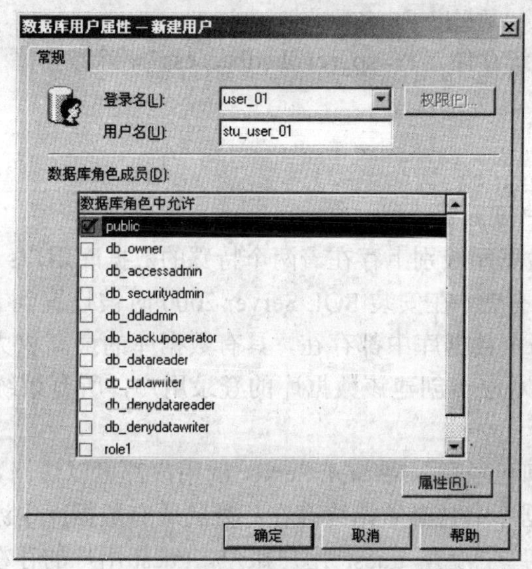

图 10-8　“新建用户”对话框

2）在“登录名”下拉列表框中选择登录账户，这里选择例 10-3 中创建的 SQL 登录账户 user_01。此时“用户名”文本框中自动显示为 user_01，也可以在“用户名”文本框中输入要增加的数据库用户的名字，这里输入 stu_user_01。

3）设置完毕后单击“确定”按钮，即可在 student 数据库中创建一个新的用户账户。

【例 10-9】使用企业管理器在 student 数据库上删除数据库用户 stu_user_01。

1）启动企业管理器，展开服务器组和服务器。

2）将要删除用户所在的数据库 student 展开。

3）单击“用户”节点，在用户列表中选择要删除的用户名，这里选择 stu_user_01，右击并在弹出的快捷菜单中选择“删除”选项或直接按 Delete 键。

4）在弹出的对话框中单击“是”按钮，确认用户账户删除操作。

（2）使用 T-SQL 语句创建和删除数据库用户。

使用 T-SQL 语句创建数据库用户，需要使用系统提供的存储过程 sp_grantdbaccess，其语法格式为：

```
sp_grantdbaccess '登录账户名','数据库用户名'
```

在当前数据库中将登录账户添加为本数据库的用户，并取名为“数据库用户名”。

如果“数据库用户名”这个参数省略，一个和登录账户同名的用户账户将被加入到数据库中，通常省略这个参数。

【例 10-10】使用系统存储过程 sp_grantdbaccess 在数据库 student 中创建数据库用户 user_02，对应的登录账户为例 10-3 中创建的 SQL 登录账户 user_02。

```
USE  student
EXEC  sp_grantdbaccess  'user_02'
```

或

```
EXEC  sp_grantdbaccess  'user_02','user_02'
```

使用 T-SQL 语句删除数据库中的用户，需要使用系统提供的存储过程 sp_revokedbaccess，其语法格式为：

```
sp_revokedbaccess  '数据库用户名'
```

【例 10-11】使用系统存储过程 sp_revokedbaccess 删除数据库 student 中的数据库用户 user_02。

```
USE  student
EXEC  sp_revokedbaccess 'user_02'
```

2. 特殊的数据库用户 dbo 和 guest

SQL Server 2000 的数据库级别上存在着两个特殊的数据库用户：dbo 和 guest。

dbo 是数据库对象所有者，在安装 SQL Server 2000 时被设置到 model 数据库中，而且不能被删除，所以 dbo 在每个数据库中都存在，具有数据库的最高权力，可以在数据库范围内执行一切操作。dbo 用户对应于创建该数据库的登录用户，所有系统数据库 dbo 都对应于 sa 账户。

guest 用户可以使任何已经登录到 SQL Server 的用户都可以访问数据库。可以在除 master 和 tempdb（在这两个数据库中它必须始终存在）外的所有数据库中添加或删除 guest 用户。默认情况下，新建的数据库中没有 guest 用户账户。guest 用户的存在意味着所有登录到 SQL Server 服务器的用户都可以访问数据库，即使他还没有成为本数据库的用户。guest 用户可以像其他用户一样操作。对 guest 用户应小心使用，如果使用不当有可能成为安全隐患。

10.4 权限管理

在数据库中为对应用户创建了用户账户后，即允许该用户访问数据库。但它在此数据库中可执行什么操作、有哪些权限，还必须进一步加以设置。权限是用户使用数据库对象的许可，用来控制用户如何访问数据库对象。

1. 权限的种类

在 SQL Server 中，权限分为 3 种：对象权限、语句权限和隐含权限。

（1）对象权限。对象权限是指用户对数据库中的表、视图、存储过程等对象的操作权限。对象权限的主要内容包括以下 3 个方面：

- 对于表和视图，是否允许执行 SELECT、INSERT、UPDATE 和 DELETE 语句。

- 对于表和视图的字段，是否可以执行 SELECT 和 UPDATE 语句。
- 对于存储过程，是否可以执行 EXECUTE 语句。

（2）语句权限。语句权限是指用户创建数据库和数据库中的对象（如表、视图、自定义函数、存储过程等）的权限，专指是否允许执行下列语句：

- BACKUP DATABASE：备份数据库。
- BACKUP LOG：备份日志文件。
- CREATE DATABASE：创建数据库。
- CREATE DEFAULT：创建默认值对象。
- CREATE FUNCTION：创建函数。
- CREATE PROCEDURE：创建存储过程。
- CREATE RULE：创建规则。
- CREATE TABLE：创建表。
- CREATE VIEW：创建视图。

（3）隐含权限。隐含权限是指由 SQL Server 预定义的服务器角色、数据库所有者（dbo）和数据库对象所有者所拥有的权限，隐含权限相当于内置权限，并不需要明确地授予这些权限。预定义角色具有分配给它们的隐含权限，且这些权限不能被修改。例如，服务器角色 sysadmin 的成员可以在整个服务器范围内进行任何操作，数据库所有者（dbo）可以对本数据库进行任何操作。数据库对象所有者还有隐含权限，可以对所拥有的对象执行一切活动。例如，拥有表的用户可以查看、添加或删除数据，更改表定义，或控制允许其他用户对表进行操作的权限。

2. 权限的管理

在前面介绍的 3 种权限中，隐含权限是由系统预定义的，这类权限是不需要也不能进行设置的。因此，权限的管理实际上就是指对对象权限和语句权限的管理。权限可以由数据库所有者和角色进行管理。权限管理的内容包括以下 3 方面的内容：

（1）授予权限，即允许某个用户或角色对一个对象执行某种操作或某种语句。

（2）拒绝访问，即拒绝某个用户或角色访问某个对象。

（3）取消权限，即不允许某个用户或角色对一个对象执行某种操作或某种语句。不允许和拒绝是不同的，不允许执行某操作时，可以通过授予权限来获得允许权；而拒绝执行某操作时，就无法再通过授予权限来获得允许权了。3 种权限冲突时，拒绝访问权限起作用。

通过授予权限，让用户获得对象的访问权和语句的执行权限，这样用户才能对数据库执行相应的操作。权限的授予可以通过企业管理器或 T-SQL 语句来实现。

下面通过例子来说明这两种方法的使用。

（1）通过企业管理器授予权限。

【例 10-12】使用企业管理器授予数据库用户对象权限。

1）启动企业管理器，展开服务器组和服务器，然后展开“数据库”文件夹，选择对象所属的数据库（这里选择 student 数据库）。

2）单击“表”对象，在“详细信息”窗格中选择授予权限所在的对象（这里选择 class 表）并右击，从弹出的快捷菜单中选择“所有任务”→“管理权限”选项，弹出如图 10-9 所示的对话框。

3）单击“列出全部用户/用户定义的数据库角色/public”单选项，然后选择授予每位用户的权限。这里为用户 stu_user_01 授予 SELECT、INSERT、UPDATE 权限。

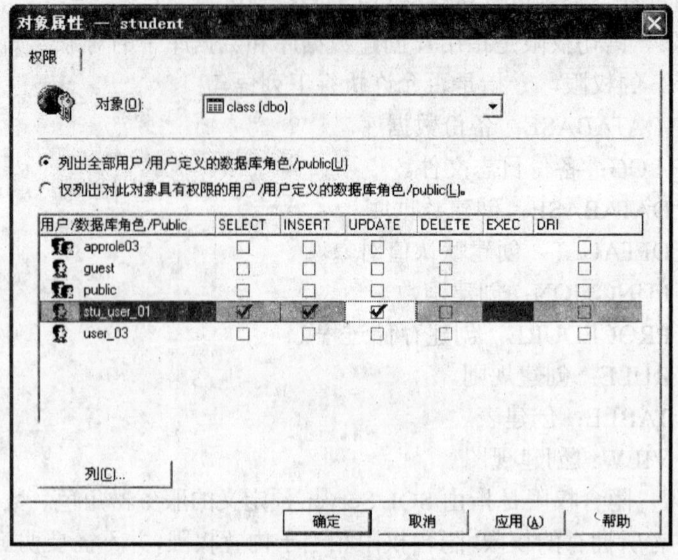

图 10-9　授予对象权限对话框

4）如果只允许对 class 表的部分字段进行查询和修改操作，则可以在此对话框中单击“列”按钮，弹出如图 10-10 所示的“列权限”对话框，在其中选择对应字段允许的操作权限，使得用户 stu_user_01 只能对表 class 的“班级名称”字段进行查询和修改。

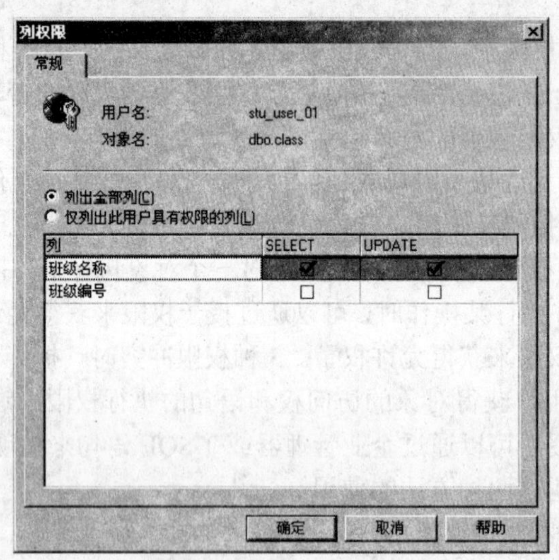

图 10-10　“列权限”对话框

5）逐步单击“确定”按钮，完成对象权限的授予。

【例 10-13】使用企业管理器授予数据库用户语句权限。

1）启动企业管理器，展开服务器组和服务器，然后展开“数据库”文件夹，选择将被授予语句权限的用户所在的数据库（这里选择 student 数据库）并右击，从弹出的快捷菜单中选择“属性”选项，弹出如图 10-11 所示的对话框。

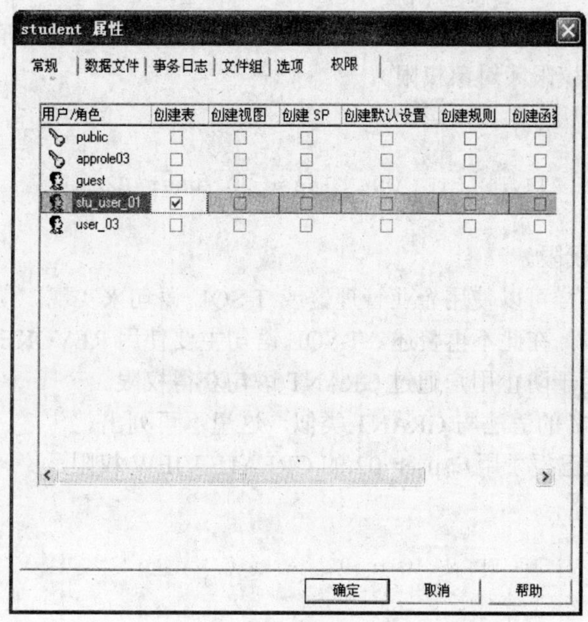

图 10-11　授予语句权限对话框

2）在“权限”选项卡中选择授予每位用户的语句权限，这里我们为用户 stu_user_01 授予创建表（CREATE TABLE）的权限。

3）单击“确定”按钮，完成语句权限的授予。

（2）通过 T-SQL 语句授予权限。

通过 T- SQL 语句授予权限主要使用 GRANT 语句。

GRANT 语句授予语句权限的语法格式为：

```
GRANT  ALL | 语句 [,…,n]  TO  数据库用户[,…,n ]
```

GRANT 语句授予对象权限的语法格式为：

```
GRANT
ALL [ PRIVILEGES ] | 权限 [ ,…,n ]
   [ ( 列 [ ,…,n ] ) ]  ON 表 | 视图
   | ON  表 | 视图 [ ( 列 [ ,…,n ] ) ]
   | ON  存储过程 | 扩展存储过程
   | ON 用户自定义函数
  TO 数据库用户 [ ,…,n ]
   [ WITH GRANT OPTION ]
   [ AS 组 | 角色 ]
```

1）all：表示授予所有可用的权限。对于语句权限，只有 sysadmin 角色成员可以使用 all；对于对象权限，sysadmin 和 db_owner 角色成员和数据库对象所有者都可以使用 all。

2）WITH GRANT OPTION：表示可以将指定的对象权限授予其他用户。

【例 10-14】使用 GRANT 语句给用户 user_02 授予创建视图（CREATE VIEW）的权限（语句权限）。

```
USE  student
GO
GRANT  CREATE  VIEW  TO  user_02
GO
```

【例 10-15】使用 GRANT 语句给用户 user_02 授予在表 class 上具有 SELECT、INSERT、UPDATE、DELETE 的权限（对象权限）。

```
USE  student
GO
GRANT  INSERT,UPDATE,DELETE  ON  class  TO  user_02
GO
```

（3）取消和拒绝权限。

取消和拒绝权限同样可以使用企业管理器或 T-SQL 语句来实现。使用企业管理器的方法与授予权限的方法相似，在此不再赘述。T-SQL 语句主要使用 REVOKE 语句来取消已授予的权限，DENY 语句可用于防止用户通过 GRANT 语句获得权限。

REVOKE 和 DENY 的语法与 GRANT 类似，这里不再列出。

【例 10-16】删除已授予用户 user_02 的 CREATE VIEW 权限。

```
USE  student
GO
REVOKE  CREATE  VIEW  FROM  user_02
GO
```

【例 10-17】取消用户 user_02 在 class 表上的 SELECT、INSERT、UPDATE、DELETE 权限。

```
USE  student
GO
DENY  SELECT,INSERT,UPDATE,DELETE  ON  class  TO  user_02
GO
```

使用 REVOKE 取消的权限使用 GRANT 授予之后又可获得，而使用 DENY 拒绝的权限，即使使用 GRANT 语句授予也无效。

10.5 角色管理

角色管理是一种权限管理的方法，角色中的每一用户都拥有此角色的所有权限。在 SQL Server 中，通过角色可将用户分为不同的类，对相同类用户（相同角色的成员）进行统一管理，赋予相同的操作权限。SQL Server 给用户提供了预定义的服务器角色（固定服务器角色）和数据库角色（固定数据库角色），固定服务器角色和固定数据库角色都是 SQL Server 内置的，不能进行添加、修改和删除。用户可以根据需要创建自定义数据库角色，以便对具有同样操作权限的用户进行统一管理。

10.5.1 服务器角色

固定服务器角色提供了在服务器级别上的管理权限组，其中的成员是登录账户，只能在服务器级别上对其进行管理。它们独立于用户数据库外，存放在 master.syslogins 系统表中。

在安装完 SQL Server 2000 后，系统自动创建了以下 8 个固定服务器角色（如图 10-12 所示）：

（1）sysadmin：系统管理员，可对 SQL Server 服务器进行所有的管理工作，为最高管理角色。

（2）securityadmin：安全管理员，可以管理登录和 CREATE DATABASE 权限，还可以读取错误日志和更改密码。

（3）serveradmin：服务器管理员，具有对服务器进行设置及关闭服务器的权限。

（4）setupadmin：设置管理员，添加和删除连接服务器，并执行某些系统存储过程。

（5）processadmin：进程管理员，可以管理由 SQL Server 启动执行的进程。

（6）diskadmin：磁盘文件管理员角色，可以管理磁盘文件。

（7）dbcreator：数据库创建者，可以创建、更改和删除数据库。

（8）bulkadmin：可以执行 BULK INSERT 语句，其功能是以用户指定的格式复制一个数据文件到数据库表或视图，即对数据库进行大量插入操作。

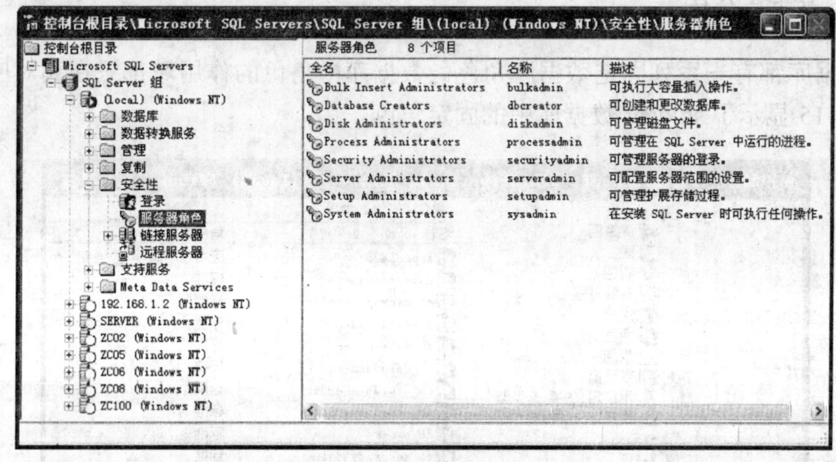

图 10-12　服务器角色

我们可以向服务器角色中添加成员，具体添加方法可以通过企业管理器或使用 T-SQL 语句将一个登录名加入到服务器角色中。下面通过例子来说明这两种方法的使用。

【例 10-18】使用企业管理器向服务器角色中添加成员。

（1）启动企业管理器，展开服务器组和服务器，然后展开“安全性”文件夹。

（2）单击“服务器角色”，在右侧的详细列表中选中要添加登录用户的服务器角色（如 sysadmin）并右击，从弹出的快捷菜单中选择“属性”选项，弹出如图 10-13 所示的对话框。

（3）单击“添加”按钮，弹出如图 10-14 所示的“添加成员”对话框。

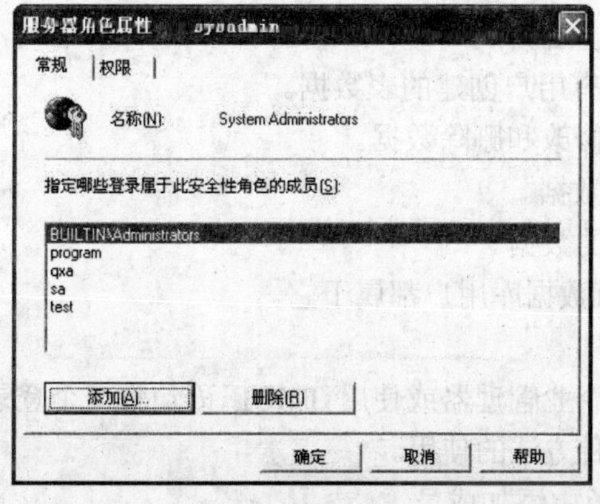

图 10-13　“服务器角色属性”对话框

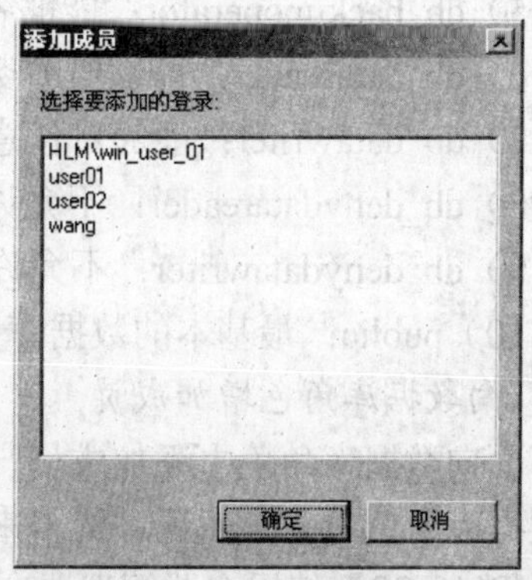

图 10-14　“添加成员”对话框

（4）选择要加入该服务器角色的登录账户，这里选择 user_02。单击“确定”按钮，将 user_02 登录添加到 sysadmin 服务器角色中。

（5）单击“确定”按钮，完成添加。

使用 T-SQL 语句将一个登录名加入到服务器角色中主要是使用系统存储过程 sp_addsrvrolemember，其语法格式为：

```
sp_addsrvrolemember '登录账户名','固定服务器角色名'
```

【例 10-19】使用 T-SQL 语句将登录账户 user_02 添加到固定服务器角色 sysadmin 中。

```
EXEC sp_addsrvrolemember 'user_02', 'sysadmin'
```

10.5.2 数据库角色

每个数据库都有一系列固定数据库角色。数据库中角色的作用域都只在其对应的数据库内。如图 10-15 显示了 student 数据库中的固定角色。

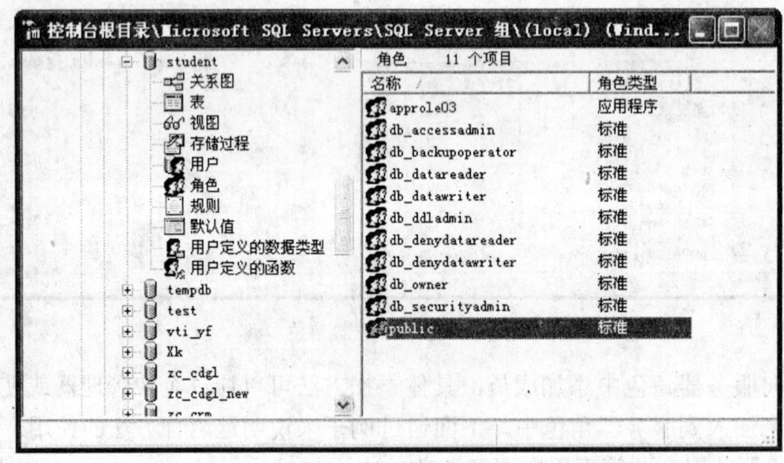

图 10-15　数据库角色

（1）db_owner：数据库所有者，在数据库内能够执行任何数据库任务。

（2）db_accessadmin：能够添加、删除数据库用户和角色。

（3）db_securityadmin：能够分配语句权限和对象权限。

（4）db_ddladmin：能够添加、删除和修改数据库对象。

（5）db_backupoperator：能够备份和恢复数据库。

（6）db_datareader：能够查看数据库中所有用户创建的表数据。

（7）db_datawriter：能够对任意表插入、修改和删除数据。

（8）db_denydatareader：不允许从表中读数据。

（9）db_denydatawriter：不允许改变表中的数据。

（10）public：最基本的数据库角色，所有数据库用户都属于它。

1. 向数据库角色增加成员

下面向数据库角色中添加成员，可以通过企业管理器或使用 T-SQL 语句将一个登录名加入到数据库角色中。下面通过例子来说明这两种方法的使用。

【例 10-20】使用企业管理器向数据库角色中添加成员。

（1）启动企业管理器，展开服务器组和服务器，然后展开“数据库”文件夹，选择要添加用户的数据库，这里选择 student。

（2）单击“角色”节点，在右侧的详细列表中选择要添加用户的数据库角色（如 db_owner）并右击，从弹出的快捷菜单中选择“属性”选项，弹出如图 10-16 所示的对话框。

（3）单击“添加”按钮，弹出如图 10-17 所示的“添加角色成员”对话框。

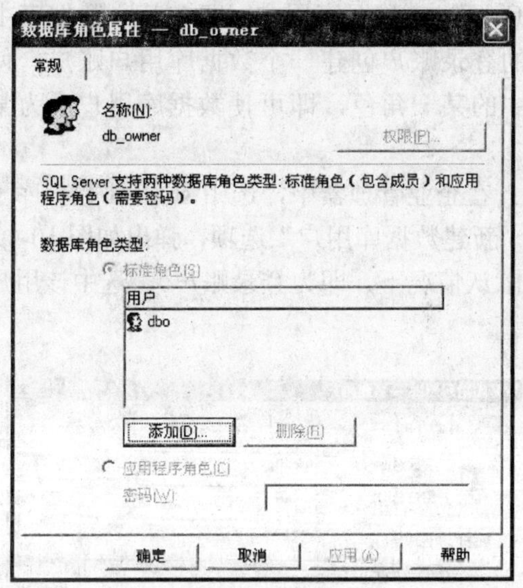

图 10-16　“数据库角色属性”对话框

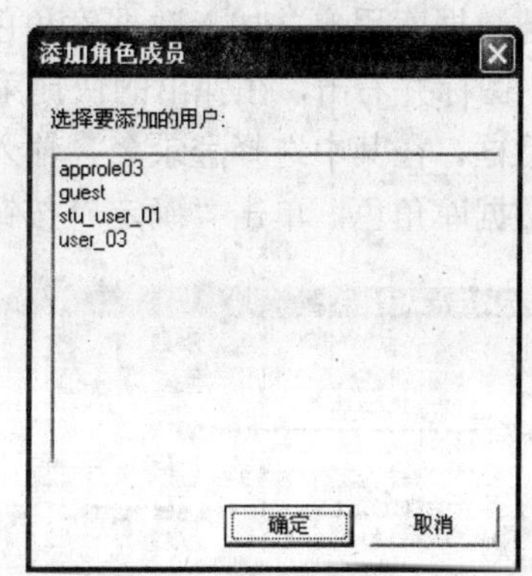

图 10-17　“添加角色成员”对话框

（4）选择要加入该数据库角色的用户，这里选择 stu_user_01。单击“确定”按钮，将 stu_user_01 用户添加到 db_owner 数据库角色中。

（5）单击“确定”按钮，完成添加。

使用 T-SQL 语句将一个用户加入到数据库角色中主要是使用系统存储过程 sp_addrolemember，其语法格式为：

```
sp_addrolemember '数据库角色名', '数据库用户名'
```

【例 10-21】使用 T-SQL 语句将用户 stu_user_01 添加到数据库角色 db_owner 中。

```
USE  student
GO
EXEC  sp_addrolemember 'db_owner', 'stu_user_01'
GO
```

2. 用户自定义数据库角色

固定角色的权限已由系统固定，不能更改。除了固定角色外，系统也提供了用户自定义角色以便人们更灵活地使用。如果有若干个用户，他们对数据库有相同的权限，此时可以考虑创建用户自定义数据库角色，赋予一组权限，并把这些用户作为该数据库角色的成员。例如，要在数据库 student 上定义一个数据库角色 Role1，该角色中的成员有 user01、user02 和 HLM\win_user01，对 student 可进行的操作有查询、插入、修改和删除。下面介绍如何实现这些功能。

【例 10-22】使用企业管理器创建数据库角色（标准角色）Role1。

（1）创建数据库角色。以系统管理员身份登录 SQL Server，启动企业管理器，展开服务器组和服务器，然后展开“数据库”文件夹，选择要添加用户的数据库，这里选择 student。选择“角色”节点并右击，从弹出的快捷菜单中选择“新建数据库角色”选项，弹出如图 10-18 所示的对话框。输入新角色的名称，这里输入 Role1，选择“标准角色”单选项，单击“确定”按钮。

（2）创建数据库用户并加入数据库角色。所谓创建数据库用户，即在某一数据库中为 SQL Server 服务器的登录账号或 Windows NT 的登录账户创建一个数据库用户账户，使其能连接到数据库。将数据库用户加入该数据库中的某一角色，即可使数据库用户成为某一角色的成员。

创建数据库用户并加入数据库角色的方法是：在企业管理器中，选中 student 数据库下的“用户”图标并右击，在弹出的快捷菜单中选择“新建数据库用户”选项，弹出如图 10-19 所示的对话框。在其中选择登录名，输入用户名（默认情况下，即为登录账户），选中该用户所加入的数据库角色，单击“确定”按钮。

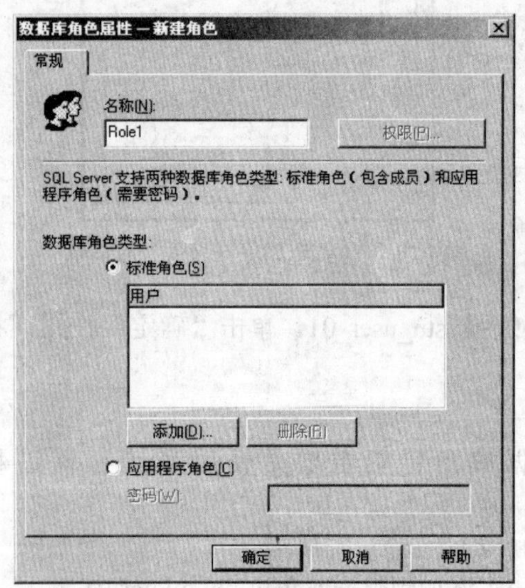

图 10-18 创建数据库角色对话框

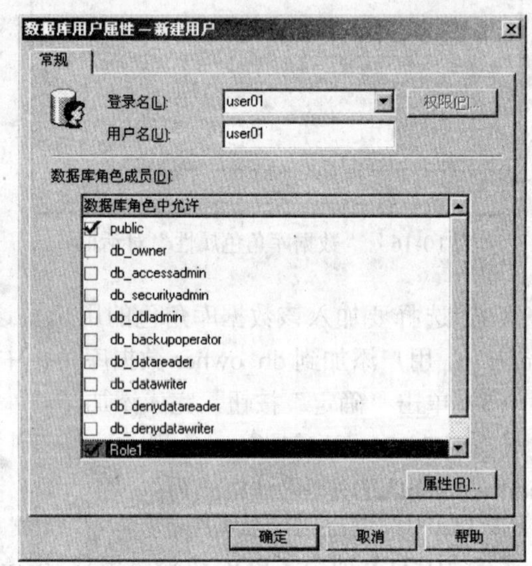

图 10-19 新建数据库用户对话框

按此方法，可以将登录账户 user02、HLM\win_user01 创建为数据库 student 的用户，并添加到数据库角色 Role1 中。

（3）给数据库角色赋予创建数据库对象的权限。在企业管理器中选择 student 数据库节点并右击，从弹出的快捷菜单中选择“属性”选项，弹出如图 10-20 所示的对话框，选择“权限”选项卡，根据需要选中允许数据库角色或数据库用户执行的权限。

（4）给数据库角色赋予表操作权限。在企业管理器中，选择 student 数据库下的“角色”图标，从右侧的详细列表中选中 Role1 并右击，从弹出的快捷菜单中选择“属性”选项，弹出如图 10-21 所示的对话框。单击“权限”按钮，进入如图 10-22 所示的界面，根据允许的操作可以设置相应的权限。

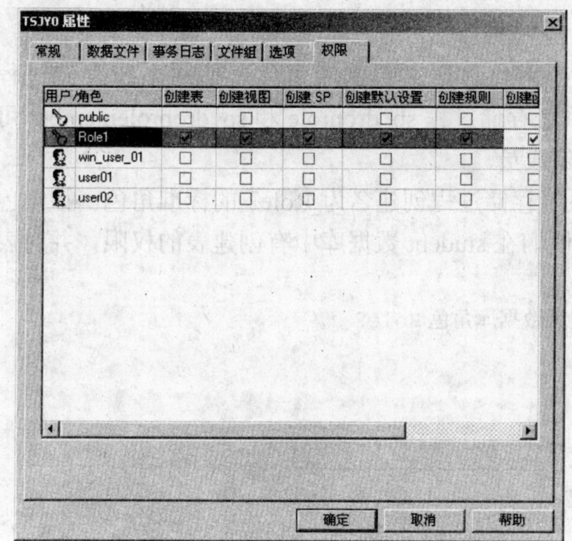

图 10-20　数据库角色的权限设置对话框

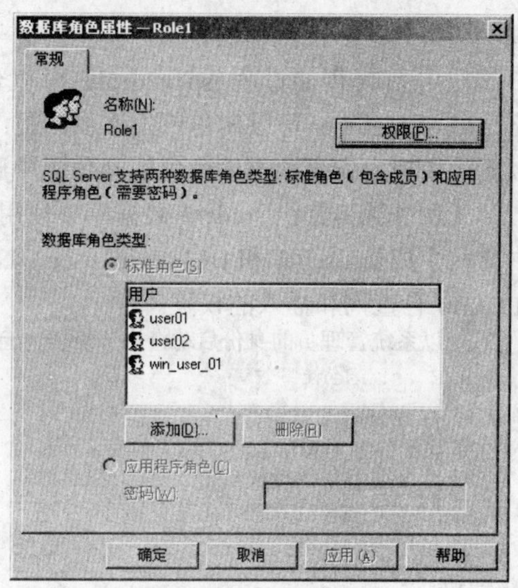

图 10-21　数据库角色的权限设置对话框 1

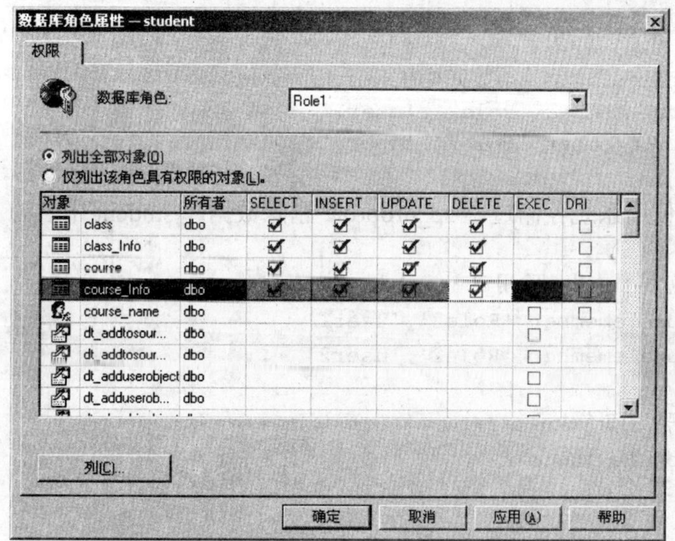

图 10-22　数据库角色的权限设置对话框 2

【例 10-23】使用企业管理器删除数据库角色 Role1。

删除用户自定义的数据库角色之前，应先删除该角色的所有成员。

（1）启动企业管理器，展开服务器组和服务器，然后展开数据库，选择数据库 student 下的“角色”图标。

（2）在右侧的角色详细列表中选中要删除成员的数据库角色，这里选择 Role1，右击，从弹出的快捷菜单中选择“属性”选项，弹出如图 10-21 所示的对话框。选择要删除的角色成员，单击“删除”按钮。最后单击“确定”按钮，保存 Role1 的设置。

（3）在企业管理器中，选择 student 数据库节点下的“角色”图标，在右侧的角色详细列表中选中要删除的数据库角色并右击，从弹出的快捷菜单中选择“删除”选项，在弹出的对话框中单击“是”按钮确认删除。

使用系统存储过程 sp_addrole 可以创建用户自定义数据库角色；使用系统存储过程 sp_addrolemember 可以向角色中添加成员；系统存储过程 sp_droprole 和 sp_droprolemember 可以删除用户自定义数据库角色或从角色中删除成员。

【例 10-24】在 student 数据库中使用系统存储过程创建名为 Role2 的标准角色。该角色中有两个成员 user01 和 HLM\win_user_01，他们在 student 数据库中有创建表的权限，并对表 stu_info 有查询和插入的权限。

```
/*以系统管理员的身份启动查询分析器，自定义数据库角色 Role2 */
USE  student
GO
EXEC  sp_addrole  'Role2'
/*给数据库角色授权*/
GRANT CREATE TABLE TO Role2
GRANT SELECT,INSERT ON stu_info TO Role2
GO
/*将两个登录账户添加为当前数据库的用户*/
EXEC sp_grantdbaccess 'user01','user1'
EXEC sp_grantdbaccess 'HLM\win_user_01','user2'
GO
/*将 user1、user2 添加到当前数据库的 Role2 角色中*/
EXEC sp_addrolemember 'Role2','user1'
EXEC sp_addrolemember 'Role2','user2'
GO
```

【例 10-25】使用系统存储过程 sp_droprole 删除数据库 student 中名为 Role2 的角色。

```
USE student
/*从数据库角色 Role2 中删除用户 user1 和 user2*/
EXEC sp_droprolemember 'Role2','user1'
EXEC sp_droprolemember 'Role2','user2'
GO
/*删除当前数据库的角色 Role2*/
EXEC sp_droprole 'Role2'
GO
```

本章小结

本章主要介绍了 SQL Server 2000 的安全机制、登录账户和数据库用户的管理；介绍了如何使用角色以及授予权限的方法。掌握使用界面方式和命令方式建立、删除 SQL 登录账户和 Windows 登录账户的方法及如何管理用户、权限和角色。

习题十

一、填空题

1. SQL Server 2000 支持两种不同的身份验证，即________和________。

2．使用系统提供的存储过程_________可以创建 SQL 登录账户。

3．SQL Server 2000 中有 3 种类型的权限，即_________、_________和隐含权限。

4．SQL Server 2000 常用的对象权限有_________、_________、_________、DELETE 和 EXECUTE 等。

5．在 SQL Server 2000 中，角色主要有_________角色和_________角色两种。

二、简答题

1．简述 SQL Server 2000 的身份验证方式。

2．用命令方式创建一个名为 test_user 的用户，其权限是仅可以访问 student 数据库，但该用户没有操作该数据库的其他任何权限。

3．创建一应用程序角色，使其能够访问 student 数据库，具有读取、修改表的权限。

第 11 章　数据库的日常维护与管理

SQL Server 2000 系统提供了内置的安全和数据保护机制，以防止非法登录者或非授权用户对数据进行破坏，但合法用户的误操作、硬件故障、软件错误、病毒等意外情况仍是可能发生的。这些故障会造成运行事务的异常中断，影响数据的正确性，甚至会破坏数据库，使数据库中的数据部分或全部丢失。因此需要提出另外的方案，即数据库的备份和还原、数据的导入和导出来解决这些问题，以便及时地还原数据或重建数据库，将各种损失降到最低。

11.1　数据库备份与还原

11.1.1　备份与还原的概念

备份是指制作数据库结构、对象和数据的拷贝，以便在数据库遭到破坏的时候能够修复数据库；还原则是指将数据库备份加载到服务器中的过程。SQL Server 提供了一套功能强大的数据备份和还原工具，在系统发生错误的时候，可以利用备份的数据来还原数据库中的数据。在下述情况下，需要使用数据库的备份和还原：

（1）存储设备损坏。例如存放数据库数据的硬盘损坏。

（2）用户操作错误。例如非恶意地或恶意地修改或删除数据。

（3）整个服务器崩溃。例如操作系统被破坏，造成计算机无法启动。

（4）需要在不同的服务器之间移动数据库。把一个服务器上的某个数据库备份下来，然后还原到另一个服务器中去。

由于 SQL Server 支持在线备份，所以通常情况下可以一边进行备份，一边进行其他操作。但是，在备份过程中避免执行以下操作：

- 创建或删除数据库文件。
- 创建索引。
- 执行任何无日志记录的操作，包括数据的大容量装载（bcp 和 BULK INSERT）、SELECT INTO 等语句。
- 自动或手工缩小数据库或数据库文件大小。

还原是将遭受破坏、丢失数据或出现错误的数据库还原到原来的正常状态。这一状态是由备份决定的，但是为了维护数据库的一致性，在备份中未完成的事务并不进行还原。

进行备份和还原的工作主要是由数据库管理员来完成的。实际上，数据库管理员日常比较重要和频繁的工作就是对数据库进行备份和还原。

11.1.2　数据库备份的类型

SQL Server 2000 支持以下 4 种类型的数据库备份：

（1）完全数据库备份。

完全数据库备份是指备份整个数据库的内容，包括所有的数据以及数据库对象。还原时，仅需要还原最后一次完全数据库备份即可。该备份以后的修改都将丢失。

这种备份的主要优点是操作简单，可按一定的时间间隔预先设定，还原时，只需一个步骤就可以完成。但在备份过程中需要花费的时间和空间较多，不宜频繁进行。适合于小型数据库，或者数据库中的数据变化很少的情况。

（2）差异备份。

差异备份又叫增量备份，即只备份自上次数据库备份后发生更改的部分数据库。与完全数据库备份相比，差异备份由于备份的数据量较小，所以备份和还原所用的时间较短。通过增加差异备份的备份次数，可以降低丢失数据的风险。

（3）事务日志备份。

事务日志备份只备份最后一次日志备份后所有的事务日志记录。备份所用的时间和空间更少。利用日志备份进行还原时，可以指定还原到某一个事务。例如，可以将其还原到某个破坏性操作执行前的一个事务，这是完全数据库备份和差异备份所不能做到的。但利用日志备份进行还原时，需要重新执行日志记录中的修改命令来还原数据库中的数据，所以通常还原的时间较长。

在实际中为了最大限度地减少数据库还原时间以及降低数据损失程度，一般经常综合使用完全数据库备份、差异备份和事务日志备份。建议每周进行一次完全数据库备份，每天进行一次差异备份，每小时执行一次日志备份，这样最多只会丢失一小时的数据。还原时，先还原最后一次完全数据库备份，再还原最后一次差异备份，再顺次还原最后一次差异备份以后进行的所有事务日志备份。

（4）文件或文件组备份。

即备份某个数据库文件或数据库文件组。必须与事务日志备份结合才有意义。例如，某数据库中有两个数据文件，一次仅备份一个文件，而且在每个数据文件备份后都要进行日志备份。在还原时，使用事务日志使所有的数据文件还原到同一个时间点。

例如，某数据库在 3 个不同时刻分别做了不同的数据库备份，如表 11-1 所示。若在时刻 3 以后数据库被破坏，要还原数据库时就要按表中“还原顺序”列中所给出的顺序进行。

表 11-1　数据库备份与还原顺序表

备份方法	时刻 1	时刻 2	时刻 3	还原顺序
完全数据库备份	完全 1	完全 2	完全 3	完全 3
差异备份	完全 1	差异 1	差异 2	完全 1→差异 2
事务日志备份	完全 1	日志 1	日志 2	完全 1→日志 1→日志 2
文件或文件组备份	文件 1，日志 1	文件 2，日志 2	文件 1，日志 3	还原文件 2 的顺序： 时刻 2 的文件备份 2→日志 2→日志 3 还原文件 1 的顺序： 时刻 3 的文件备份 1→日志 3

11.1.3　数据库备份操作

1. 创建备份设备

在进行备份以前首先需要创建存放备份数据的备份设备，备份设备是用来存储数据库、事务日志备份、文件或文件组备份的存储介质。备份设备可以是磁盘、磁带或管道。SQL Server 只支持将数据库备份到本地磁带机，而不是备份到网络上的远程磁带机。当使用磁盘时，SQL Server 允许将本地主机硬盘和远程主机上的硬盘作为备份设备，备份设备在硬盘中是以文件的方式存储的。

SQL Server 使用物理备份名称或逻辑备份名称标识备份设备。物理备份名称是操作系统用来标识备份设备的名称，如 d:\backup\student_backup.bak；逻辑备份名称是物理备份名称的一个别名，逻辑备份名称存储在 SQL Server 的系统表 sysdevices 中，使用逻辑备份名称的优点是比物理备份名称简单好记，如 d:\backup\student_backup.bak 的逻辑备份名称可以是 student_databackup。

创建备份设备既可以使用企业管理器，也可以使用 T-SQL 语句来实现。

（1）使用企业管理器创建备份设备。

【例 11-1】在本地硬盘上创建一个备份设备，其逻辑备份名称为 student_backup，物理备份名称为 d:\sql\student_backup.bak。

操作步骤如下：

1）在企业管理器树形目录中展开要使用的服务器组和服务器，然后展开“管理”文件夹，在“备份”图标上右击，弹出快捷菜单，如图 11-1 所示。

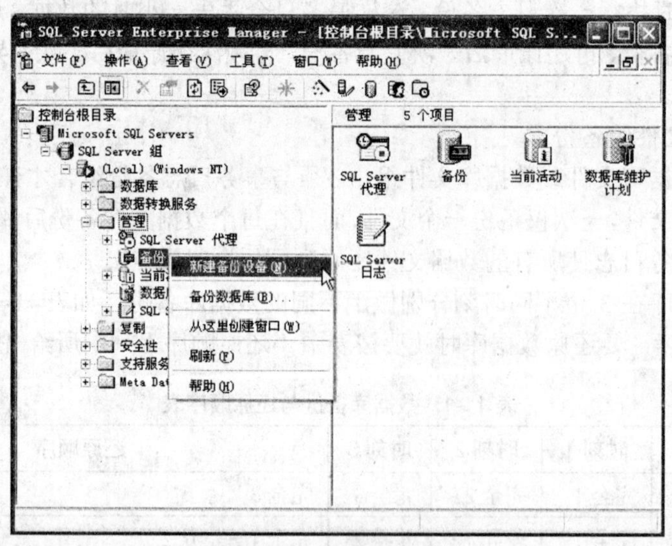

图 11-1 右键快捷菜单

2）在该快捷菜单中选择“新建备份设备”选项，弹出“备份设备属性”对话框，如图 11-2 所示。

3）分别在“名称”文本框和“文件名”文本框中输入备份设备的逻辑备份名称和完整的物理路径名，单击“确定”按钮，则完成新的备份设备的创建。

如果要删除备份设备，可以在企业管理器树形目录中展开“管理”文件夹，单击“备份”图标，在右侧窗格中会显示出目前已经创建的各备份设备，选择要删除的备份设备并右击，从弹出的快捷菜单中选择“删除”选项，如图 11-3 所示，即可删除该备份设备。注意，如果被删除的备份设备有相应的磁盘文件，那么必须在其物理路径下手工删除该文件。

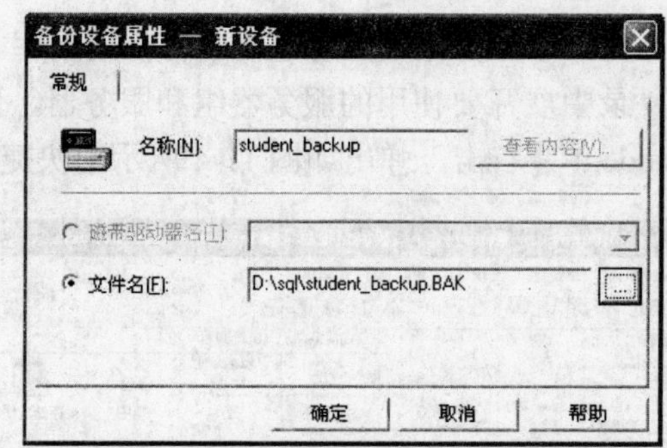

图 11-2 “备份设备属性”对话框

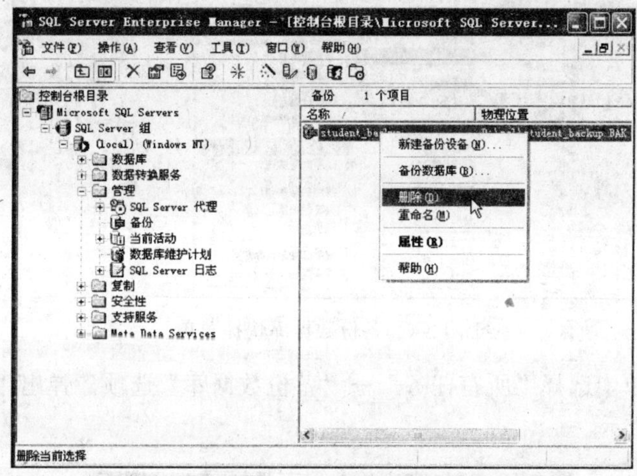

图 11-3 删除备份设备

（2）使用 T-SQL 语句创建备份设备。

在查询分析器中，可以使用系统存储过程 sp_addumpdevice 来添加备份设备。其基本语法格式为：

```
[EXECUTE]  sp_addumpdevice '设备类型','逻辑备份名称','物理备份名称'
```

其中第一个参数用于指定备份设备的类型，包括磁盘、磁带和命名管道，分别用 disk、pipe 和 tape 表示。

【例 11-2】在本地硬盘上创建一个备份设备，其逻辑备份名称为 xsgl_backup，物理备份名称为 d:\sql\xsgl_backup.bak。

```
EXEC sp_addumpdevice 'disk','xsgl_backup','d:\sql\xsgl_backup.bak'
```

当所创建的备份设备不再需要时，可以用 sp_dropdevice 系统存储过程将其删除。例如要删除例 11-2 所创建的备份设备，相应的语句为：

```
EXEC sp_dropdevice 'xsgl_backup',DELFILE
```

其中 DELFILE 选项表示同时删除备份设备相对应的操作系统文件。

2. 备份数据库

（1）使用企业管理器备份数据库。

在 SQL Server 中，无论是完全数据库备份，还是事务日志备份、差异备份、文件或文件组备份都执行相同的步骤。

下面以 student 数据库为例介绍如何在企业管理器中备份数据库。具体步骤如下：

1）在企业管理器树形目录中展开要使用的服务器组和服务器，然后展开“数据库”文件夹，选择要备份的数据库 student 并右击，弹出如图 11-4 所示的快捷菜单。

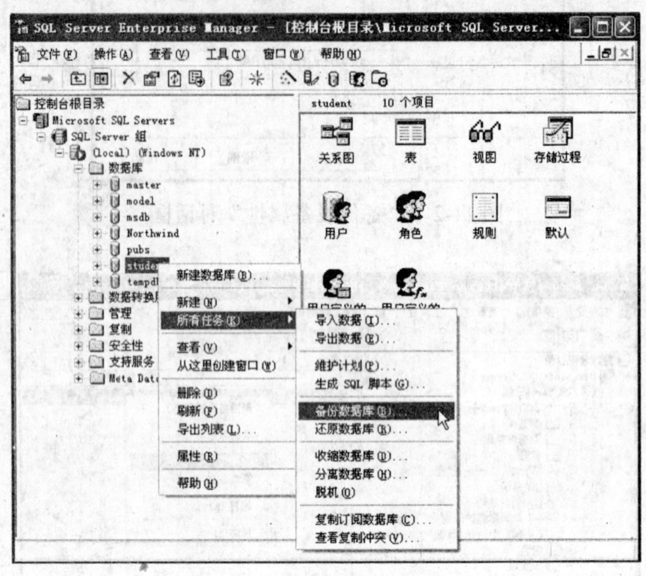

图 11-4　备份数据库快捷菜单

2）在该快捷菜单中选择“所有任务”→“备份数据库”选项，弹出“SQL Server 备份”对话框，如图 11-5 所示。

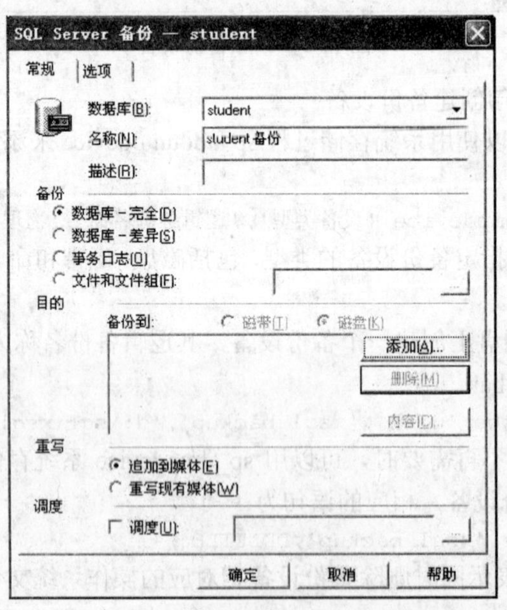

图 11-5　“SQL Server 备份”对话框

3）选择“常规”选项卡，在“备份”区域内选择要进行备份的类型。需要说明的是，如果在此看到“事务日志”和“文件和文件组”两个选项被禁用，可以通过在数据库 student 上右击，从弹出的快捷菜单中选择“属性”选项，然后单击“选项”选项卡，将“故障还原模型”框更改为“完全”来使上述两个选项转为有效。

4）在“目的”区域内单击“添加”按钮，弹出如图 11-6 所示的“选择备份目的”对话框。在该对话框中，可以选择“备份设备”单选项，指定备份设备；或选择“文件名”单选项，指定备份文件名，则 SQL Server 将自动为这个文件创建一个备份设备。然后单击“确定”按钮，返回如图 11-5 所示的对话框，可以看到选择的备份设备出现在了“备份到”下边的列表框中。如果要备份到多个设备上，可以多次单击“添加”按钮添加多个设备。

5）在“重写”区域中选择备份方式。如果希望覆盖当前设备上以前备份的内容，则选择“重写现有媒体”单选项；否则，选择“追加到媒体”单选项，备份将添加到备份设备已有内容的后面。

6）如果希望按照一定周期对数据库进行备份，可以选择“调度”复选框，并单击右边带省略号的浏览按钮，在弹出的如图 11-7 所示的“编辑调度”对话框中设定备份操作进行的时间。如果希望按照自己的要求设定备份时间，可以单击“更改”按钮，弹出如图 11-8 所示的“编辑反复出现的作业调度”对话框，在其中可以改变当前默认的备份时间设置。

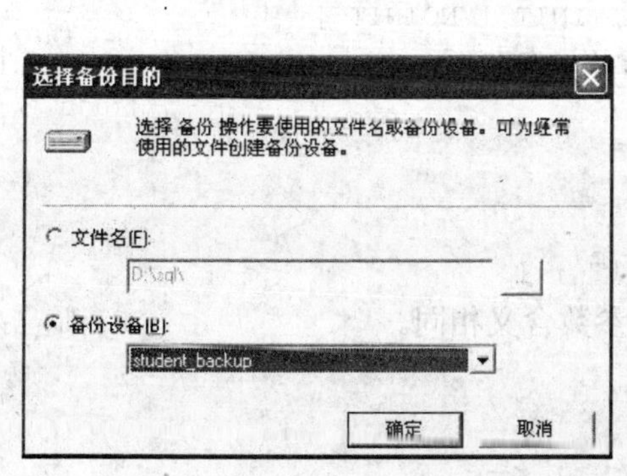

图 11-6　“选择备份目的”对话框

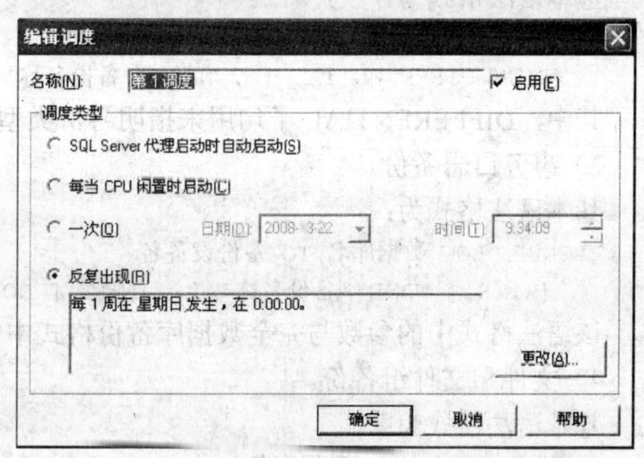

图 11-7　“编辑调度”对话框

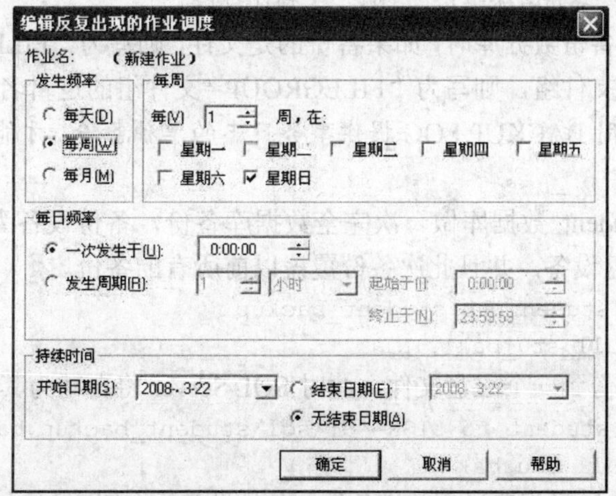

图 11-8　“编辑反复出现的作业调度”对话框

7）返回到图 11-5 所示的对话框后单击“确定”按钮，完成备份操作。

（2）使用 T-SQL 语句备份数据库。

可以在查询分析器中使用 BACKUP 命令对数据库进行完全数据库备份、差异备份、事务日志备份或文件和文件组备份。

1）完全数据库备份。

基本语法格式为：

```
BACKUP  DATABASE 数据库名 TO 备份设备名
    [WITH [ NAME='备份名称'][, INIT | NOINIT ] ]
```

参数含义：

- 备份设备名：如果采用“备份设备类型=设备名称”的形式，则事先不需要创建备份设备；如果直接用备份设备名，则需要事先创建备份设备。
- INIT：表示新备份的数据覆盖当前备份设备上已有的数据。
- NOINIT：表示新备份的数据添加到备份设备上已有数据的后面，它是备份的默认方式。

2）差异备份。

基本语法格式为：

```
BACKUP  DATABASE 数据库名 TO 备份设备名
    WITH DIFFERENTIAL [ , NAME='备份名称'][, INIT | NOINIT ]
```

其中，DIFFERENTIAL 子句用来指明备份类型为差异备份。

3）事务日志备份。

基本语法格式为：

```
BACKUP  LOG 数据库名 TO 备份设备名
    [WITH [ NAME='备份名称'][ , INIT | NOINIT ] ]
```

该语法格式中的参数与完全数据库备份格式中的参数含义相同。

4）文件和文件组备份。

基本语法格式为：

```
DACKUP  DATABASE 数据库名
    FILE='文件的逻辑名称'| FILEGROUP='文件组的逻辑名称' TO 备份设备名
    [WITH [ NAME='备份名称'][ , INIT | NOINIT ] ]
```

使用上述语法格式备份数据库时，如果备份的是文件，则写为“FILE='文件的逻辑名称'”的方式；如果备份的是文件组，则写为“FILEGROUP='文件组的逻辑名称'”的方式。

注意：*必须通过使用 BACKUP LOG 提供事务日志的单独备份，才能使用文件和文件组备份来还原数据库。*

【例 11-3】对 student 数据库做一次完全数据库备份，备份设备为在例 11-1 中创建的 student_backup 本地磁盘设备，并且此次备份覆盖以前所有的备份。

```
BACKUP DATABASE student to student_backup
    WITH NAME='full_stu_bak',INIT
```

也可以将数据库备份到一个磁盘文件，此时 SQL Server 将自动为其创建设备，比如：

```
BACKUP DATABASE student to DISK='d:\sql\student_backup.bak'
    WITH NAME='full_stu_bak'
```

【例 11-4】对 student 数据库进行差异备份，备份设备为在例 11-1 中创建的 student_backup 本地磁盘设备。

```
BACKUP DATABASE student to student_backup
   WITH DIFFERENTIAL,NAME='diff_stu_bak',NOINIT
```

【例 11-5】对 student 数据库进行事务日志备份，备份设备为在例 11-1 中创建的 student_backup 本地磁盘设备。

```
BACKUP LOG student to student_backup
   WITH  NAME='log_stu_bak',NOINIT
```

在查询分析器中可以输入 RESTORE HEADERONLY FROM student_backup 语句查看 student_backup 备份设备上所有的备份。

【例 11-6】将 student 数据库的 xsgl_data 文件备份到例 11-2 中创建的 xsgl_backup 本地磁盘设备。

```
BACKUP DATABASE student FILE='xsgl_data' to xsgl_backup
```

11.1.4　数据库还原操作

1. 使用企业管理器还原数据库

使用企业管理器还原数据库的方法和步骤如下：

（1）在企业管理器树形目录中展开要使用的服务器组和服务器。在左侧窗格中选中“数据库”文件夹并右击，从弹出的快捷菜单中选择“所有任务”→“还原数据库”选项，弹出如图 11-9 所示的对话框。

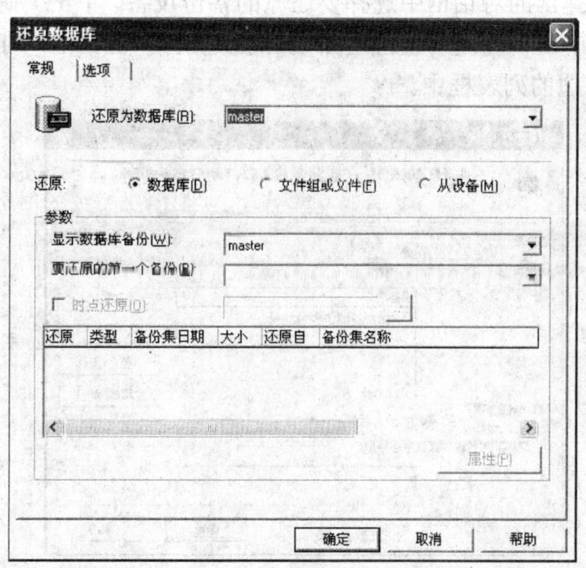

图 11-9　“还原数据库”对话框

（2）在“还原为数据库”下拉列表框中选择要还原的目标数据库，也可以输入一个新的数据库名称，SQL Server 2000 将自动新建一个数据库，并将数据库备份还原到新建的数据库中。

（3）在“还原”区域中选择一种还原方式，可以是“数据库”、“文件组或文件”或“从设备”。选择第一种方式可以很方便地还原数据库，但这种方式要求要还原的备份必须在 msdb 数据库中保存了备份历史记录。在其他服务器上创建的备份在 msdb 数据库中没有记录，在将一个服务器上制作的数据库备份还原到另一个服务器上时，不能使用“数据库”还原方式。

（4）选择不同的还原方式，还原数据库对话框显示为不同的样式。如果选择“从设备”还原数据库，“还原数据库”对话框变为如图 11-10 所示。

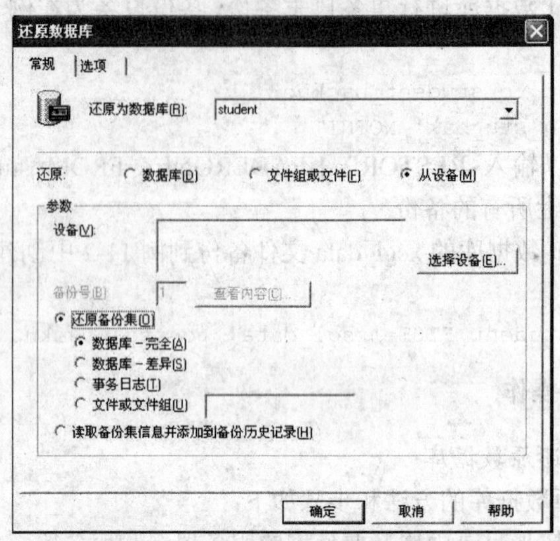

图 11-10　从设备还原数据库

（5）单击“选择设备”按钮，弹出如图 11-11 所示的“选择还原设备”对话框，在其中单击“添加”按钮，在弹出的对话框中选择要还原的备份设备，单击“确定”按钮返回“选择还原设备”对话框，再单击“确定”按钮返回“还原数据库”对话框，可以看到选择的备份设备已出现在“设备”右边的列表框中。

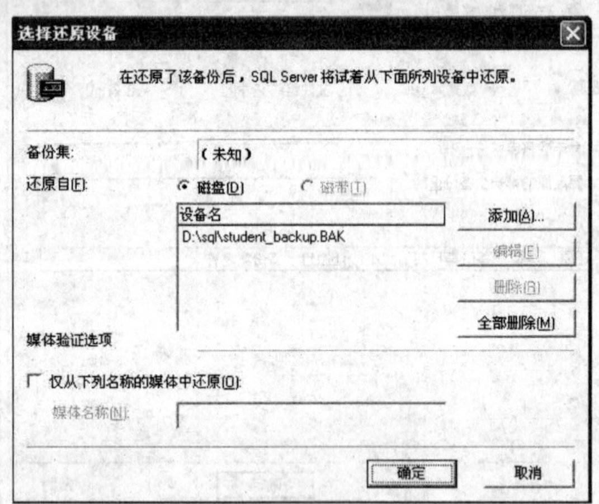

图 11-11　“选择还原设备”对话框

（6）在“还原数据库”对话框中，选中“选项”选项卡进行其他选项的设置，然后单击“确定”按钮，数据库开始进行还原。

2．使用 T-SQL 语句还原数据库

数据库的还原也可以使用 RESTORE 语句来实现。

（1）还原整个数据库。

基本语法格式如下：

```
RESTORE  DATABASE 数据库名 FROM 备份设备名
```

```
    [WITH  [ FILE=n][,NORECOVERY | RECOVERY][,REPLACE] ]
```

参数含义：

- FILE=n：指出从设备上的第几个备份中还原。例如，数据库在同一备份设备上作了两次备份，若还原第一个备份时使用 FILE=1 选项；若还原第二个备份时使用 FILE=2 选项。
- RECOVERY：指定在数据库还原完成后，SQL Server 回滚被还原的数据库中所有未完成的事务，以保持数据库的一致性。在还原后，用户就可以访问数据库了。所以 RECOVERY 选项用于最后一个备份的还原。
- NORECOVERY：SQL Server 不回滚所有未完成的事务，在还原结束后，用户不能访问数据库。所以当要还原的备份不是最后一个备份时，应使用 NORECOVERY 选项。例如，要还原一个完全数据库备份、一个差异备份和一个事务日志备份，那么应先用 NORECOVERY 选项还原完全数据库备份和差异备份，最后用 RECOVERY 选项还原事务日志备份。
- REPLACE：表示如果还原的数据库名称与已有的某数据库重名，则首先删除原数据库，然后重新创建。

从完全数据库备份中还原数据和从差异备份中还原数据库都使用上述语法格式。

（2）还原事务日志。

基本语法格式如下：

```
RESTORE  LOG 数据库名 FROM 备份设备名
    [WITH [FILE=n][,NORECOVERY | RECOVERY] ]
```

在上述语法格式中，参数含义与还原整个数据库语法格式中的参数含义相同。

还原事务日志必须在进行完全数据库还原以后才能进行。

（3）还原特定的文件或文件组。

基本语法格式如下：

```
RESTROE  DATABASE 数据库名
    FILE=文件名| FILEGROUP=文件组名 FROM 备份设备名
    [WITH [,FILE=n][,NORECOVERY][,REPLACE]]
```

其中选项“FILE=文件名|FILEGROUP=文件组名”指定要还原的数据库文件或文件组的名称。NORECOVERY、REPLACE 的含义与前面相同。

【例 11-7】前面例 11-3 至例 11-5 分别在 student_backup 备份设备上进行了一次完全数据库备份、一次差异备份和一次事务日志备份。假设存储介质发生故障，需要从 student_backup 备份中还原数据库 student，可以使用以下语句：

```
--还原完全数据库备份
RESTORE DATABASE student FROM student_backup
    WITH file=1,NORECOVERY
--还原差异备份
RESTORE DATABASE student FROM student_backup
    WITH file=2,NORECOVERY
--还原事务日志备份
RESTORE LOG student FROM student_backup
    WITH file=3,RECOVERY
```

11.2 数据的导入与导出

SQL Server 提供了数据导入导出功能，用以实现不同数据库平台间的数据交换。导入数据是指从外部数据源（如文本文件）中检索数据，并将数据插入到 SQL Server 表中的过程。例如，将 Access 数据库中的数据导入到 SQL Server 数据库中。导出数据是将 SQL Server 数据库中的数据转换为某种用户指定的其他数据格式的过程。例如，将 SQL Server 数据库中的数据转换为 Excel 电子表格格式。

SQL Server 提供了多种工具用于各种数据源的数据导入和导出，这些工具包括数据转换服务 DTS、复制、批量复制程序（大容量复制）、T-SQL 语句等。其中 DTS（Data Transformation Service）是一种功能非常强大的组件，它本身包含 3 个工具：DTS 导入导出向导、DTS 包设计器和 DTS 传输管理器。其中 DTS 导入导出向导提供了把数据从一个数据源转换到另一个数据目的地的最简单的方法，它可以在异构数据环境中拷贝数据、表或查询结果集，并可以交互式地定义数据转换方式。本节主要介绍如何利用 DTS 导入导出向导来实现数据导入或导出。

11.2.1 导出数据

【例 11-8】利用 DTS 导出向导将 student 数据库的 score 表中的数据转换为 Excel 电子表格格式。

在企业管理器中的操作步骤如下：

（1）启动 DTS 导入/导出向导。

有 4 种方法启动 DTS 导入/导出向导：

- 单击“开始”→“程序”→Microsoft SQL Server→“导入和导出数据”命令，如图 11-12 所示。

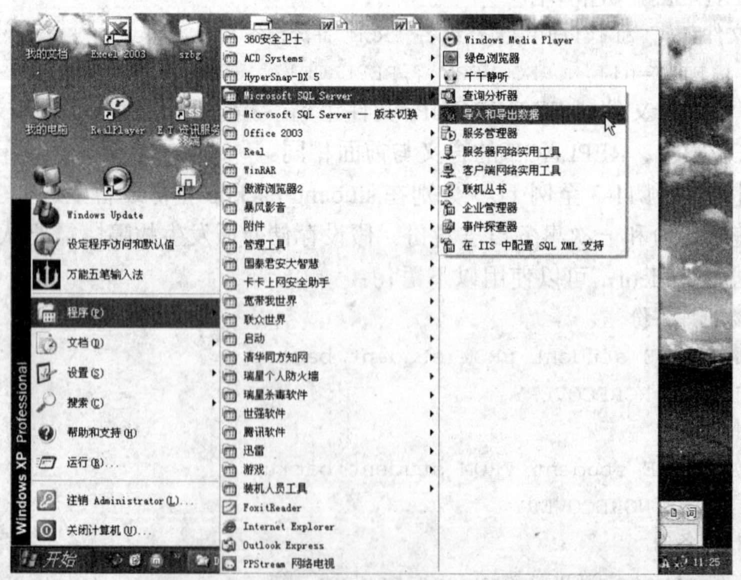

图 11-12 启动 DTS 导入/导出向导的第一种方法

- 在 SQL Server 企业管理器窗口中单击“工具”→“数据转换服务”→“导入数据（或导出数据）”命令，如图 11-13 所示。

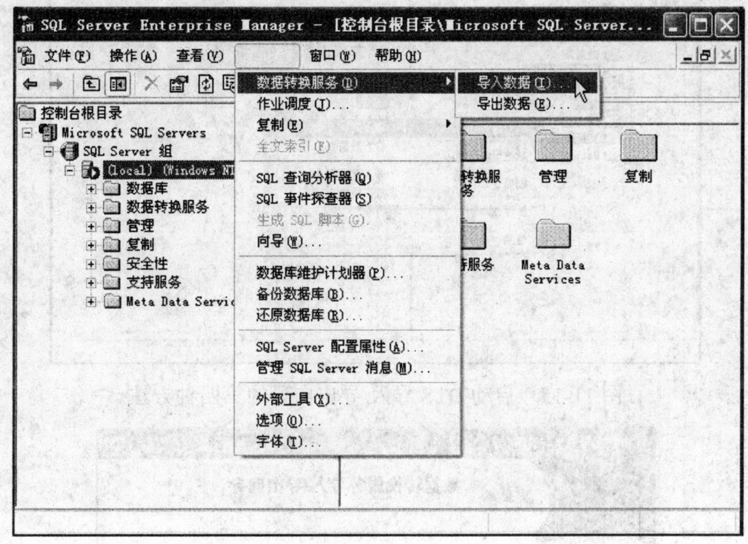

图 11-13　启动 DTS 导入/导出向导的第二种方法

- 在 SQL Server 企业管理器窗口中单击“工具”→“向导”命令，在弹出的“选择向导”对话框中展开“数据转换服务”，选择“DTS 导出向导”或者“DTS 导入向导”，如图 11-14 所示。

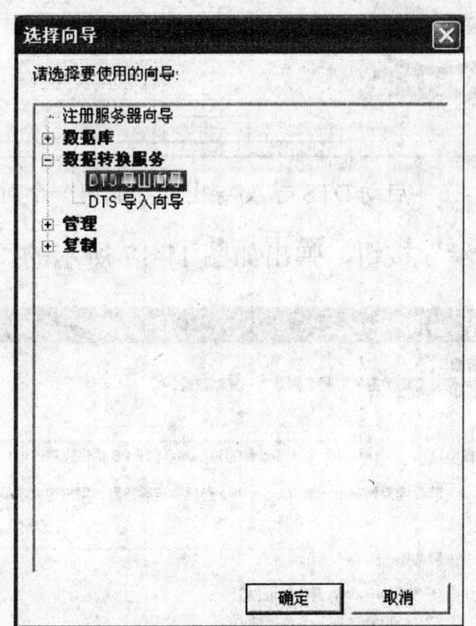

图 11-14　启动 DTS 导入/导出向导的第三种方法

- 在企业管理器树形目录中展开要使用的服务器组和服务器，选中“数据转换服务”文件夹并右击，从弹出的快捷菜单中选择“所有任务”→“导入数据（或导出数据）”选项，如图 11-15 所示。

用上述任意一种方法启动 DTS 导入/导出向导后的第一个对话框如图 11-16 所示。

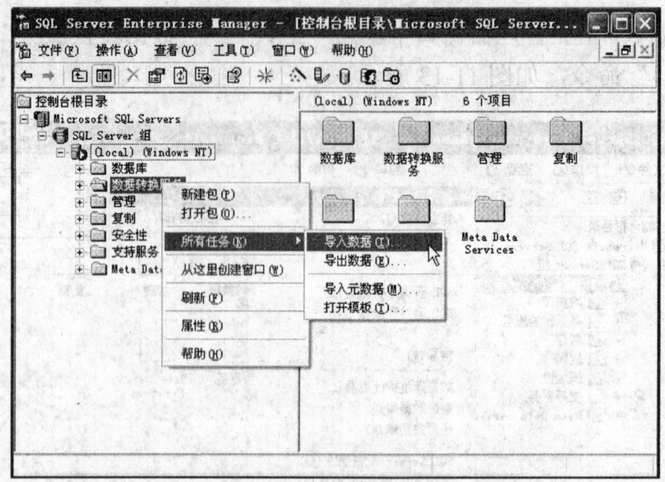

图 11-15 启动 DTS 导入/导出向导的第四种方法

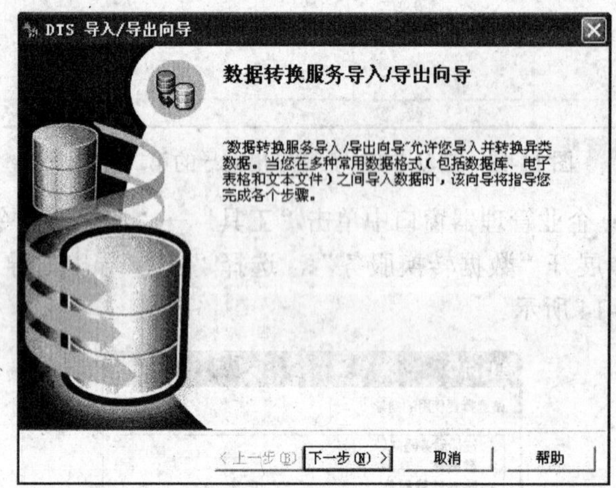

图 11-16 启动 DTS 导入/导出向导的第一个对话框

（2）在其中单击"下一步"按钮，弹出如图 11-17 所示的"选择数据源"对话框。

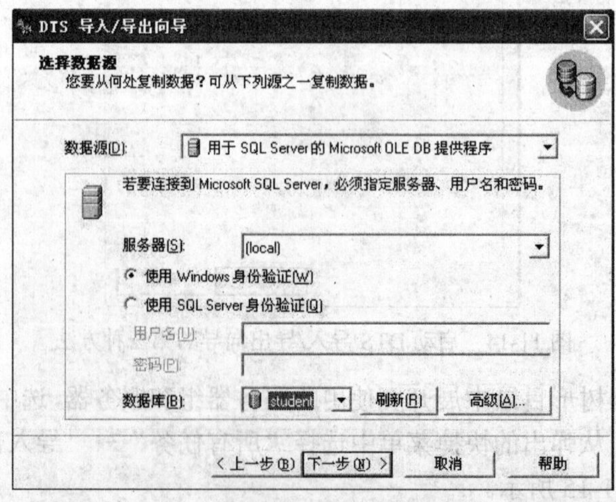

图 11-17 导出过程的"选择数据源"对话框

（3）在该对话框中，选择数据源的类型、认证方式以及数据库和其他高级设置。根据所选的数据源不同，对话框的内容也会不同。本例在“数据源”下拉列表框中选择要导出的数据源为“用于 SQL Server 的 Microsoft OLE DB 提供程序”，数据库为 student。单击“下一步”按钮，弹出如图 11-18 所示的“选择目的”对话框。

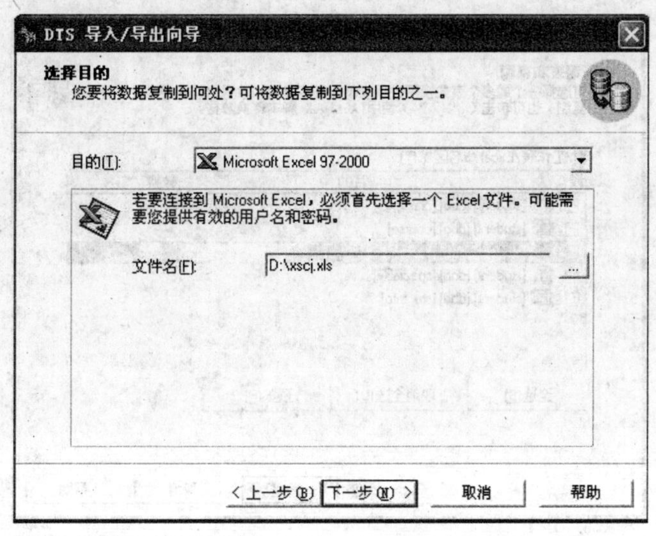

图 11-18　导出过程的“选择目的”对话框

（4）在“目的”下拉列表框中，选择目的数据源的类型为 Microsoft Excel 97-2000，在“文件名”文本框中输入导出文件的路径和名称，本例为 D:\xscj.xls，单击“下一步”按钮，弹出如图 11-19 所示的“指定表复制或查询”对话框。

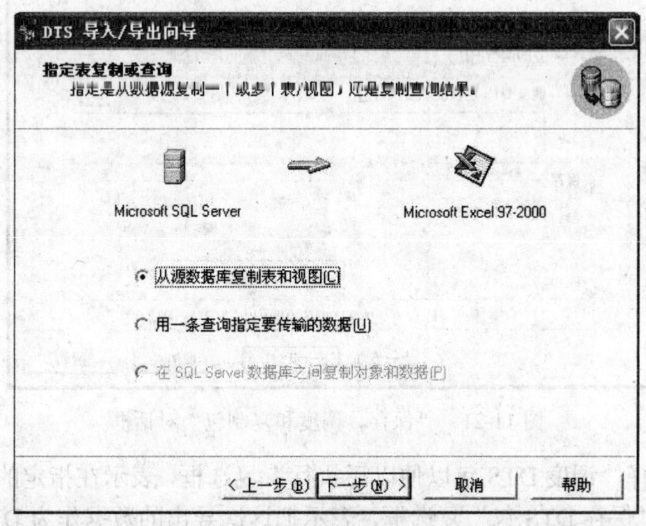

图 11-19　导出过程的“指定表复制或查询”对话框

（5）在该对话框中，若要把选定数据库的源表或视图内容导出，则选择“从源数据库复制表和视图”单选项，若只想使用一个查询将指定数据导出，则选择“用一条查询指定要传输的数据”单选项，本例选择第一项。单击“下一步”按钮，弹出如图 11-20 所示的“选择源表和视图”对话框。

（6）在该对话框中列出了来源数据库中所包含的表，可以从中选择一个或多个表作为源表，只需要在“源”列中选定相应的复选框即可，本例选中 score 表作为来源表。单击“下一步”按钮，弹出如图 11-21 所示的对话框。

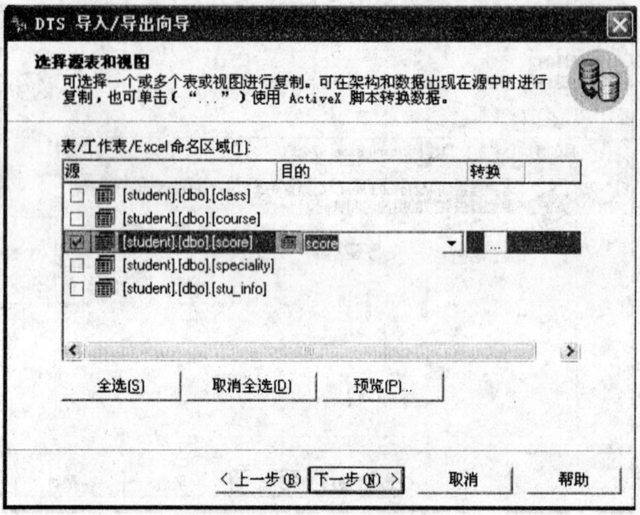

图 11-20　导出过程的“选择源表和视图”对话框

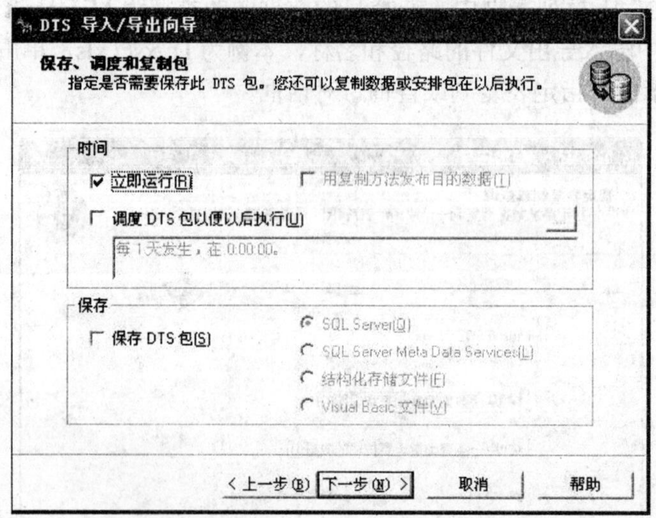

图 11-21　“保存、调度和复制包”对话框

（7）在其中选择“调度 DTS 包以便以后执行”复选框，表示在指定的时间从相关数据库中导出数据；选择“保存 DTS 包”复选框，表示把这次导出的数据作为 DTS 包保存。本例选中“立即运行”复选框，以便在完成数据导出选项设置后立即执行数据转换操作。单击“下一步”按钮，弹出如图 11-22 所示的对话框。

（8）在该对话框中，显示了在该向导中进行的导出设置，确认无误后单击“完成”按钮，若前面的设置正确，则出现如图 11-23 所示的显示导出进度对话框，之后会自动弹出如图 11-24

所示的导出成功提示消息框。

图 11-22　导出过程的设置摘要显示

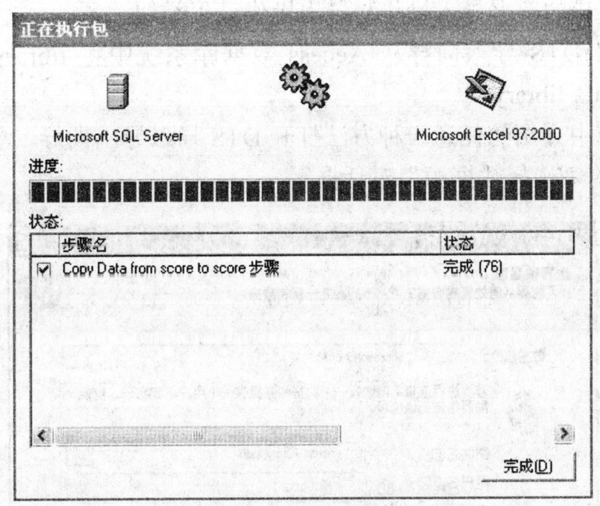

图 11-23　显示导出进度对话框

图 11-24　导出成功提示消息框

（9）单击“确定”按钮，返回到导出进度对话框中，单击“完成”按钮即可完成此次的数据导出操作。

通过上述操作，student 数据库中的 score 表数据被导出到 Excel 中，可以在 Excel 中打开、浏览这些表数据，如图 11-25 所示。

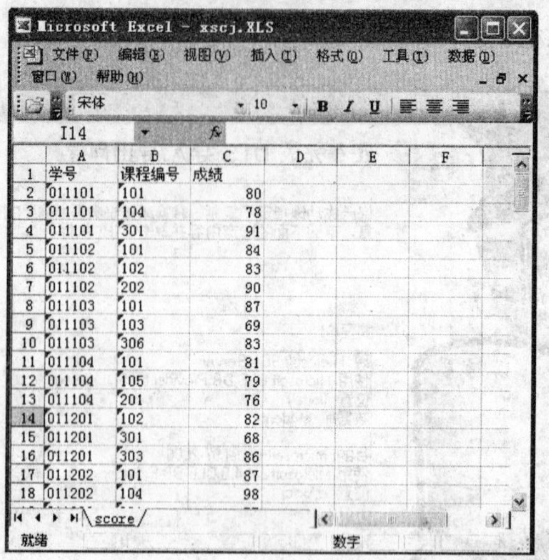

图 11-25 在 Excel 中查看导出结果

11.2.2 导入数据

DTS 导入/导出向导的数据导入操作与导出操作过程类似。

【例 11-9】利用 DTS 导入向导从 Access 数据库系统中将 library 数据库导入到 SQL Server 中，取名为 SQL_library。

（1）使用上一节中介绍的任意一种方法打开 DTS 导入导出向导，单击“下一步”按钮，弹出如图 11-26 所示的“选择数据源”对话框。

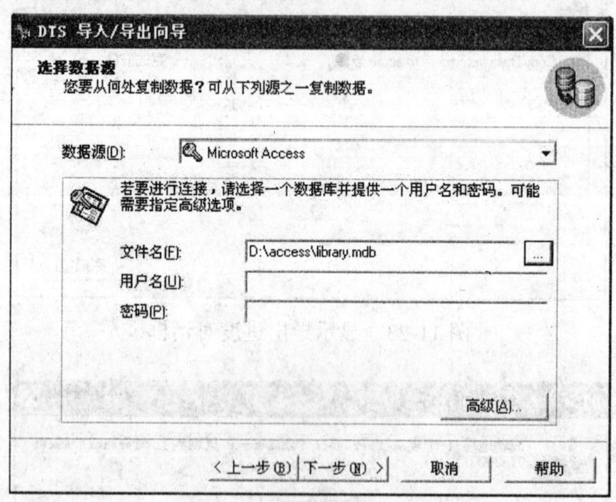

图 11-26 导入过程的“选择数据源”对话框

（2）在“数据源”下拉列表框中选择 Microsoft Access 选项，在“文件名”文本框中输入源数据库的文件名和路径，如果需要登录到源数据库，分别在“用户名”和“密码”文本框中输入登录用户名和密码，单击“下一步”按钮，出现选择目的数据对话框，如图 11-27 所示。

（3）在“目的”下拉列表框中选择“用于 SQL Server 的 Microsoft OLE DB 提供程序”，并选择服务器为 local；在底部的“数据库”区域中，展开下拉列表，选择“新建”，弹出“创建数据库”对话框，如图 11-28 所示。

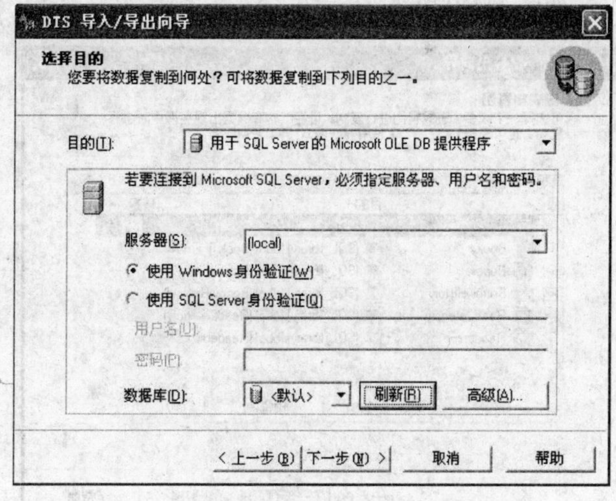

图 11-27　导入过程的“选择目的”对话框

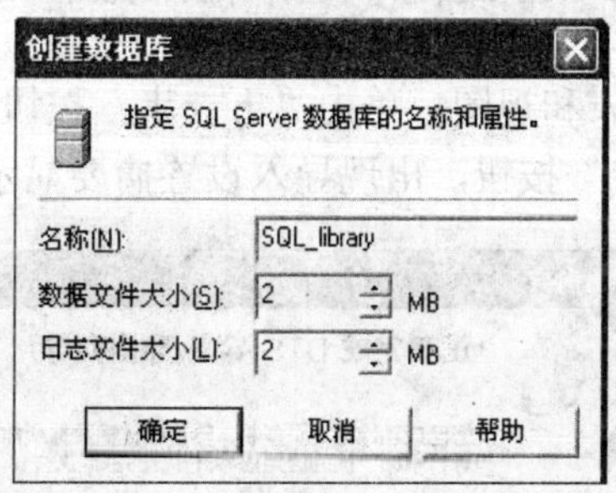

图 11-28　“创建数据库”对话框

（4）在其中输入新数据库的名称及参数，单击“确定”按钮，返回到“选择目的”对话框中，单击“下一步”按钮，弹出如图 11-29 所示的对话框。

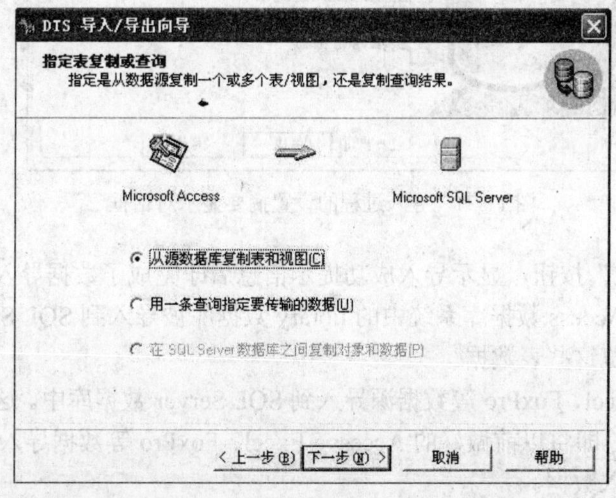

图 11-29　导入过程的“指定表复制或查询”对话框

（5）在其中选择“从源数据库复制表和视图”单选项，单击“下一步”按钮，弹出“选择源表和视图”对话框，如图 11-30 所示。

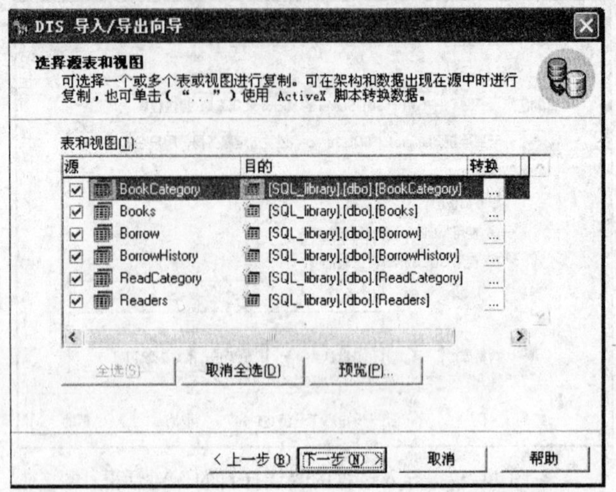

图 11-30　导入过程的“选择源表和视图”对话框

（6）在其中选择要复制的表和视图，单击“下一步”按钮，在弹出的对话框中选择“立即运行”复选框，单击“下一步”按钮，出现导入设置摘要显示对话框，如图 11-31 所示。

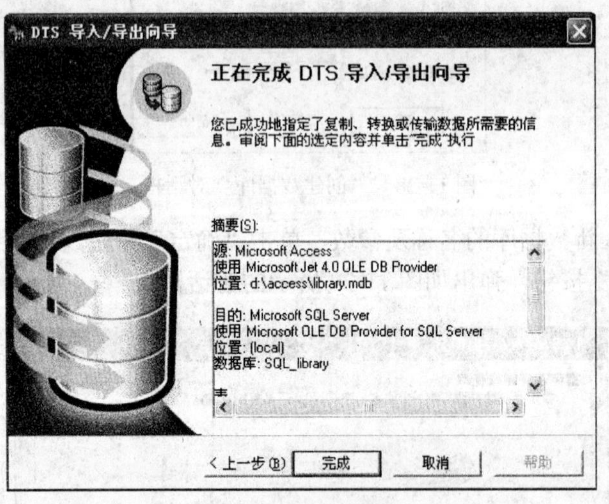

图 11-31　导入过程的设置摘要显示对话框

（7）单击“完成”按钮，显示导入成功提示信息后即完成了数据导入的全过程。

通过上述操作，Access 数据库系统中的 library 数据库被导入到 SQL Server 中，可以在企业管理器中打开、浏览这些表数据。

同样也可以将 Excel、FoxPro 等数据源导入到 SQL Server 数据库中。这种形式的数据转换常用于系统使用初期，即将以前做好的 Access、Excel、FoxPro 等数据导入到 SQL Server 数据库中，而无须重新输入数据。

本章小结

本章介绍了数据库备份与还原的基本概念、类型和方法，以及数据导入、导出操作。通过本章的学习，应该了解各种数据库备份方法的异同点，学会根据不同的实际情况制定相应的备份与还原策略，并掌握数据库备份与还原、数据导入与导出的操作方法。

习题十一

一、填空题

1．SQL Server 2000 支持 4 种类型的数据库备份，分别是________、________、________和________。

2．当建立一个备份设备时，要给该设备分配一个________名称和一个________名称，________名称是计算机操作系统所能识别的名称。

3．备份设备的类型包括________、________和________。

4．BACKUP 语句中，________参数表示新备份的数据覆盖当前备份设备上已有的数据；________参数表示新备份的数据添加到备份设备上已有数据的后面。

5．RESTORE 语句中，________参数指定在数据库还原完成后，SQL Server 回滚被还原的数据库中所有未完成的事务，以保持数据库的一致性；________参数不回滚所有未完成的事务，在还原结束后，用户不能访问数据库。

二、选择题

1．关于数据库的备份，下列叙述正确的是（　）。

A．在进行数据库备份时不能进行任何操作

B．事务日志备份是指备份整个数据库的内容

C．差异备份只备份上次数据库备份后发生更改的部分数据库

D．完全数据库备份、差异备份和事务日志备份不能综合使用

2．用来创建备份设备的系统存储过程是（　）。

A．sp_addlogin　　B．sp_addumpdevice

C．sp_addrole　　D．sp_addrolemember

3．逻辑设备名称存储在 SQL Server 的系统表（　）中，使用逻辑设备名称的好处是比物理设备名称简单好记。

A．sysdevices　　B．sysfiles　　C．syslocks　　D．sysusers

4．BACKUP 语句中 DIFFERENTIAL 子句的作用是（　）。

A．可以只对在创建最新的数据库备份后数据库中发生变化的部分进行备份

B．覆盖之前所做过的备份

C．只备份日志文件

D．只备份文件和文件组

5．某数据库在 t1 时刻进行了完全备份，在 t2 时刻进行了第一次日志备份，在 t3 时刻进行了第二次日志备份，若在时刻 t3 以后数据库被破坏，则正确的还原顺序为（　　）。

A．只需要还原 t3 时刻的日志备份即可

B．先还原 t1 时刻的完全备份，再还原 t2 时刻的日志备份，最后还原 t3 时刻的日志备份

C．先还原 t1 时刻的完全备份，再还原 t3 时刻的日志备份

D．先还原 t2 时刻的日志备份，再还原 t3 时刻的日志备份

6．SQL Server 的数据导入、导出操作中，以下（　　）操作不可执行。

A．将 Access 数据导出到 SQL Server

B．将 Word 中的表格导出到 SQL Server

C．将 FoxPro 数据导出到 SQL Server

D．将 Excel 数据导出到 SQL Server

三、简答题

1．为什么要执行数据库的备份与还原操作？

2．什么是数据库的备份和还原？在进行数据库备份时应避免执行哪些操作？

3. 什么是备份设备？

4．使用 T-SQL 进行数据库备份和还原的命令各是什么？

5．什么是数据的导入与导出？

附录A　学生数据库（student）的表结构及数据样本

表 A-1　speciality（专业信息表）

列名	数据类型	长度	是否允许为空	说明
专业编号	char	2	×	主键
专业名称	varchar	20	×	

表 A-2　class（班级信息表）

列名	数据类型	长度	是否允许为空	说明
班级编号	char	2	×	主键
班级名称	varchar	20	×	

表 A-3　course（课程信息表）

列名	数据类型	长度	是否允许为空	说明
课程编号	char	3	×	主键
课程名称	varchar	20	×	
学分	tinyint	1	√	
学时	tinyint	1	√	
考核类型	char	4	√	
开设学期	tinyint	1	√	

表 A-4　stu_info（学生信息表）

列名	数据类型	长度	是否允许为空	说明
学号	char	6	×	主键
班级编号	char	2	×	
专业编号	char	2	×	
姓名	varchar	8	×	
性别	char	2	√	
民族	varchar	10	√	
出生日期	datetime	8	√	
政治面貌	char	8	√	
籍贯	varchar	40	√	
备注	text	16	√	

表 A-5 score（学生成绩表）

列名	数据类型	长度	是否允许为空	说明
学号	char	6	×	
课程编号	char	3	×	
成绩	tinyint	1	√	

- 专业信息表（speciality）数据样本

专业编号	专业名称
01	计算机
02	网络技术
03	电子技术
04	铁道信号

- 班级信息表（class）数据样本

班级编号	班级名称
11	计算机 05A1
12	计算机 06A1
13	计算机 07A1
21	网络技术 05A1
22	网络技术 06A1
23	网络技术 07A1

- 学生信息表（stu_info）数据样本

学号	班级编号	专业编号	姓名	性别	民族	出生日期	政治面貌	籍贯	备注
011101	11	01	王一民	男	汉族	1990-3-12	团员	黑龙江省齐齐哈尔市	
011102	11	01	林晓旭	女	汉族	1991-1-9	团员	安徽省巢湖市	
011103	11	01	杨昆峰	男	汉族	1989-12-25		河南省洛阳市	
011104	11	01	冯媛媛	女	瑶族	1990-5-18	团员	湖南省怀化市	
011105	11	01	刘东升	男	汉族	1989-8-11	团员	河南省郑州市	
011106	11	01	晋艳艳	女	汉族	1991-3-18	团员	河北省保定市	提前修完 1 门课，并获学分
011107	11	01	张晓磊	男	汉族	1988-2-10	团员	重庆市	
011108	11	01	谢小香	女	藏族	1990-9-20		青海省尖扎县	
011201	12	01	刘小东	男	壮族	1992-5-1	团员	甘肃省兰州市	
011202	12	01	王艳丹	女	汉族	1990-6-13	团员	河南省南阳市	
011203	12	01	武海俊	男	苗族	1991-11-20		湖南省靖州市	有 1 门课不及格，待补考

续表

学号	班级编号	专业编号	姓名	性别	民族	出生日期	政治面貌	籍贯	备注
011204	12	01	杨威	男	汉族	1991-11-12	团员	山东省枣庄市	
011205	12	01	陈昌富	男	瑶族	1992-10-9	团员	云南省大理市	
011206	12	01	张化丽	女	汉族	1989-2-1	团员	海南省三亚市习	转专业学
011207	12	01	王华	女	汉族	1990-7-10	团员	湖北省随州市	
011208	12	01	李丽	女	汉族	1988-12-24	团员	河南省林州市	
022101	21	02	赵晓冬	男	汉族	1990-1-25		河北省邢台县	
022102	21	02	刘青云	男	汉族	1991-4-10	团员	辽宁省锦州市	
022103	21	02	姜阁	女	汉族	1990-10-6	团员	黑龙江省大庆市	
022104	21	02	李金鹏	男	汉族	1992-1-15	团员	浙江省温州市	有2门课不及格，待补考
022210	22	02	刘欢欢	女	维吾尔族	1990-4-27		新疆喀什	
022212	22	02	赵建设	男	汉族	1991-6-6	团员	河南省焦作市	
022214	22	02	张伟	男	汉族	1990-2-18	团员	河南省周口市	

- 课程信息表（course）数据样本

课程编号	课程名称	学分	学时	考核类型	开设学期
101	计算机导论	3	48	考查	1
102	网页设计	4	72	考试	1
103	数据结构	5	72	考试	2
104	VB 程序设计	4	72	考试	2
105	计算机网络基础	3	48	考试	3
106	软件工程	3	60	考查	4
201	实用英语	4	90	考试	1
202	光纤通信	7	114	考试	1
203	离散数学	6	90	考试	2
301	动画制作	3	52	考查	2
302	通信电路基础	3	52	考查	3
303	微机组装与维护	3	52	考查	3
304	操作系统	4	68	考试	5
305	图形图像处理	2	36	考查	6
306	电子商务	3	48	考查	6

● 学生成绩表（score）数据样本

学号	课程编号	成绩	学号	课程编号	成绩
011101	101	80	022210	102	76
011101	104	78	022210	203	79
011101	301	91	022210	306	73
011102	101	84	022212	105	81
011102	102	83	022212	201	70
011102	202	90	022212	301	83
011103	101	87	022214	101	84
011103	103	69	022214	202	80
011103	306	83	022214	305	79
011104	101	81	022101	102	75
011104	105	79	022101	203	74
011104	201	76	022101	301	90
011201	102	82	022102	104	87
011201	301	68	022102	201	67
011201	303	86	022102	303	80
011202	101	87	022103	104	94
011202	104	98	022103	203	73
011202	301	75	022103	305	91
011203	101	81	022104	101	91
011203	104	76	022104	201	74
011203	203	85	022104	306	87

附录 B　常用语句

1. 数据库管理

CREATE DATABASE：创建数据库。

ALTER DATABASE：在数据库中添加或删除文件和文件组。也可用于更改文件和文件组的属性，例如更改文件的名称大小。ALTER DATABASE 提供了更改数据库名称、文件组名称以及数据文件和日志文件的逻辑名称的能力。

USE：打开指定数据库。

DBCC SHRINKDATABASE：压缩数据库和数据文件。

BACKUP DATABASE：备份整个数据库或者备份一个或多个文件或文件组。

BACKUP LOG：备份数据库事务日志。

RESTORE DATABASE：恢复数据库。

RESTORE LOG：恢复数据库事务日志。

DROP DATABASE：删除数据库。

2. 数据库表管理

CREATE TABLE：创建数据库表。

ALTER TABLE：通过更改、添加、除去列和约束，或者通过启用或禁用约束和触发器来更改表的定义。

INSERT：插入一个数据行。

UPDATE：用于更改表中的现有数据。

DELETE：删除表中的数据，可以包含删除表中数据行的条件。

DROP TABLE：删除数据库表。

3. 索引管理

CREATE INDEX：创建数据库表索引。

DBCC SHOWCONTIG：显示表的数据和索引的碎块信息。

SET SHOWPLAN：分析索引和查询性能。

SET STATISTICS IO：查看用于处理指定查询的 I/O 信息。

DROP INDEX：删除数据库表索引。

4. 视图管理

CREATE VIEW：创建数据库表视图。

ALTER VIEW：更改一个先前创建的视图，包括索引视图，但不影响相关的存储过程或触发器，也不更改权限。

DROP VIEW：删除数据库表视图。

5. 触发器管理

CREATE TRIGGER：创建数据库触发器。

ALTER TRIGGER：修改数据库视图。

DROP TRIGGER：删除数据库视图。

6. 存储过程管理

CREATE PROC：创建存储过程。

ALTER PROC：修改存储过程。

EXEC：执行存储过程。

DROP PROC：删除存储过程。

7. 规则管理

CREATE RULE：创建规则。

sp_bindrule：绑定规则。

sp_unbindrule：解除绑定规则。

DROP RULE：删除规则。

8. 默认管理

CREATE DEFAULT：创建默认。

sp_binddefault：绑定默认。

sp_unbinddefault：解除绑定默认。

DROP DEFAULT：删除默认。

9. 用户自定义函数管理

CREATE FUNCTION：创建用户自定义函数。

ALTER FUNCTION：更改先前由 CREATE FUNCTION 语句创建的现有用户自定义函数，但不会更改权限，也不影响相关的函数、存储过程或触发器。

DROP FUNCTION：删除用户自定义函数。

10. 检索管理

SELECT：数据检索。

11. 游标管理

DECLEAR CURSOR：声明游标。

OPEN：打开游标。

FETCH：读取游标数据。

CLOSE：关闭游标。

DEALLOCATE：删除游标。

12. 许可管理

GRANT：授予语句许可或对象许可。在安全系统中创建项目，使当前数据库中的用户得以处理当前数据库中的数据或执行特定的 T-SQL 语句或能够操作对象。

REVOKE：收回语句许可或对象许可。

DENY：否定语句许可或对象许可。

13. 事务管理

BEGIN TRANSACTION：标记一个显式本地事务的起始点。BEGIN TRANSACTION 将 @@TRANCOUNT 加 1。

COMMIT TRANSACTION：事务提交。

ROLLBACK TRANSACTION：事务回滚。

14. 一般语句

DECLEAR：声明语句。

SET：变量赋值。

IF/ELSE：条件语句。

GOTO：跳到标签处。

CASE：多重选择。

WHILE：循环。

BREAK：退出本层循环。

CONTINUE：一般用在循环语句中，结束本次循环，重新转到下一次循环条件的判断。

RETURN：从过程、批处理或语句块中无条件退出。

WAITFOR：指定触发语句块、存储过程或事务执行的时刻、需要等待的时间间隔。

BEGIN/END：定义 T-SQL 语句块。

GO：通知 SQL Server 一批 T-SQL 语句结束。

附录C 常用函数

1. 日期函数

日期函数	返回类型	说明
DATEADD(datepart,number,datetime)	datetime	在向指定日期加上一段时间的基础上，返回新的 datetime 值
DATEDIFF(datepart,datetime1,datetime2)	Int	返回跨两个指定日期的日期和时间边界数
DATENAME(datepart,datetime)	varchar	返回代表指定日期的指定日期部分的字符串
DATEPART(datepart,datetime)	Int	返回代表指定日期的指定日期部分的整数
DAY(datetime)	Int	返回代表指定日期的天的日期部分的整数
GETDATE	datetime	按 datetime 值的 SQL Server 标准内部格式返回当前系统日期和时间
GETUTCDATE	datetime	返回表示当前 UTC 时间（世界时间坐标或格林威治标准时间）的 datetime 值。当前的 UTC 时间应从当前的本地时间和运行 SQL Server 的计算机操作系统的时区设置
WAITFOR		指定触发语句块、存储过程或事务执行的时间、时间间隔或事件
YEAR(datetime)	Int	返回表示指定日期中的年份的整数

2. 数学函数

数学函数	参数	说明
ABS	(numeric_expr)	返回给定数字表达式的绝对值
ACOS	(float_expr)	返回以弧度表示的角度值，该角度值的余弦为给定的 float 表达式，本函数亦称为反余弦
ASIN	(float_expr)	返回以弧度表示的角度值，该角度值的正弦为给定的 float 表达式，亦称为反正弦
ATAN	(float_expr)	返回以弧度表示的角度值，该角度值的正切为给定的 float 表达式，亦称为反正切
ATN1	(float_expr1, float_expr2)	返回以弧度表示的角度值，该角度值的正切介于两个给定的 float 表达式之间，亦称为反正切
AVG		返回组中值的平均值，空值将被忽略
CEILING	(numeric_expr)	返回大于或等于所给数学表达式的最小整数
COS	(float_expr)	一个数学函数，返回给定表达式中给定角度（以弧度为单位）的三角余弦值
COT	(float_expr)	一个数学函数，返回给定 float 表达式中指定角度（以弧度为单位）的三角余切值

续表

数学函数	参数	说明
DEGREES	(numeric_expr)	当给出以弧度为单位的角度时，返回相应的以度数为单位的角度
EXP	(float_expr)	返回所给的 float 表达式的指数值
FLOOR	(numeric_expr)	返回小于或等于所给数学表达式的最大整数
LOG	(float_expr)	返回给定 float 表达式的自然对数
LOG10	(float_expr)	返回给定 float 表达式的以 10 为底的对数
PI	()	返回 PI 的常量值
POWER	(numeric_expr,y)	返回给定表达式的 y 次方，其中 y 是 numeric 数据类型。返回与 numeric_expr 相同的类型
RADIANS	(numeric_expr)	对于在数学表达式中输入的度数值返回弧度值
RAND	([seed])	返回 0～1 之间的随机 float 值，随意地指定整数表达式作为 seed 参数
ROUND	(numeric_expr, length)	返回数字表达式并四舍五入为指定的长度或精度
SIGN	(numeric_expr)	返回给定表达式的正（+1）、零（0）或负（-1）号
SIN	(float_expr)	以近似数字（float）表达式返回给定角度（以弧度为单位）的三角正弦值
SQUARE	(float_expr)	返回给定表达式的平方
SQRT	(float_expr)	返回给定表达式的平方根
TAN	(float_expr)	返回输入表达式的正切值

3. 字符串函数

字符串函数	参数	说明
ASCII	(char_expr)	返回字符表达式最左端字符的 ASCII 代码值
CHARINDEX	('pattern',expression)	返回字符串中指定表达式的起始位置。一个'pattern'就是一个 char_expr。第二个参数通常是一个 SQL Server 用于搜索指定序列的列
LEFT	(char_expression,int_expression)	返回从字符串左边开始指定个数的字符
LEN	(char_expression)	返回给定字符串表达式字符的（而不是字节）个数，其中不包含尾随空格
LOWER	(char_expr)	将大写字符数据转换为小写字符数据后返回字符表达式
LTRIM	(char_expr)	删除起始空格后返回字符表达式
REPLICATE	(char_expr,integer_expr)	以指定的次数重复字符表达式
RIGHT	(char_expr,integer_expr)	返回字符串中从右边开始指定个数的字符
REVERSE	(char_expr)	返回字符表达式的反转
REPLACE	('char_expression1', 'char_expression2', 'char_expression3')	在第 1 个字符串表达式中用第 3 个字符串表达式替换所有第 2 个字符串表达式
RTRIM	(char_expr)	截断所有尾随空格后返回一个字符串

续表

字符串函数	参数	说明
SPACE	(integer_expr)	返回指定个数重复的空格组成的字符串
STR	(float_expr[,length[, decimal]])	由数字数据转换为字符数据
STUFF	(char_expr1,start,length, char_expr2)	删除指定长度的字符并在指定的起始点插入另一组字符
SUBSTRING	(expression,start,length)	返回字符、binary、text 或 image 表达式的一部分
UPPER	(char_expr)	返回将小写字符数据转换为大写的字符表达式

附录 D　@@类函数

@@CONNECTIONS：返回自上次启动 SQL Server 以来连接或试图连接的次数。

@@CPU_BUSY：返回自上次启动 SQL Server 以来 CPU 的工作时间，单位为 ms（基于系统计时器的分辨率）。

@@CURSOR_ROWS：返回连接最后打开的游标中当前存在合格行的数量。SQL Server 可以异步填充大键集和静态游标，大大提高了性能。可以调用@@CURSOR_ROWS，以确定当它被调用时符合游标行的数目被执行了检索。

@@DATEFIRST：返回 SET DATEFIRST 参数的当前值。SET DATEFIRST 参数指明所规定的每周第一天：1 对应星期一，2 对应星期二，依次类推，用 7 对应星期日。

@@ERROR：返回最后执行的 T-SQL 语句的错误代码。

@@FETCH_STATUS：返回被 FETCH 语句执行的最后游标的状态，而不是任何当前被连接打开的游标状态。

@@IDENTITY：返回最后插入的标识值。

@@IDLE：返回 SQL Server 自上次启动后闲置的时间，单位为 ms（基于系统计时器的分辨率）。

@@LANGID：返回当前所使用语言的本地语言标识符（ID）。

@@LANGUAGE：返回当前使用的语言名。

@@LOCK_TIMEOUT：返回当前会话的当前锁超时设置，单位为 ms。

@@MAX_CONNECTIONS：返回 SQL Server 允许的同时用户连接的最大数。返回的数不必为当前配置的数值。

@@MAX_PRECISION：返回 decimal 和 numeric 数据类型所用的精度级别，即该服务器中当前设置的精度。

@@OPTIONS：返回当前 SET 选项的信息。

@@PACK_RECEIVED：返回 SQL Server 自上次启动后从网络上读取的输入数据包数目。

@@PACK_SENT：返回 SQL Server 自上次启动后写到网络上的输出数据包数目。

@@PACKET ERRORS：返回自 SQL Server 上次启动后，在 SQL Server 连接中发生的网络数据包错误数。

@@PROCID：返回当前过程的存储过程标识符（ID）。

@@REMSERVER：当远程 SQL Server 数据库服务器在登录记录中出现时，返回它的名称。

@@ROWCOUNT：返回受上一语句影响的行数。

@@SERVERNAME：返回运行 SQL Server 的本地服务器名称。

@@SERVICENAME：返回 SQL Server 正在其下运行的注册表键名。若当前实例为默认实例，则@@SERVICENAME 返回 MS SQL Server；若当前实例是命名实例，则该函数返回实例名。

@@TIMETICKS：返回一个刻度的微秒数。

@@TOTAL_ERRORS：返回 SQL Server 自上次启动后所遇到的磁盘读/写错误数。

@@TOTAL READ：返回 SQL Server 自上次启动后读取磁盘（不是读取高速缓存）的次数。

@@TOTAL_WRITE：返回 SQL Server 自上次启动后写入磁盘的次数。

@@TRANCOUNT：返回当前连接的活动事务数。

@@VERSION：返回 SQL Server 当前安装的日期、版本和处理器类型。

附录 E　常用系统存储过程函数

sp_add_operator：为警报或者作业创建一个操作员。
sp_add_alert：创建警报。
sp_addalias：在数据库中为 login 账户增加一个别名。
sp_addlogin：创建一个新的 login 账户。
sp_addrole：在当前数据库中增加一个角色。
sp_addrolemember：为当前数据库中的一个角色增加一个安全性账户。
sp_addsrvrolemember：为固定的服务器角色增加一个成员。
sp_addtype：创建一个用户定义的数据类型。
sp_addumpdevice：增加一个备份设备。
sp_adduser：在当前数据库中为一个新用户增加一个安全性账户。
sp_bindefault：把默认绑定到列或者用户定义的数据类型上。
sp_bindrule：把规则绑定到列或者用户定义的数据类型上。
sp_change_users_login：改变 login 与当前数据库中的用户之间的关系。
sp_changedbowner：改变当前数据库的所有者。
sp_colunm_privileges：返回列的权限信息。
sp_cursor：用于请示定位修改。
sp_cursor_list：报告当前打开的服务器游标属性。
sp_cursorclose：关闭和释放游标。
sp_cursorfetch：从游标中取出数据行。
sp_cursoropen：定义游标。
sp_cursoroption：用于设置游标选项。
sp_datatype_info：返回当前环境支持的数据类型信息。
sp_dbfixedrolepermission：显示每一个固定数据库角色的许可。
sp_dboption：显示或者修改数据库选项。
sp_dbremove：删除数据库和与该数据库相关的所有文件。
sp_defaultdb：设置登录账户的默认数据库。
sp_defaultlanguage：设置登录账户的默认语言。
sp_delete_alert：删除警报。
sp_denylogin：阻止 Windows NT 的用户和组访问 SQL Server。
sp_depends：显示数据库对象的依赖信息。
sp_detach_db：分离服务器中的数据库。
sp_dropalias：删除一个账户的别名。
sp_dropapprole：删除当前数据库中的应用程序角色。
sp_dropdevice：删除数据库或者备份设备。

sp_dropgroup：从当前数据库中删除一个角色。
sp_droplogin：删除一个登录账户。
sp_droprole：从当前数据库中删除一个角色。
sp_droprolemember：从当前数据库中的一个角色中删除一个安全性账户。
sp_dropserver：删除一个远程或者连接服务器列表中的服务器。
sp_dropsrvrolemember：从一个固定服务器角色中删除一个账户。
sp_droptype：删除一种用户定义的数据类型。
sp_dropuser：从当前数据库中删除一个用户。
sp_grantdbaccess：在当前数据库中增加一个安全性账户。
sp_grantlogin：允许 Windows NT 用户或者组访问 SQL Server。
sp_help：报告有关数据库对象的信息。
sp_helpconstraint：返回有关约束的类型、名称等信息。
sp_helpdb：返回指定数据库或者全部数据库的信息。
sp_helpdbfixedrole：返回固定的服务器角色的列表。
sp_helpdevice：返回有关数据库文件的信息。
sp_helpfile：返回与当前数据库相关的物理文件信息。
sp_helpfilegroup：返回与当前数据库相关的文件组信息。
sp_helpgroup：返回当前数据库中的角色信息。
sp_helpindex：返回有关表的索引信息。
sp_helplanguage：返回有关语言的信息。
sp_helplogins：返回有关 login 和与其相关的数据库用户的信息。
sp_helpremotelogin：返回远程登录账户的信息。
sp_helprole：返回当前数据库中的角色信息。
sp_helprolemember：返回当前数据库中角色成员的信息。
sp_helprotect：返回有关用户许可的信息。
sp_helpsrvrole：显示系统中的固定服务器角色的列表。
sp_helpsrvrolemember：显示系统中固定服务器角色成员的信息。
sp_helptext：显示规则、默认、存储过程、触发器、视图等对象的未加密的文本定义信息。
sp_helptrigger：显示触发器的类型。
sp_helpuser：显示当前数据库中用户、Windows NT 用户和组、角色等的信息。
sp_indexes：返回指定远程表的索引信息。
sp_indexoption：为用户定义的索引设置选项。
sp_lock：返回有关锁的信息。
sp_monitor：显示系统的统计信息。
sp_password_login：增加或者修改指定的口令。
sp_pkeys：返回某个表的主键信息。
sp_primarykeys：返回主键列的信息。
sp_recompile：使存储过程和触发器在下一次运行时重新编译。
sp_rename：更改用户创建的数据库对象的名称。

sp_renamedb：更改数据库的名称。

sp_revokedbaccess：从当前数据库中删除安全性账户。

sp_revokelogin：删除系统的 login 账户。

sp_server_info：返回系统的属性和匹配值。

sp_stored_procedures：返回环境中的存储过程列表。

sp_tables：返回在当前环境中可以被查询的对象列表。

sp_unbindefault：从列或者用户定义的数据类型中解除默认的绑定。

sp_unbindrule：从列或者用户定义的数据类型中解除规则的绑定。

sp validname：检查有效的系统账户信息。

sp_who：提供当前用户和进程的信息。

参考文献

[1] 李春葆，曾慧．SQL Server 2000 应用系统开发教程．北京：清华大学出版社，2005．

[2] 唐学忠．SQL Server 2000 数据库教程．北京：电子工业出版社，2005．

[3] 牛允鹏．数据库及其应用．北京：经济科学出版社，2005．

[4] 徐人凤，曾建华．SQL Server 2000 数据库及应用．北京：高等教育出版社，2004．

[5] 苗学兰．数据库原理及应用教程．北京：机械工业出版社，2004．

[6] 龚波等．SQL Server 2000 教程．北京：希望电子出版社，2002．

[7] 刘大伟．SQL Server 2000 数据库管理．北京：希望电子出版社，2001．

[8] 郑阿奇．SQL Server 实用教程．北京：电子工业出版社，2002．

[9] 萨师煊，王珊．数据库系统概论．北京：高等教育出版社，2000．

[10] 杨缨，白德淳．SQL Server 2000 数据库开发技术．北京：科学出版社，2006．

[11] 杨学全等．SQL Server 2000 实例教程．北京：电子工业出版社，2004．